Formeln und Aufgaben zur Technischen Mechanik 2

Dietmar Gross · Wolfgang Ehlers ·
Peter Wriggers · Jörg Schröder ·
Ralf Müller

Formeln und Aufgaben zur Technischen Mechanik 2

Elastostatik, Hydrostatik

14. Auflage

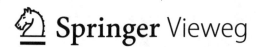 Springer Vieweg

Dietmar Gross
Technische Universität Darmstadt
Darmstadt, Deutschland

Wolfgang Ehlers
Universität Stuttgart
Stuttgart, Deutschland

Peter Wriggers
Universität Hannover
Hannover, Deutschland

Jörg Schröder
Universität Duisburg-Essen
Essen, Deutschland

Ralf Müller
Technische Universität Darmstadt
Darmstadt, Deutschland

ISBN 978-3-662-68424-5   ISBN 978-3-662-68425-2   (eBook)
https://doi.org/10.1007/978-3-662-68425-2

Die Deutsche Nationalbibliothek verzeichnet diese Publikation in der Deutschen Nationalbibliografie; detaillierte bibliografische Daten sind im Internet über http://dnb.d-nb.de abrufbar.

Planung/Lektorat: Michael Kottusch
Springer Vieweg ist ein Imprint der eingetragenen Gesellschaft Springer-Verlag GmbH, DE und ist ein Teil von Springer Nature.
Die Anschrift der Gesellschaft ist: Heidelberger Platz 3, 14197 Berlin, Germany

Das Papier dieses Produkts ist recyclebar.

Vorwort

Diese Aufgabensammlung soll dem Wunsch der Studenten nach Hilfsmitteln zur Erleichterung des Studiums und zur Vorbereitung auf die Prüfung Rechnung tragen. Mit dem vorliegenden zweiten Band (Elasto- und Hydrostatik) stellen wir den Studenten weiteres Studienmaterial zur Verfügung.

Das Stoffgebiet der Elastostatik umfasst im wesentlichen das zweite Studiensemester eines Mechanik-Grundkurses an Universitäten und Hochschulen. In der Elastostatik werden solche statischen Probleme behandelt, die in der Regel nur mit Hilfe der Gleichgewichtsbedingungen, eines Materialgesetzes sowie kinematischer Beziehungen gelöst werden können. Da es uns auf das Erfassen der Grundgedanken und der Arbeitsmethoden ankommt, haben wir uns bewusst auf linear-elastische Körper unter kleinen Deformationen beschränkt. Damit wird ein großer Teil der Elastostatik abgedeckt. Insbesondere werden Bauteile wie Stab und Balken sowie einfache ebene Probleme behandelt. Auf die Idealisierung realer Strukturen auf berechenbare Systeme wird hier nicht eingegangen.

Ebenso wie in Band 1 dieser Aufgabensammlung sei auch an dieser Stelle vor der Illusion gewarnt, dass ein reines Nachlesen der Lösungen zum Verständnis der Mechanik führt. Sinnvoll wird diese Sammlung nur dann genutzt, wenn der Studierende zunächst eine Aufgabe allein zu lösen versucht und nur beim Scheitern auf den angegebenen Lösungsweg schaut.

Selbstverständlich kann diese Sammlung kein Lehrbuch ersetzen. Wem die Begründung einer Formel oder eines Verfahrens nicht geläufig ist, der muss auf sein Vorlesungsmanuskript oder auf die vielfältig angebotene Literatur zurückgreifen. Eine kleine Auswahl ist auf Seite IX angegeben.

Die freundliche Aufnahme der 12. Auflage machte eine Neuauflage notwendig; diese haben wir für Ergänzungen und zur redaktionellen Überarbeitung genutzt.

Wir danken dem Springer-Verlag, in dem auch die von uns mitverfassten Lehrbücher zur Technischen Mechanik erschienen sind, für die gute Zusammenarbeit und die ansprechende Ausstattung des Buches. Auch dieser Auflage wünschen wir eine freundliche Aufnahme bei der interessierten Leserschaft.

Darmstadt, Stuttgart, Hannover, Essen und
Darmstadt, im Dezember 2023

D. Gross
W. Ehlers
P. Wriggers
J. Schröder
R. Müller

Inhaltsverzeichnis

Prof. Dr.-Ing. Dietmar Gross studierte Angewandte Mechanik und promovierte an der Universität Rostock. Er habilitierte an der Universität Stuttgart und ist seit 1976 Professor für Mechanik an der TU Darmstadt. Seine Arbeitsgebiete sind unter anderem die Festkörper- und Strukturmechanik sowie die Bruchmechanik. Hierbei ist er auch mit der Modellierung mikromechanischer Prozesse befasst. Er ist Mitherausgeber mehrerer internationaler Fachzeitschriften sowie Autor zahlreicher Lehr- und Fachbücher.

Prof. Dr.-Ing. Wolfgang Ehlers studierte Bauingenieurwesen an der Universität Hannover, promovierte und habilitierte an der Universität Essen und war 1991 bis 1995 Professor für Mechanik an der TU Darmstadt. Seit 1995 ist er Professor für Technische Mechanik an der Universität Stuttgart. Seine Arbeitsgebiete umfassen die Kontinuumsmechanik, die Materialtheorie, die Experimentelle und die Numerische Mechanik. Dabei ist er insbesondere an der Modellierung mehrphasiger Materalen bei Anwendungen im Bereich der Geomechanik und der Biomechanik interessiert.

Prof. Dr.-Ing. Peter Wriggers studierte Bauingenieur- und Vermessungswesen, promovierte 1980 an der Universität Hannover und habilitierte 1986 im Fach Mechanik. Er war Gastprofessor an der UC Berkeley, USA und Professor für Mechanik an der TU Darmstadt. Ab 1998 ist er Professor für Mechanik an der Universität Hannover. Seine Arbeitsgebiete befassen sich mit der computerorientierten Mechanik, speziell mit Kontaktproblemen, Homogenisierungsverfahren und der Entwicklung neuer Diskretisierungstechniken. Er ist Herausgeber der internationalen Zeitschriften „Computational Mechanics" und „Computational Particle Mechanics".

Prof. Dr.-Ing. Jörg Schröder studierte Bauingenieurwesen, promovierte an der Universität Hannover und habilitierte an der Universität Stuttgart. Nach einer Professur für Mechanik an der TU Darmstadt ist er seit 2001 Professor für Mechanik an der Universität Duisburg-Essen. Seine Arbeitsgebiete sind unter anderem die theoretische und die computerorientierte Kontinuumsmechanik sowie die phänomenologische Materialtheorie mit Schwerpunkten auf der Formulierung anisotroper Materialgleichungen und der Weiterentwicklung der Finite-Elemente-Methode. Von 2020 bis 2022 war er Präsident der Gesellschaft für Angewandte Mathematik und Mechanik (GAMM).

Prof. Dr.-Ing. Ralf Müller studierte Maschinenbau und Mechanik an der TU Darmstadt und promovierte dort 2001. Nach einer Juniorprofessur mit Habilitation im Jahr 2005 an der TU Darmstadt leitet er bis 2021 den Lehrstuhl für Technische Mechanik an der RPTU Kaiserslautern. 2021 wechselte er als Professor für Kontinuumsmechanik an die TU Darmstadt zurück. Seine Arbeitsgebiete sind mehrskalige Materialmodellierung, gekoppelte Mehrfeldprobleme, Defekt-, Mikro- und Bruchmechanik. Er beschäftigt sich im Rahmen numerischer Verfahren mit Randelemente- und Finite-Elemente-Methoden sowie Spektralmethoden.

Literaturhinweise

Lehrbücher

Gross, D., Hauger, W., Schröder, J., Wall, W., Technische Mechanik, Band 2: Elastostatik, 14. Auflage. Springer-Verlag, Berlin 2021

Hagedorn, P., Wallaschek, J., Technische Mechanik, Band 2: Festigkeitslehre, 5. Auflage. (Hari) Deutsch/Europa-Lehrmittel, 2015

Balke, H., Einführung in die Technische Mechanik: Festigkeitslehre, 3. Auflage. Springer-Verlag, Berlin 2014

Brommundt, E., Sachs, G., Sachau, D., Technische Mechanik, 4. Auflage. Oldenbourg, München 2006

Hibbeler, R.C., Technische Mechanik 2: Festigkeitslehre, 10. Auflage. Pearson-Studium 2021

Magnus, K., Müller-Slany, H. H., Grundlagen der Technischen Mechanik, 7. Auflage. Teubner, Stuttgart 2005

Wittenburg, J., Pestel, E., Festigkeitslehre, 3. Auflage. Springer-Verlag, Berlin 2011

Gere, J. M., Timoshenko, S., Mechanics of Materials, 4 th Edition. PWS Publishing Company, Boston 2000

Aufgabensammlungen

Bruhns, O. T., Aufgabensammlung Technische Mechanik 2, 2. Auflage. Vieweg, Braunschweig 2000

Hauger, W, Krempaszky, C., Wall, W., Werner., E., Aufgaben zu Technische Mechanik 1-3, 10. Auflage, Springer-Verlag, Berlin 2020

Hagedorn, P., Aufgabensammlung Technische Mechanik, 2. Auflage. Teubner, Stuttgart 1992

Zimmermann, K., Technische Mechanik - multimedial, 2. Auflage. Fachbuch Verlag, Leipzig 2003

Dankert, H, Dankert, J., Technische Mechanik, 7. Auflage. Springer-, Vieweg, Wiesbaden 2013

Bezeichnungen

Bei den Lösungen der Aufgaben wurden folgende Symbole verwendet:

$\uparrow$: Abkürzung für *Summe aller Kräfte in Pfeilrichtung ist gleich Null.*

$\overset{\curvearrowleft}{A}$: Abkürzung für *Summe aller Momente um den Bezugspunkt A ist gleich Null.*

$\rightsquigarrow$ Abkürzung für *hieraus folgt.*

Kapitel 1

Spannung, Verzerrung, Elastizitätsgesetz

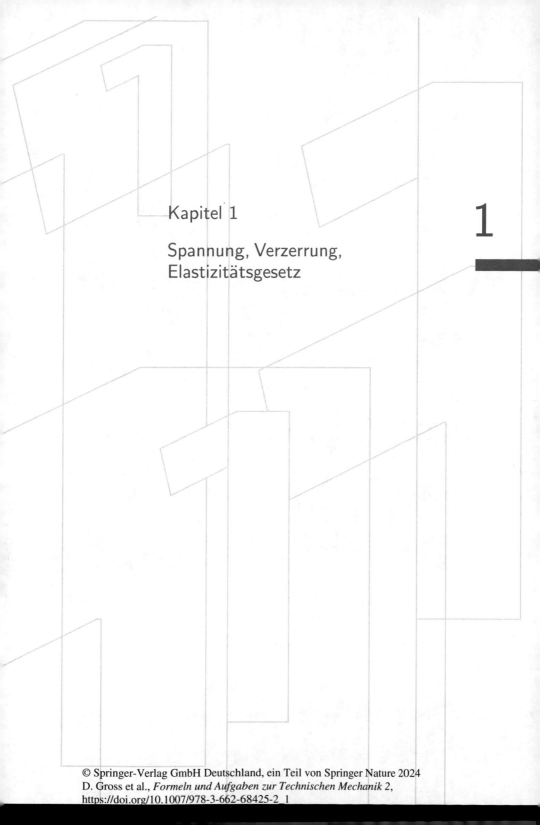

1

Spannung, Gleichgewichtsbedingung

Spannungen nennt man die auf die Flächen-
einheit eines Schnittes bezogenen Kräfte. Der
Spannungsvektor **t** ist definiert als

$$t = \frac{dF}{dA},$$

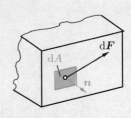

wobei d**F** die Kraft auf das Flächenelement
dA darstellt (Einheit: 1 Pa = 1 N/m^2).

Beachte: Der Spannungsvektor und seine Komponenten hängen von der
Schnittrichtung (Flächennormale **n**) ab.

Komponenten des Spannungsvektors:

σ – Normalspannung (senkrecht zur Fläche)

τ – Schubspannung (in der Fläche)

Vorzeichenfestlegung: Positive Spannungskomponente zeigt am
positiven (negativen) Schnittufer in positive (negative) Richtung.

Räumlicher Spannungszustand: ist
eindeutig bestimmt durch die Komponenten der Spannungsvektoren für drei
senkrecht aufeinander stehende Schnitte.
Die Spannungskomponenten sind Komponenten des Spannungstensors

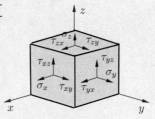

$$\boldsymbol{\sigma} = \begin{pmatrix} \sigma_x & \tau_{xy} & \tau_{xz} \\ \tau_{yx} & \sigma_y & \tau_{yz} \\ \tau_{zx} & \tau_{zy} & \sigma_z \end{pmatrix}$$

Es gilt (Momentengleichgewicht)

$$\tau_{xy} = \tau_{yx}, \qquad \tau_{xz} = \tau_{zx}, \qquad \tau_{yz} = \tau_{zy}.$$

Der Spannungstensor ist ein *symmetrischer Tensor 2. Stufe*: $\tau_{ij} = \tau_{ji}$.

Ebener Spannungszustand: ist eindeutig bestimmt durch die Spannungskomponenten für zwei senkrecht aufeinander stehende Schnitte. Die Spannungskomponenten in die 3. Richtung (hier z-Richtung) verschwinden ($\sigma_z = \tau_{yz} = \tau_{xz} = 0$)

$$\boldsymbol{\sigma} = \begin{pmatrix} \sigma_x \ \tau_{xy} \\ \tau_{xy} \ \sigma_y \end{pmatrix} .$$

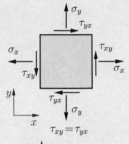

Transformationsbeziehungen

$$\sigma_\xi = \frac{\sigma_x + \sigma_y}{2} + \frac{\sigma_x - \sigma_y}{2}\cos 2\varphi + \tau_{xy}\sin 2\varphi ,$$

$$\sigma_\eta = \frac{\sigma_x + \sigma_y}{2} - \frac{\sigma_x - \sigma_y}{2}\cos 2\varphi - \tau_{xy}\sin 2\varphi ,$$

$$\tau_{\xi\eta} = -\frac{\sigma_x - \sigma_y}{2}\sin 2\varphi + \tau_{xy}\cos 2\varphi .$$

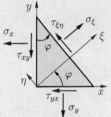

Hauptspannungen

$$\sigma_{1,2} = \frac{\sigma_x + \sigma_y}{2} \pm \sqrt{\left(\frac{\sigma_x - \sigma_y}{2}\right)^2 + \tau_{xy}^2}$$

$$\tan 2\varphi^* = \frac{2\tau_{xy}}{\sigma_x - \sigma_y}$$

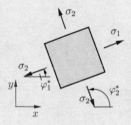

Beachte: • Die Schubspannungen sind in diesen Schnitten Null!
 • Die Hauptspannungsrichtungen stehen senkrecht aufeinander: $\varphi_2^* = \varphi_1^* \pm \pi/2$.

Maximale Schubspannung

$$\tau_{\max} = \sqrt{\left(\frac{\sigma_x - \sigma_y}{2}\right)^2 + \tau_{xy}^2} , \qquad \varphi^{**} = \varphi^* \pm \frac{\pi}{4} .$$

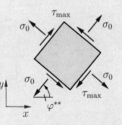

Die Normalspannungen haben in diesen Schnitten die Größe $\sigma_0 = (\sigma_x + \sigma_y)/2$.

Invarianten

$$I_\sigma = \sigma_x + \sigma_y = \sigma_\xi + \sigma_\eta = \sigma_1 + \sigma_2 ,$$

$$II_\sigma = \sigma_x\sigma_y - \tau_{xy}^2 = \sigma_\xi\sigma_\eta - \tau_{\xi\eta}^2 = \sigma_1\sigma_2 .$$

4

MOHRscher Spannungskreis

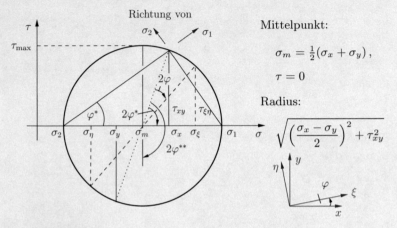

Richtung von

Mittelpunkt:

$$\sigma_m = \tfrac{1}{2}(\sigma_x + \sigma_y)\,,$$

$$\tau = 0$$

Radius:

$$\sqrt{\left(\frac{\sigma_x - \sigma_y}{2}\right)^2 + \tau_{xy}^2}$$

— Die Konstruktion des MOHRschen Kreises ist bei Kenntnis von drei unabhängigen Größen (zum Beispiel σ_x, σ_y, τ_{xy} oder σ_x, σ_y, φ^*) immer möglich.

— Die Schubspannung τ_{xy} wird über σ_x aufgetragen ($\tau_{\xi\eta}$ über σ_ξ).

— Der Transformationswinkel φ wird im Kreis doppelt (2φ) und in umgekehrter Richtung aufgetragen.

Gleichgewichtsbedingungen

Im Raum (3D)

$$\left.\begin{aligned}\frac{\partial \sigma_x}{\partial x} + \frac{\partial \tau_{xy}}{\partial y} + \frac{\partial \tau_{xz}}{\partial z} + f_x &= 0\,,\\[1mm] \frac{\partial \tau_{yx}}{\partial x} + \frac{\partial \sigma_y}{\partial y} + \frac{\partial \tau_{yz}}{\partial z} + f_y &= 0\,,\\[1mm] \frac{\partial \tau_{zx}}{\partial x} + \frac{\partial \tau_{zy}}{\partial y} + \frac{\partial \sigma_z}{\partial z} + f_z &= 0\,,\end{aligned}\right\} \operatorname{div}\boldsymbol{\sigma} + \boldsymbol{f} = \boldsymbol{0}\,.$$

In der Ebene (2D)

$$\left.\begin{aligned}\frac{\partial \sigma_x}{\partial x} + \frac{\partial \tau_{xy}}{\partial y} + f_x &= 0\,,\\[1mm] \frac{\partial \tau_{yx}}{\partial x} + \frac{\partial \sigma_y}{\partial y} + f_y &= 0\,,\end{aligned}\right\} \operatorname{div}\boldsymbol{\sigma} + \boldsymbol{f} = \boldsymbol{0}\,.$$

wobei

$$\operatorname{div}\boldsymbol{\sigma} = \sum_i \left(\frac{\partial \sigma_{ix}}{\partial x} + \frac{\partial \sigma_{iy}}{\partial y} + \frac{\partial \sigma_{iz}}{\partial z}\right) \boldsymbol{e}_i\,.$$

Verzerrungen

Die *Verzerrungen* beschreiben die Änderung der Seitenlängen (Dehnungen) und der Winkel (Scherung, Winkelverzerrungen, Schiebungen) eines quaderförmigen Volumenelementes.

Verschiebungsvektor

$$\boldsymbol{u} = u\boldsymbol{e}_x + v\boldsymbol{e}_y + w\boldsymbol{e}_z$$

u, v, w = Verschiebungskomponenten

Einachsiger Verzerrungszustand

Dehnung $\qquad \varepsilon = \dfrac{\mathrm{d}u}{\mathrm{d}x}$

Zweiachsiger Verzerrungszustand

Dehnungen $\qquad\qquad\qquad$ Winkelverzerrung

$$\varepsilon_x = \frac{\partial u}{\partial x}\,, \qquad \varepsilon_y = \frac{\partial v}{\partial y}\,, \qquad \gamma_{xy} = \frac{\partial u}{\partial y} + \frac{\partial v}{\partial x}\,.$$

Dreiachsiger Verzerrungszustand $\quad \varepsilon_x = \dfrac{\partial u}{\partial x},\ \varepsilon_y = \dfrac{\partial v}{\partial y},\ \varepsilon_z = \dfrac{\partial w}{\partial z},$

Verzerrungstensor: $\quad \boldsymbol{\varepsilon} = \begin{pmatrix} \varepsilon_x & \frac{1}{2}\gamma_{xy} & \frac{1}{2}\gamma_{xz} \\ \frac{1}{2}\gamma_{yx} & \varepsilon_y & \frac{1}{2}\gamma_{yz} \\ \frac{1}{2}\gamma_{zx} & \frac{1}{2}\gamma_{zy} & \varepsilon_z \end{pmatrix}$
$\qquad \begin{aligned} \gamma_{xy} = \gamma_{yx} &= \frac{\partial u}{\partial y} + \frac{\partial v}{\partial x}, \\ \gamma_{yz} = \gamma_{zy} &= \frac{\partial v}{\partial z} + \frac{\partial w}{\partial y}, \\ \gamma_{zx} = \gamma_{xz} &= \frac{\partial w}{\partial x} + \frac{\partial u}{\partial z}. \end{aligned}$

Anmerkungen:

● Die Verzerrungen sind (wie die Spannungen) Komponenten eines *symmetrischen Tensors 2. Stufe*. Daher können alle Eigenschaften (Transformationsbeziehungen etc.) vom Spannungstensor sinngemäß übertragen werden: $\sigma_x \to \varepsilon_x$, $\tau_{xy} \to \gamma_{xy}/2$, usw..

● Im *ebenen Verzerrungszustand* gilt $\quad \varepsilon_z = 0,\ \gamma_{xz} = 0,\ \gamma_{yz} = 0.$

Elastizitätsgesetz

Durch das HOOKEsche Elastizitätsgesetz wird die experimentell festgestellte lineare Beziehung zwischen Spannungen und Verzerrungen ausgedrückt. Seine Gültigkeit wird durch die *Proportionalitätsgrenze* (1-achs. σ_p) begrenzt. Diese fällt bei elastisch–plastischen Werkstoffen meist mit der *Fließgrenze* (1-achs. σ_F) zusammen.

Einachsiger Spannungszustand (Stab, Balken)

$$\varepsilon = \frac{\sigma}{E} + \alpha_T \Delta T \; .$$

$\quad\quad\quad\quad E \quad - \quad$ Elastizitätsmodul,

$\quad\quad\quad\quad \alpha_T \quad - \quad$ Temperaturausdehnungskoeffizient,

$\quad\quad\quad\quad \Delta T \quad - \quad$ Temperaturerhöhung.

Ebener Spannungszustand

$$\varepsilon_x = \frac{1}{E}(\sigma_x - \nu\sigma_y) + \alpha_T \Delta T \; ,$$

$$\varepsilon_y = \frac{1}{E}(\sigma_y - \nu\sigma_x) + \alpha_T \Delta T \; ,$$

$$\gamma_{xy} = \frac{1}{G}\tau_{xy} \quad ,$$

$$\text{Schubmodul:} \quad G = \frac{E}{2(1+\nu)} \; , \quad\quad \text{Querdehnzahl}: \; \nu \; .$$

Dreiachsiger Spannungszustand

$$\varepsilon_x = \frac{1}{E}[\sigma_x - \nu(\sigma_y + \sigma_z)] + \alpha_T \Delta T \; , \quad\quad \gamma_{xy} = \frac{1}{G}\tau_{xy} \; ,$$

$$\varepsilon_y = \frac{1}{E}[\sigma_y - \nu(\sigma_z + \sigma_x)] + \alpha_T \Delta T \; , \quad\quad \gamma_{yz} = \frac{1}{G}\tau_{yz} \; ,$$

$$\varepsilon_z = \frac{1}{E}[\sigma_z - \nu(\sigma_x + \sigma_y)] + \alpha_T \Delta T \; , \quad\quad \gamma_{zx} = \frac{1}{G}\tau_{zx} \; .$$

Einige Materialkennwerte

Material	E [MPa]	ν	α_T $[1/^\circ C]$
Stahl	$2,1 \cdot 10^5$	$0,3$	$12 \cdot 10^{-6}$
Aluminium	$0,7 \cdot 10^5$	$0,3$	$23 \cdot 10^{-6}$
Kupfer	$1,2 \cdot 10^5$	$0,3$	$16 \cdot 10^{-6}$
Beton	$0,3 \cdot 10^5$	$0,15 \ldots 0,3$	$10 \cdot 10^{-6}$
Holz	$0,1 \cdot 10^5$		$3 \ldots 9 \cdot 10^{-6}$

Anmerkung: $1\text{MPa} = 10^6\text{Pa} = 10^3\text{kN/m}^2 = 1\text{N/mm}^2$

Aufgabe 1.1 In einem Blech seien die Spannungen σ_x, σ_y, τ_{xy} bekannt. Gesucht sind die Größe und die Richtung der Hauptspannungen.

Geg.: $\sigma_x = 20$ MPa, $\sigma_y = 30$ MPa,
$\tau_{xy} = 10$ MPa.

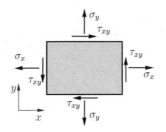

A1.1

Lösung Wir gehen zunächst analytisch vor. Die Hauptspannungen errechnen sich aus

$$\sigma_{1,2} = \frac{\sigma_x + \sigma_y}{2} \pm \sqrt{\left(\frac{\sigma_x - \sigma_y}{2}\right)^2 + \tau_{xy}^2} = 25 \pm \sqrt{25 + 100} = 25 \pm 11,18$$

zu

$$\underline{\underline{\sigma_1 = 36,18 \text{ MPa}}}, \qquad \underline{\underline{\sigma_2 = 13,82 \text{ MPa}}}.$$

Für die Hauptspannungsrichtungen erhält man aus

$$\tan 2\varphi^* = \frac{2\tau_{xy}}{\sigma_x - \sigma_y} = -2$$

die Ergebnisse

$$\underline{\underline{\varphi_1^* = 58,28°}}, \qquad \underline{\underline{\varphi_2^* = 148,28°}}.$$

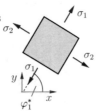

Zur Verdeutlichung ist es zweckmäßig, das durch die Hauptspannungen belastete Element zu skizzieren.

Man kann die Aufgabe auch grafisch mit Hilfe des MOHRschen Kreises lösen:

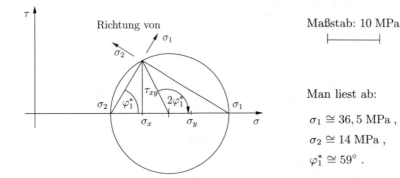

Maßstab: 10 MPa

Man liest ab:

$\sigma_1 \cong 36,5$ MPa ,

$\sigma_2 \cong 14$ MPa ,

$\varphi_1^* \cong 59°$.

Aufgabe 1.2 Für die folgenden Spezialfälle des ebenen Spannungszustandes sind die Spannungskomponenten für beliebige Schnitte, die Hauptspannungen und Hauptspannungsrichtungen sowie die maximalen Schubspannungen zu bestimmen:

    a) $\sigma_x = \sigma_0$, $\sigma_y = 0$, $\tau_{xy} = 0$ (einachsiger Zug),

    b) $\sigma_x = \sigma_y = \sigma_0$, $\tau_{xy} = 0$ (zweiachsiger, gleicher Zug),

    c) $\sigma_x = \sigma_y = 0$, $\tau_{xy} = \tau_0$ (reiner Schub).

Lösung zu a) Die Spannungskomponenten für einen beliebigen, unter dem Winkel φ zur x- bzw. zur y-Richtung liegenden Schnitt erhält man durch Einsetzen von σ_x, σ_y und τ_{xy} in die Transformationsbeziehungen:

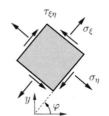

$$\underline{\underline{\sigma_\xi}} = \tfrac{1}{2}(\sigma_0 + 0) + \tfrac{1}{2}(\sigma_0 - 0)\cos 2\varphi + 0 \cdot \sin 2\varphi$$
$$= \tfrac{1}{2}\sigma_0(1 + \cos 2\varphi),$$

$$\underline{\underline{\sigma_\eta}} = \tfrac{1}{2}(\sigma_0 + 0) - \tfrac{1}{2}(\sigma_0 - 0)\cos 2\varphi - 0 \cdot \sin 2\varphi$$
$$= \tfrac{1}{2}\sigma_0(1 - \cos 2\varphi),$$

$$\underline{\underline{\tau_{\xi\eta}}} = -\tfrac{1}{2}(\sigma_0 - 0)\sin 2\varphi + 0 \cdot \cos 2\varphi$$
$$= \tfrac{1}{2}\sigma_0 \sin 2\varphi.$$

Wegen $\tau_{xy} = 0$ sind die Spannungen σ_x, σ_y Hauptspannungen und die x- bzw. y-Richtung die Hauptrichtungen:

$$\underline{\underline{\sigma_1}} = \sigma_x = \underline{\underline{\sigma_0}}, \quad \underline{\underline{\sigma_2}} = \sigma_y = \underline{\underline{0}}, \quad \varphi_1^* = 0, \quad \varphi_2^* = \pm\frac{\pi}{2}.$$

Für die maximale Schubspannung und die entsprechenden Schnittrichtungen folgt

$$\underline{\underline{\tau_{\max}}} = \frac{1}{2}|\sigma_1 - \sigma_2| = \frac{1}{2}\sigma_0, \qquad \varphi^{**} = \pm\frac{\pi}{4}.$$

Hinweis: Eine Scheibe aus einem Material, das nur begrenzte *Schubspannungen* aufnehmen kann, würde entlang von Linien unter $\pm 45°$ zur x-Achse versagen.

zu b) Einsetzen der gegebenen Werte in die Transformationsbeziehungen liefert

$$\underline{\underline{\sigma_\xi = \sigma_0}}, \quad \underline{\underline{\sigma_\eta = \sigma_0}}, \quad \underline{\underline{\tau_{\xi\eta} = 0}}.$$

Danach tritt in jedem Schnitt die Normalspannung σ_0 auf, und die Schubspannung ist Null. Es gibt also keine ausgezeichnete Hauptrichtung; jeder Schnitt ist ein Hauptschnitt:

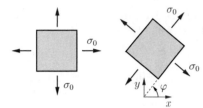

$$\underline{\underline{\sigma_1 = \sigma_2 = \sigma_0}} \,.$$

zu c) In diesem Fall ergibt sich aus den Transformationsbeziehungen

$$\underline{\underline{\sigma_\xi = \tau_0 \sin 2\varphi}} \,, \quad \underline{\underline{\sigma_\eta = -\tau_0 \sin 2\varphi}} \,, \quad \underline{\underline{\tau_{\xi\eta} = \tau_0 \cos 2\varphi}} \,.$$

Die Hauptspannungen und -richtungen folgen zu

$$\underline{\underline{\sigma_1 = +\tau_0}} \,, \quad \underline{\underline{\sigma_2 = -\tau_0}} \,, \quad \varphi_1^* = \frac{\pi}{4} \,, \quad \varphi_2^* = -\frac{\pi}{4} \,.$$

Für die maximale Schubspannung und die entsprechenden Schnitte erhält man schließlich

$$\underline{\underline{\tau_{\max} = \tau_0}} \,, \quad \varphi_1^{**} = 0 \,, \quad \varphi_2^{**} = \pi/2 \,.$$

Hinweis: Eine Scheibe aus einem Material, das nur begrenzte *Normalspannungen* aufnehmen kann, würde entlang von Linien unter $\pm 45°$ zur x-Achse versagen.

Alle Ergebnisse für die drei Spannungszustände lassen sich auch aus den MOHRschen Kreisen ablesen:

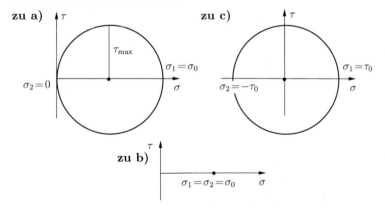

Beachte: Im Fall **b)** entartet der MOHRsche Kreis zu einem Punkt auf der σ-Achse!

A1.3   Aufgabe 1.3 In einem ebenen Bauteil
herrschen die Hauptspannungen

$$\sigma_1 = 96 \text{ MPa} \quad \text{und} \quad \sigma_2 = -52 \text{ MPa} .$$

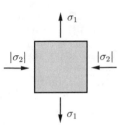

a) Wie groß sind die Spannungen in
Schnitten, die um $\varphi^a = 60°$ gegenüber
den Hauptachsen geneigt sind?

b) In welchem Schnitt φ^b wird die Normalspannung Null? Wie groß
sind dann die Schubspannung und die Normalspannung in einer zu φ^b
senkrechten Richtung?

c) In welchen Schnitten treten die maximalen Schubspannungen auf
und wie groß sind die zugehörigen Normalspannungen?

Lösung **zu a)** Entsprechend der Skizze verwenden wir ein Koordinatensystem x, y, das
mit den Hauptachsen zusammenfällt. Dann
folgen die Spannungen in den um $\varphi^a = 60°$
gedrehten Schnitten aus den Transformationsbeziehungen zu

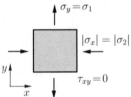

$$\sigma_\xi^a = \frac{\sigma_2 + \sigma_1}{2} + \frac{\sigma_2 - \sigma_1}{2} \cos 2\varphi^a = 22 + 74 \cdot \frac{1}{2}$$

$$= \underline{59 \text{ MPa}} ,$$

$$\sigma_\eta^a = \frac{\sigma_2 + \sigma_1}{2} - \frac{\sigma_2 - \sigma_1}{2} \cos 2\varphi^a = 22 - 74 \cdot \frac{1}{2}$$

$$= \underline{-15 \text{ MPa}} ,$$

$$\tau_{\xi\eta}^a = -\frac{\sigma_2 - \sigma_1}{2} \sin 2\varphi^a = 74 \cdot \frac{1}{2}\sqrt{3}$$

$$= \underline{64,1 \text{ MPa}} .$$

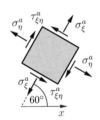

zu b) Damit die Normalspannung σ_ξ Null wird, muss gelten

$$\sigma_\xi^b = \frac{\sigma_2 + \sigma_1}{2} + \frac{\sigma_2 - \sigma_1}{2} \cos 2\varphi^b = 0$$

$$\rightsquigarrow \quad \cos 2\varphi^b = \frac{22}{74} = 0,297 \quad \rightsquigarrow \quad 2\varphi^b = 72,7° \quad \rightsquigarrow \quad \underline{\varphi^b = 36,35°} .$$

Für σ_η^b und $\tau_{\xi\eta}^b$ erhält man

$$\underline{\underline{\sigma_\eta^b}} = \frac{\sigma_2 + \sigma_1}{2} - \frac{\sigma_2 - \sigma_1}{2} \cos 2\varphi^b = \underline{\underline{44\,\text{MPa}}}\,,$$

$$\underline{\underline{\tau_{\xi\eta}^b}} = -\frac{\sigma_2 - \sigma_1}{2} \sin 2\varphi^b = 74 \cdot 0,955$$

$$= \underline{\underline{70,7\,\text{MPa}}}\,.$$

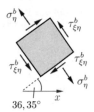

zu c) Die maximale Schubspannung tritt in Schnitten unter $\pm 45°$ zu den Hauptachsen auf. Sie hat die Größe

$$\underline{\underline{\tau_{\max}}} = \frac{\sigma_1 - \sigma_2}{2} = \underline{\underline{74\,\text{MPa}}}\,.$$

Die zugehörigen Normalspannungen nehmen den Wert

$$\underline{\underline{\sigma_m}} = \frac{\sigma_1 + \sigma_2}{2} = \underline{\underline{22\,\text{MPa}}}$$

an.

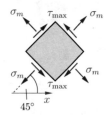

Alle Informationen lassen sich auch aus dem MOHRschen Spannungskreis entnehmen:

Maßstab: 50 MPa

$\sigma_\xi^a \cong 59\,\text{MPa}$,

$\sigma_\eta^a \cong -15\,\text{MPa}$,

$\tau_{\xi\eta}^a \cong 64\,\text{MPa}$,

$\varphi^b \cong 37°$,

$\sigma_\eta^b \cong 44\,\text{MPa}$,

$\tau_{\xi\eta}^b \cong 71\,\text{MPa}$,

$\tau_{\max} \cong 74\,\text{MPa}$,

$\sigma_m \cong 22\,\text{MPa}$.

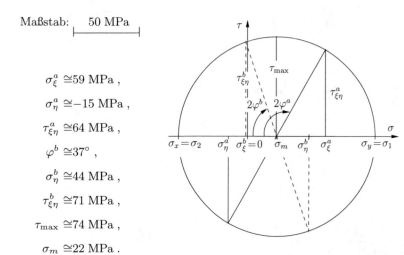

A1.4   Aufgabe 1.4 In einer Scheibe wirken die Spannungen $\sigma_x = 20$ MPa, $\sigma_y = 60$ MPa und $\tau_{xy} = -40$ MPa.

Bestimmen Sie analytisch und grafisch die Hauptspannungen und die maximale Schubspannung sowie deren Richtungen. Die zugehörigen Schnittbilder sind zu skizzieren.

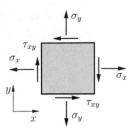

Lösung Die Hauptspannungen und deren Richtungen ergeben sich analytisch zu

$$\sigma_{1,2} = \frac{\sigma_x + \sigma_y}{2} \pm \sqrt{\left(\frac{\sigma_x - \sigma_y}{2}\right)^2 + \tau_{xy}^2}$$

$$= 40 \pm \sqrt{(20)^2 + (40)^2} \,,$$

$\rightsquigarrow \quad \underline{\underline{\sigma_1 = 84,72 \text{ MPa}}} \,, \quad \underline{\underline{\sigma_2 = -4,72 \text{ MPa}}} \,,$

$$\tan 2\varphi^* = \frac{2\tau_{xy}}{\sigma_x - \sigma_y} = 2 \quad \rightsquigarrow \quad \underline{\underline{\varphi_1^* = 121,7°}} \,, \quad \underline{\underline{\varphi_2^* = 31,7°}} \,.$$

Welcher Winkel zu welcher Hauptspannung gehört, kann nur durch Einsetzen in die Transformationsbeziehungen bzw. am MOHRschen Kreis geklärt werden.

Für die maximale Schubspannung folgt

$$\underline{\underline{\tau_{\max}}} = \sqrt{\left(\frac{\sigma_x - \sigma_y}{2}\right)^2 + \tau_{xy}^2} = \underline{\underline{44,72 \text{ MPa}}} \,,$$

$$\underline{\underline{\varphi^{**}}} = \varphi^* \pm 45° = \underline{\underline{31,7° \pm 45°}} \,.$$

Die grafische Lösung erhält man aus dem MOHRschen Kreis:

Maßstab: 20 MPa

$\sigma_1 \cong 85$ MPa ,

$\sigma_2 \cong -5$ MPa ,

$\tau_{\max} \cong 45$ MPa ,

$\varphi_1^* \cong 122°$,

$\varphi^{**} \cong 77°$.

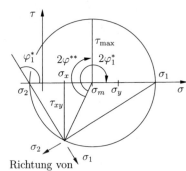

Richtung von

Aufgabe 1.5 Ein dünnwandiges Rohr wird durch ein Biegemoment, einen Innendruck und ein Torsionsmoment belastet. Dabei treten in den Punkten A und B folgende Spannungen auf:

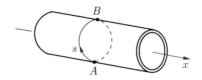

A1.5

$$\sigma_x^{A,B} = \pm 25\ \mathrm{MPa}\,, \quad \sigma_s^{A,B} = 50\ \mathrm{MPa}\,, \quad \tau_{xs}^{A,B} = 50\ \mathrm{MPa}\,.$$

Es sind die Größe und die Richtung der Hauptspannungen in A und B zu bestimmen.

Lösung Für den Punkt A folgen die Hauptspannungen aus

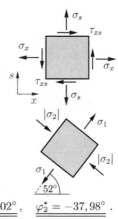

$$\sigma_{1,2} = \tfrac{1}{2}(\sigma_x + \sigma_s) \pm \sqrt{[\tfrac{1}{2}(\sigma_x - \sigma_s)]^2 + \tau_{xs}^2}$$

$$= 37,5 \pm \sqrt{(-12,5)^2 + 50^2}$$

$$= 37,5 \pm 51,54$$

zu

$$\underline{\underline{\sigma_1 = 89,04\ \mathrm{MPa}}}\,, \qquad \underline{\underline{\sigma_2 = -14,04\ \mathrm{MPa}}}\,.$$

Für die Hauptspannungsrichtungen erhält man

$$\tan 2\varphi^* = \tfrac{2\tau_{xs}}{\sigma_x - \sigma_s} = \tfrac{2 \cdot 50}{25 - 50} = -4 \quad \leadsto \quad \underline{\underline{\varphi_1^* = 52,02^\circ}}\,, \quad \underline{\underline{\varphi_2^* = -37,98^\circ}}\,.$$

Dass die Richtung φ_1^* zur Hauptspannung σ_1 gehört, kann man durch Einsetzen in die Transformationsbeziehungen erkennen:

$$\sigma_\xi = \tfrac{1}{2}(\sigma_x + \sigma_s) + \tfrac{1}{2}(\sigma_x - \sigma_s)\cos 2\varphi_1^* + \tau_{xs}\sin 2\varphi_1^*$$

$$= 37,5 - 12,5 \cdot (-0,242) + 50 \cdot 0,970$$

$$= 89,3\ \mathrm{MPa} = \sigma_1\,.$$

Auf gleiche Weise ergeben sich die Hauptspannungen und ihre Richtungen für den Punkt B:

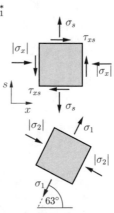

$$\sigma_{1,2} = 12,5 \pm \sqrt{(-37,5)^2 + 50^2}$$

$$= 12,5 \pm 62,5$$

$$\leadsto \quad \underline{\underline{\sigma_1 = 75,0\ \mathrm{MPa}}}\,, \qquad \underline{\underline{\sigma_2 = -50,0\ \mathrm{MPa}}}\,.$$

$$\tan 2\varphi^* = \frac{2 \cdot 50}{-25 - 50} = -1,33$$

$$\leadsto \quad \underline{\underline{\varphi_1^* = 63,4^\circ}}\,, \qquad \underline{\underline{\varphi_2^* = -26,6^\circ}}\,.$$

A1.6   Aufgabe 1.6 In einem dünnen Aluminiumblech ($E = 0,7 \cdot 10^5$ MPa , $\nu = 0,3$)
werden im Punkt P die Verzerrungen
$\varepsilon_x = 0,001$, $\varepsilon_y = 0,0005$, $\gamma_{xy} = 0$ aus
Messungen bestimmt.

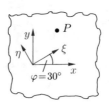

Wie groß sind die Hauptspannungen,
die maximale Schubspannung sowie die
Spannungen in Schnitten, die unter
$\varphi = 30°$ zu den Hauptachsen geneigt
sind?

Lösung Im Blech herrscht ein ebener Spannungszustand. Aus dem entsprechenden Elastizitätsgesetz

$$E\varepsilon_x = \sigma_x - \nu\sigma_y , \qquad E\varepsilon_y = \sigma_y - \nu\sigma_x , \qquad G\gamma_{xy} = \tau_{xy}$$

folgen die Spannungen zu

$$\underline{\underline{\sigma_x}} = \frac{E}{1-\nu^2}(\varepsilon_x + \nu\varepsilon_y) = \frac{0,7 \cdot 10^5}{1-0,09}(0,001 + 0,00015) = \underline{\underline{88,5 \text{ MPa}}} ,$$

$$\underline{\underline{\sigma_y}} = \frac{E}{1-\nu^2}(\varepsilon_y + \nu\varepsilon_x) = \frac{0,7 \cdot 10^5}{1-0,09}(0,0005 + 0,0003) = \underline{\underline{61,5 \text{ MPa}}} ,$$

$$\underline{\underline{\tau_{xy} = 0}} .$$

Da die Schubspannung τ_{xy} Null ist, sind σ_x, σ_y Hauptspannungen, und
die Achsen x, y sind Hauptachsen:

$$\sigma_x = \sigma_1 \qquad \sigma_y = \sigma_2 .$$

Die maximale Schubspannung folgt damit zu

$$\underline{\underline{\tau_{\max}}} = \frac{1}{2}(\sigma_1 - \sigma_2) = \frac{1}{2}(\sigma_x - \sigma_y) = \underline{\underline{13,5 \text{ MPa}}} .$$

Für die unter $\varphi = 30°$ geneigten Schnitte ergibt sich mit $\tau_{xy} = 0$ aus
den Transformationsbeziehungen

$$\underline{\underline{\sigma_\xi}} = \frac{\sigma_x + \sigma_x}{2} + \frac{\sigma_x - \sigma_y}{2}\cos 2\varphi = 75 + 13,5\cos 60° = \underline{\underline{81,75 \text{ MPa}}} ,$$

$$\underline{\underline{\sigma_\eta}} = \frac{\sigma_x + \sigma_y}{2} - \frac{\sigma_x - \sigma_y}{2}\cos 2\varphi = 75 - 13,5\cos 60° = \underline{\underline{68,25 \text{ MPa}}} ,$$

$$\underline{\underline{\tau_{\xi\eta}}} = -\frac{\sigma_x - \sigma_y}{2}\sin 2\varphi \qquad\qquad = -13,5\sin 60° = \underline{\underline{-11,69 \text{ MPa}}} .$$

Aufgabe 1.7 Für eine Scheibe wurde aus
Messungen das folgende ebene Verschie-
bungsfeld ermittelt:

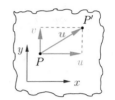

$$u(x,y) = u_0 + 7 \cdot 10^{-3}x + 4 \cdot 10^{-3}y\,,$$

$$v(x,y) = v_0 + 2 \cdot 10^{-3}x - 1 \cdot 10^{-3}y\,.$$

a) Man bestimme den Verzerrungszustand.

b) Wie groß sind die Hauptdehnungen und unter welchen Winkeln zur
x-Achse treten sie auf?

c) Wie groß ist die maximale Winkelverzerrung γ_{max}?

Lösung **zu a)** Die Verzerrungen bestimmen sich aus den Verschiebungs-
ableitungen:

$$\underline{\underline{\varepsilon_x}} = \frac{\partial u}{\partial x} = \underline{7 \cdot 10^{-3}}\,, \qquad \underline{\underline{\varepsilon_y}} = \frac{\partial v}{\partial y} = \underline{-1 \cdot 10^{-3}}\,,$$

$$\underline{\underline{\gamma_{xy}}} = \frac{\partial u}{\partial y} + \frac{\partial v}{\partial x} = 4 \cdot 10^{-3} + 2 \cdot 10^{-3} = \underline{6 \cdot 10^{-3}}\,.$$

Die Verzerrungen sind in der gesamten Scheibe konstant (= homogener
Verzerrungszustand).

zu b) Die Hauptdehnungen und ihre Richtungen berechnen wir aus der
Beziehung für die Hauptspannungen, indem wir die Spannungen durch
die Verzerrungen ersetzen ($\sigma_x \to \varepsilon_x$, $\tau_{xy} \to \gamma_{xy}/2$ etc.). Damit ergibt
sich für die Hauptdehnungen

$$\varepsilon_{1,2} = \frac{\varepsilon_x + \varepsilon_y}{2} \pm \sqrt{\left(\frac{\varepsilon_x - \varepsilon_y}{2}\right)^2 + \left(\frac{\gamma_{xy}}{2}\right)^2}$$

$$= 3 \cdot 10^{-3} \pm \sqrt{(4 \cdot 10^{-3})^2 + (3 \cdot 10^{-3})^2} = 3 \cdot 10^{-3} \pm 5 \cdot 10^{-3}$$

$$\rightsquigarrow \quad \underline{\underline{\varepsilon_1 = 8 \cdot 10^{-3}}}\,, \qquad \underline{\underline{\varepsilon_2 = -2 \cdot 10^{-3}}}\,,$$

und für die Hauptrichtungen erhält man

$$\tan 2\varphi^* = \frac{\gamma_{xy}}{\varepsilon_x - \varepsilon_y} = \frac{3}{4} \quad \rightsquigarrow \quad \underline{\underline{\varphi_1^* = 18,4^\circ}}\,, \quad \underline{\underline{\varphi_2^* = 108,4^\circ}}\,.$$

zu c) Die maximale Winkelverzerrung ergibt sich zu

$$\underline{\underline{\gamma_{\mathrm{max}}}} = \varepsilon_1 - \varepsilon_2 = 8 \cdot 10^{-3} + 2 \cdot 10^{-3} = \underline{1 \cdot 10^{-2}}\,.$$

Sie tritt unter Winkeln auf, die um $\pm 45^\circ$ zu den Hauptrichtungen geneigt sind.

A1.8   Aufgabe 1.8 In einen starren Sockel B wird eine passende elastische Scheibe A (Elastizitätsmodul E, Querdehnzahl ν) der Höhe h eingesetzt.

Wie groß ist die Spannung σ_x und um welchen Betrag v_R verschiebt sich der Rand R unter der konstanten Druckspannung p? Dabei sei angenommen, dass die Scheibe an den Sockelberandungen reibungsfrei gleiten kann.

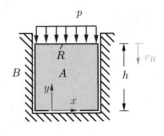

Lösung   In der Scheibe herrscht ein gleichförmiger ebener Spannungszustand, wobei die Spannung σ_y bekannt ist: $\sigma_y = -p$. Damit lautet das Elastizitätsgesetz

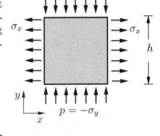

$$E\varepsilon_x = \sigma_x - \nu\sigma_y = \sigma_x + \nu p \,,$$

$$E\varepsilon_y = \sigma_y - \nu\sigma_x = -p - \nu\sigma_x \,.$$

Da die Scheibe in x-Richtung keine Deformationen erfährt, gilt

$$\varepsilon_x = 0 \,.$$

Einsetzen liefert die gesuchte Spannung σ_x und die Dehnung in y-Richtung:

$$\underline{\sigma_x = -\nu p} \,, \qquad \varepsilon_y = -p\,\frac{1-\nu^2}{E} \,.$$

Aus der nun bekannten Dehnung ε_y erhält man die Verschiebung v durch Integration:

$$\frac{\partial v}{\partial y} = \varepsilon_y \quad \rightsquigarrow \quad v(y) = \int \varepsilon_y \mathrm{d}y = -p\,\frac{1-\nu^2}{E}\,y + C \,.$$

Da der untere Rand der Scheibe keine Verschiebung erfährt, gilt $v(0) = 0$, d. h. $C = 0$. Für den Betrag der Verschiebung am oberen Rand folgt damit

$$\underline{\underline{v_R = |v(h)| = \frac{1-\nu^2}{E}\,ph}} \,.$$

Aufgabe 1.9 Zwei quadratische Scheiben aus verschiedenem Material haben im unbelasteten Zustand die Seitenlängen a. Sie werden entsprechend der Skizze in einen starren Sockel eingepresst, dessen Öffnung l kleiner ist als $2a$.

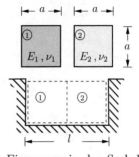

Wie groß sind die Spannungen und die Änderungen der Seitenlängen, wenn angenommen wird, dass die Scheiben an allen Rändern reibungsfrei gleiten können?

Lösung In den Scheiben herrscht nach dem Einpressen in den Sockel ein gleichförmiger ebener Spannungszustand. Gleichgewicht in horizontaler Richtung liefert $\sigma_{x1} = \sigma_{x2} = \sigma_x$. Unter Beachtung von $\sigma_{y1} = \sigma_{y2} = 0$ lauten damit die Elastizitätsgesetze für die beiden Scheiben

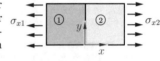

① $\quad E_1 \varepsilon_{x1} = \sigma_x \,, \qquad E_1 \varepsilon_{y1} = -\nu_1 \sigma_x \,,$

② $\quad E_2 \varepsilon_{x2} = \sigma_x \,, \qquad E_2 \varepsilon_{y2} = -\nu_2 \sigma_x \,.$

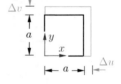

Mit den Dehnungs–Verschiebungsbeziehungen (konstante Dehnungen)

$$\varepsilon_{x1} = \frac{\Delta u_1}{a} \,, \qquad \varepsilon_{y1} = \frac{\Delta v_1}{a} \,, \qquad \varepsilon_{x2} = \frac{\Delta u_2}{a} \,, \qquad \varepsilon_{y2} = \frac{\Delta v_2}{a}$$

und der kinematischen Verträglichkeitsbedingung

$$(a + \Delta u_1) + (a + \Delta u_2) = l$$

erhält man zunächst für die Spannung

$$\underline{\underline{\sigma_x = -\frac{2a - l}{a} \frac{E_1 E_2}{E_1 + E_2}}} \,.$$

Damit ergeben sich dann die Längenänderungen

$$\underline{\underline{\Delta u_1 = -(2a - l)\frac{E_2}{E_1 + E_2}}} \,, \qquad \underline{\underline{\Delta u_2 = -(2a - l)\frac{E_1}{E_1 + E_2}}} \,,$$

$$\underline{\underline{\Delta v_1 = -\nu_1 \Delta u_1}} \,, \qquad \underline{\underline{\Delta v_2 = -\nu_2 \Delta u_2}} \,.$$

A1.10

Aufgabe 1.10 Die skizzierte dreieckige Scheibe konstanter Dicke wird längs der Kante AC nur durch eine konstante Schubspannung τ_{xy} und längs der Kante AB durch konstante Normalspannungen unbekannter Größe belastet. In der Scheibe herrscht ein ebener Spannungszustand.

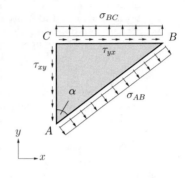

a) Wie groß müssen σ_{AB} und σ_{BC} sein, wenn die Scheibe im Gleichgewicht stehen soll?

b) Wie groß sind die Hauptspannungen und die maximale Schubspannung?

Geg.: $l_{AB} = 250\,\text{mm}$, $l_{AC} = 150\,\text{mm}$, $l_{BC} = 200\,\text{mm}$, $\tau_{xy} = 120\,\text{MPa}$

Lösung zu a) Wir zeichnen zunächst ein Freikörperbild mit den aus den Spannungen resultierenden Kräften.

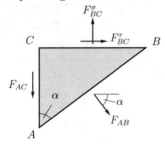

Aus der Geometrie lesen wir ab:

$$\sin\alpha = \frac{l_{BC}}{l_{AB}} = \frac{4}{5} \quad,$$

$$\cos\alpha = \frac{l_{AC}}{l_{AB}} = \frac{3}{5} \quad,$$

$$\tan\alpha = \frac{l_{BC}}{l_{AC}} = \frac{4}{3} \quad.$$

Für die resultierenden Kräfte gilt bei einer konstanten Scheibendicke t

$$F_{AC} = \tau_{xy}\, l_{AC}\, t\,, \qquad F_{AB} = \sigma_{AB}\, l_{AB}\, t\,,$$

$$F_{BC}^{\sigma} = \sigma_{BC}\, l_{BC}\, t\,, \qquad F_{BC}^{\tau} = \tau_{yx}\, l_{BC}\, t\,.$$

Die Gleichgewichtsbedingungen für die Scheibe lauten

$$\rightarrow:\quad F_{BC}^{\tau} + F_{AB}\cos\alpha = 0\,,$$

$$\uparrow:\quad -F_{AC} + F_{CB}^{\sigma} - F_{AB}\sin\alpha = 0\,.$$

Aus der ersten Gleichgewichtsbedingung ermitteln wir

$$F_{AB} = -\frac{F_{BC}^{\tau}}{\cos\alpha}\,.$$

Mit $\tau_{xy} = \tau_{yx}$ ergibt sich für die Normalspannung auf der Kante AB

$$\underline{\underline{\sigma_{AB}}} = \frac{F_{AB}}{l_{AB}\, t} = -\frac{\tau_{xy}\, l_{BC}}{l_{AB}\cos\alpha} = \underline{\underline{-160\,\text{MPa}}}\,.$$

Aus dem vertikalen Gleichgewicht folgt mit dem Ergebnis für F_{AB}

$$F_{BC}^{\sigma} = F_{AC} + F_{AB}\sin\alpha = F_{AC} - F_{BC}^{\tau}\tan\alpha\,,$$

was wiederum mit $\tau_{xy} = \tau_{yx}$ auf

$$\sigma_{BC}\, l_{BC}\, t = \tau_{xy}\, l_{AC}\, t - \tau_{xy}\, l_{BC}\, t \tan\alpha$$

führt. Damit ergibt sich für die Normalspannung auf der Kante BC

$$\underline{\underline{\sigma_{BC}}} = \tau_{xy}\frac{l_{AC} - l_{BC}\tan\alpha}{l_{BC}} = \underline{\underline{-70\,\text{MPa}}}\,.$$

zu b) In dem gegebenen x-y-Koordinatensystem gilt für die Spannungskomponenten

$$\sigma_x = 0\,, \quad \sigma_y = \sigma_{BC} = -70\,\text{MPa}\,, \quad \tau_{xy} = 120\,\text{MPa}\,.$$

Mit diesen Spannungskomponenten berechnen sich die Hauptspannungen zu

$$\sigma_{1,2} = \frac{\sigma_x + \sigma_y}{2} \pm \sqrt{\left(\frac{\sigma_x - \sigma_y}{2}\right)^2 + \tau_{xy}^2} = -35\,\text{MPa} \pm \sqrt{35^2 + 120^2}\,\text{MPa}$$

$$= -35 \pm 125\,\text{MPa}$$

$$\underline{\underline{\sigma_1 = 90\,\text{MPa}}}\,, \quad \underline{\underline{\sigma_2 = -160\,\text{MPa}}}\,.$$

Für die maximale Schubspannung gilt

$$\underline{\underline{\tau_{\text{max}}}} = \pm\frac{1}{2}(\sigma_1 - \sigma_2) = \underline{\underline{\pm 125\,\text{MPa}}}\,.$$

A1.11   **Aufgabe 1.11** Eine dünnwandige Tauchkugel (Radius $r = 500$ mm, Wandstärke $t = 12,5$ mm) befindet sich 500 m unter der Wasseroberfläche (Druck $p = 5$ MPa).

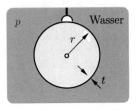

Wie groß sind die Spannungen in der Wandung?

Lösung Wir teilen die Kugel durch einen beliebigen Schnitt senkrecht zur Oberfläche, so dass Halbkugeln entstehen. Die Gleichgewichtsbedingung

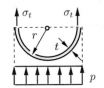

$$\uparrow: \quad \sigma_t 2\pi r t + p r^2 \pi = 0$$

liefert dann für jeden Schnitt (Kugelsymmetrie) die Spannung

$$\underline{\underline{\sigma_t}} = -p\,\frac{r}{2t} = -5\,\frac{500}{2 \cdot 12,5} = \underline{\underline{-100 \text{ MPa}}}\,.$$

A1.12   **Aufgabe 1.12** Ein kugelförmiger Stahlkessel wird durch heißes Gas um die Temperatur $\Delta T = 200\,^{\circ}$C erwärmt und durch den Druck $p = 1$ MPa belastet.

Wie groß ist die Änderung des Radius?
Geg.: $r = 2$ m, $t = 10$ mm, $E = 2,1 \cdot 10^5$ MPa,
$\nu = 0,3$, $\alpha_T = 12 \cdot 10^{-6}\,^{\circ}$C^{-1}.

Lösung Aus der Gleichgewichtsbedingung folgt für jeden Schnitt senkrecht zur Kugeloberfläche

$$\sigma_t = \sigma_\varphi = p\,\frac{r}{2t}\,.$$

Die Dehnung ergibt sich aus der Umfangsänderung zu

$$\varepsilon_t = \varepsilon_\varphi = \frac{2\pi(r + \Delta r) - 2\pi r}{2\pi r} = \frac{\Delta r}{r}\,.$$

Einsetzen in das Elastizitätsgesetz

$$E\varepsilon_t = \sigma_t - \nu\sigma_\varphi + E\alpha_T \Delta T$$

liefert

$$\underline{\underline{\Delta r}} = r\left[\frac{p\,r(1 - \nu)}{2Et} + \alpha_T \Delta T\right] = 2000\left[\frac{10^{-3}}{3} + 2,4 \cdot 10^{-3}\right] = \underline{\underline{5,5 \text{ mm}}}\,.$$

Aufgabe 1.13 Ein dünnwandiger Zylinderkessel aus Stahl wird durch den Innendruck p belastet.

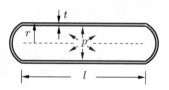

Wie groß darf der Druck höchstens sein, damit die größte Normalspannung im ungestörten Bereich die zulässige Spannung σ_{zul} nicht überschreitet?

Wie groß sind hierfür die Änderungen vom Radius r und Länge l?

Geg.: $l = 5$ m, $r = 1$ m, $t = 1$ cm, $E = 2,1 \cdot 10^5$ MPa, $\nu = 0,3$,
$\quad \sigma_{\text{zul}} = 150$ MPa.

Lösung Die Spannungen ergeben sich nach geeignetem Schneiden aus den Gleichgewichtsbedingungen:

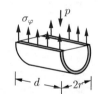

$$\rightarrow: \quad pr^2\pi - \sigma_x 2r\pi t = 0 \quad \rightsquigarrow \quad \sigma_x = p\,\frac{r}{2t}\,,$$

$$\uparrow: \quad \sigma_\varphi 2d\,t - p2rd = 0 \quad \rightsquigarrow \quad \sigma_\varphi = p\,\frac{r}{t}\,.$$

Diese Spannungen sind Hauptspannungen, da Schubspannungen in den Schnitten nicht auftreten. Damit die größte Normalspannung die zulässige Spannung nicht überschreitet, muss gelten

$$\sigma_\varphi \leq \sigma_{\text{zul}} \quad \rightsquigarrow \quad p \leq \frac{t}{r}\sigma_{\text{zul}} = 1,5 \text{ MPa} \quad \rightsquigarrow \quad \underline{\underline{p_{\max} = 1,5 \text{ MPa}}}\,.$$

Die Dehnung ε_φ ergibt sich aus der Umfangsänderung:

$$\varepsilon_\varphi = \frac{2\pi(r + \Delta r) - 2\pi r}{2\pi r} = \frac{\Delta r}{r}\,.$$

Einsetzen in das Elastizitätsgesetz $E\varepsilon_\varphi = \sigma_\varphi - \nu\sigma_t$ liefert

$$\underline{\underline{\Delta r}} = r\,\frac{p_{\max}r}{Et}\left(1 - \frac{\nu}{2}\right) = \underline{\underline{0,61 \text{ mm}}}\,.$$

Auf die gleiche Weise ergibt sich aus der Dehnung $\varepsilon_t = \Delta l/l$ und dem Elastizitätsgesetz $E\varepsilon_t = \sigma_t - \nu\sigma_\varphi$ für die Längenänderung

$$\underline{\underline{\Delta l}} = l\,\frac{p_{\max}r}{Et}\left(\frac{1}{2} - \nu\right) = \underline{\underline{0,71 \text{ mm}}}\,.$$

Anmerkung: Die Deckel des Kessels sind aus der Betrachtung ausgeschlossen, d.h. die Lösung für die Spannungen gilt erst in hinreichenderEntfernung von den Deckeln.

A1.14   **Aufgabe 1.14** Die Schienen eines Eisenbahngleises werden bei einer Temperatur von $15°C$ so verlegt, dass keine inneren Kräfte auftreten.

Wie groß ist die Spannung bei einer Temperatur von $-25°C$, wenn angenommen wird, dass die Schienen keine Längenänderung erfahren?
Geg.: $E = 2,1 \cdot 10^5$ MPa, $\alpha_T = 12 \cdot 10^{-6}\,°C^{-1}$.

Lösung In der Schiene herrscht ein einachsiger Spannungszustand, und das Elastizitätsgesetz lautet

$$E\,\varepsilon = \sigma + E\,\alpha_T\,\Delta T\ .$$

Da keine Verschiebungen auftreten, muss ε Null sein. Mit $\Delta T = -40°C$ folgt daher für die Spannung

$$\underline{\sigma} = -E\,\alpha_T\,\Delta T = 2,1 \cdot 10^5 \cdot 12 \cdot 10^{-6} \cdot 40 = \underline{\underline{100,8\ \text{MPa}}}\ .$$

Beachte: Die Temperaturspannungen in Schienen können recht groß werden!

A1.15   **Aufgabe 1.15** Ein dünner Kupferring vom Radius r wird um die Temperaturdifferenz ΔT erwärmt.

Wie groß sind die Änderungen von Radius und Umfang, wenn sich der Ring frei deformieren kann?
Geg.: $r = 100$ mm, $\alpha_T = 16 \cdot 10^{-6}\,°C^{-1}$, $\Delta T = 50°C$.

Lösung Im Ring herrscht nach der Erwärmung ein gleichförmiger, spannungsfreier, einachsiger Dehnungszustand. Die Dehnung ist durch die Umfangsänderung (Längenänderung) Δl bestimmt:

$$\varepsilon = \frac{\Delta l}{l} = \frac{2\pi(r + \Delta r) - 2\pi r}{2\pi r} = \frac{\Delta r}{r}\ .$$

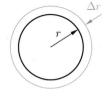

Aus dem einachsigen Elastizitätsgesetz

$$\varepsilon = \frac{\sigma}{E} + \alpha_T \Delta T$$

folgen mit $\sigma = 0$ durch Einsetzen

$$\underline{\underline{\Delta r}} = r\,\alpha_T \Delta T = 100 \cdot 16 \cdot 10^{-6} \cdot 50 = \underline{\underline{0,08\ \text{mm}}}\ ,$$

$$\underline{\underline{\Delta l}} = \frac{l}{r}\Delta r = 2\pi\Delta r = \underline{\underline{0,50\ \text{mm}}}\ .$$

Aufgabe 1.16 Eine Rechteckscheibe ($a > b$) wird in einen etwas größeren starren Ausschnitt eingesetzt, so dass Spalten der Breite δ vorhanden sind. Anschließend wird die Scheibe erwärmt. Es sei angenommen, dass die Scheibe an allen Rändern reibungsfrei gleiten kann.

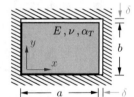

A1.16

a) Welche Temperaturerhöhung ΔT_a ist erforderlich, damit der rechte Spalt gerade geschlossen wird?
b) Bei welcher Temperaturerhöhung ΔT_b schließt sich auch der obere Spalt? Wie groß ist dann σ_x?
c) Welche Spannungen herrschen in der Scheibe für $\Delta T > \Delta T_b$?

Lösung **zu a)** Für $\Delta T < \Delta T_a$ dehnt sich die Scheibe spannungsfrei aus. Mit $\sigma_x = \sigma_y = 0$ reduziert sich das Elastizitätsgesetz auf

$$\varepsilon_x = \varepsilon_y = \alpha_T \Delta T .$$

Der rechte Spalt wird gerade geschlossen, wenn die Bedingung $\varepsilon_x = \delta/a$ erfüllt ist. Einsetzen liefert die erforderliche Temperaturerhöhung:

$$\Delta T_a = \frac{\delta}{\alpha_T a} .$$

zu b) Bei weiterer Erwärmung $\Delta T_a \leq \Delta T \leq \Delta T_b$ kann sich die Scheibe zunächst nur noch in y-Richtung frei ausdehnen, während die Dehnung in x-Richtung konstant bleibt. Mit $\sigma_y = 0$ und $\varepsilon_x = \delta/a$ gelten dann

$$\frac{\delta}{a} = \frac{\sigma_x}{E} + \alpha_T \Delta T , \qquad \varepsilon_y = -\nu \frac{\sigma_x}{E} + \alpha_T \Delta T .$$

Der obere Spalt wird gerade geschlossen, wenn die Bedingung $\varepsilon_y = \delta/b$ erfüllt ist. Einsetzen liefert

$$\Delta T_b = \frac{\delta}{\alpha_T a} \frac{a + \nu b}{(1 + \nu) b} , \qquad \sigma_x = -\frac{E}{1 + \nu} \frac{\delta(a - b)}{ab} .$$

zu c) Für $\Delta T > \Delta T_b$ sind die Dehnungen in beiden Richtungen konstant: $\varepsilon_x = \delta/a$, $\varepsilon_y = \delta/b$. Dann folgen aus

$$E\varepsilon_x = \sigma_x - \nu\sigma_y + E\alpha_T\Delta T , \quad E\varepsilon_y = \sigma_y - \nu\sigma_x + E\alpha_T\Delta T$$

die Spannungen

$$\sigma_x = E\left[\frac{\delta(\nu a + b)}{(1 - \nu^2)ab} - \frac{\alpha_T \Delta T}{1 - \nu}\right], \quad \sigma_y = E\left[\frac{\delta(\nu b + a)}{(1 - \nu^2)ab} - \frac{\alpha_T \Delta T}{1 - \nu}\right].$$

A1.17   Aufgabe 1.17 Eine dünnwandige Muffe muss um die Temperaturdifferenz
ΔT^* erwärmt werden, damit sie auf eine Welle geschoben werden kann.

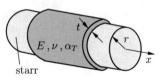

Wie groß sind die Spannungen in der
Muffe und der Druck p zwischen Muffe und Welle nach dem Abkühlen? Es
sei angenommen, dass die Welle *starr*
ist und die Verschiebungen der Muffe
in x−Richtung infolge Haftung verhindert werden.

Lösung Vor dem Abkühlen ist die Muffe spannungsfrei. Die Spannungen
nach dem Abkühlen ergeben sich aus dem Gleichgewicht, dem Elastizitätsgesetz und der Kinematik. Die Gleichgewichtsbedingung liefert

$$p \cdot 2rd = \sigma_\varphi 2t\, d \quad \rightsquigarrow \quad \sigma_\varphi = p\,\frac{r}{t}\,.$$

Das Elastizitätsgesetz lautet mit $\Delta T =$
$-\Delta T^*$ (Abkühlvorgang!)

$$E\varepsilon_\varphi = \sigma_\varphi - \nu\sigma_x - E\alpha_T\Delta T^*\,,$$

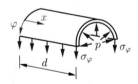

$$E\varepsilon_x = \sigma_x - \nu\sigma_\varphi - E\alpha_T\Delta T^*\,.$$

Beim Abkühlen werden die Dehnungen der Muffe (Schrumpfen) durch
die starre Welle und durch die Haftung verhindert. Demnach lauten die
kinematischen Bedingungen

$$\varepsilon_\varphi = 0\,, \qquad \varepsilon_x = 0\,.$$

Einsetzen und Auflösen liefert für die Spannungen und den Druck

$$\underline{\underline{\sigma_x = \sigma_\varphi = \frac{E}{1-\nu}\,\alpha_T\Delta T^*}}\,, \qquad \underline{\underline{p = \frac{t}{r}\,\frac{E}{1-\nu}\,\alpha_T\Delta T^*}}\,.$$

Anmerkungen: — In der Muffe herrscht ein ebener Spannungszustand mit allseits gleichen Normalspannungen:
$\sigma_x = \sigma_\varphi$.
— Kann sich das Rohr in x-Richtung frei deformieren
(keine Haftung, $\varepsilon_x \neq 0$), so ist $\sigma_x = 0$, und es folgt
$\sigma_\varphi = E\alpha_T\Delta T^*$.

Aufgabe 1.18 Auf die dünnwandige elastische Wel- A1.18
le ① soll das Rohr ② aufgeschrumpft werden. Beide
Teile haben vor dem Aufschrumpfen gleiche geometrische Abmessungen, sind aber aus unterschiedli-
chem Material.

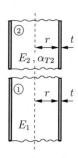

Um welche Temperaturdifferenz muss das Rohr ②
erwärmt werden, damit es auf die Welle ① aufge-
schoben werden kann?

Wie groß ist der Druck p zwischen Welle und Rohr
nach dem Abkühlen, wenn angenommen wird, dass
Spannungen in axialer Richtung nicht auftreten?

Lösung Damit das Rohr ② auf die Welle ① geschoben werden kann,
muss sein Radius durch Erwärmen um t vergrößert werden. Im erwärmten Zustand muss demnach die Umfangsdehnung den Wert

$$\varepsilon_{\varphi 2} = \frac{2\pi(r+t) - 2\pi r}{2\pi r} = \frac{t}{r}$$

annehmen. Einsetzen in das Elastizitätsgesetz liefert unter Beachtung
von $\sigma_{\varphi 2} = 0$ (das Rohr ist im erwärmten Zustand spannungsfrei!)

$$\varepsilon_{\varphi 2} = \alpha_{T2}\Delta T \quad \leadsto \quad \underline{\underline{\Delta T = \frac{1}{\alpha_{T2}}\frac{t}{r}}} \, .$$

Der Druck nach dem Abkühlen ergibt sich aus den Gleichgewichtsbedingungen

$$\sigma_{\varphi 1} = -\frac{r}{t}\,p\,, \qquad \sigma_{\varphi 2} = +\frac{r}{t}\,p\,,$$

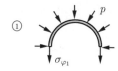

den Elastizitätsgesetzen

$$E_1\varepsilon_{\varphi 1} = \sigma_{\varphi 1}\,, \qquad E_2\varepsilon_{\varphi 2} = \sigma_{\varphi 2}\,,$$

den Verzerrungen

$$\varepsilon_{\varphi 1} = \frac{\Delta r_1}{r}\,, \qquad \varepsilon_{\varphi 2} = \frac{\Delta r_2}{r}$$

und der geometrischen Verträglichkeit

$$\Delta r_2 = \Delta r_1 + t$$

zu

$$\underline{\underline{p = \frac{E_1 E_2}{E_1 + E_2}\left(\frac{t}{r}\right)^2}} \, .$$

A1.19   **Aufgabe 1.19** Eine Platte wird in einer Presse einem Druck p_0 in z-Richtung ausgesetzt.

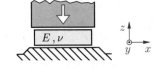

Wie groß sind die Dehnungen und die Spannungen, wenn

a) die Verformungen in x- und y-Richtung behindert sind,

b) nur die Verformung in y-Richtung behindert ist,

c) die Verformungen in x- und y-Richtung *nicht* behindert sind?

Lösung In der Platte herrscht in allen drei Fällen ein homogener 3-achsiger Spannungs- bzw. Verzerrungszustand. Mit $\sigma_z = -p_0$ lautet das Elastizitätsgesetz (Schubspannungen treten nicht auf!)

$$E\varepsilon_x = \sigma_x - \nu\sigma_y + \nu p_0, \quad E\varepsilon_y = \sigma_y + \nu p_0 - \nu\sigma_x, \quad E\varepsilon_z = -p_0 - \nu\sigma_x - \nu\sigma_y.$$

Im Fall **a)** sind $\varepsilon_x^a = \varepsilon_y^a = 0$, und aus

$$0 = \sigma_x^a - \nu\sigma_y^a + \nu p_0, \quad 0 = \sigma_y^a + \nu p_0 - \nu\sigma_x^a, \quad E\varepsilon_z^a = -p_0 - \nu\sigma_x - \nu\sigma_y$$

folgen

$$\varepsilon_z^a = -\frac{1 - \nu - 2\nu^2}{1 - \nu}\frac{p_0}{E}, \qquad \sigma_x^a = \sigma_y^a = -\frac{\nu}{1 - \nu}p_o.$$

Im Fall **b)** gelten $\varepsilon_y^b = 0$ und $\sigma_x^b = 0$ (freie Verformung, d. h. keine Spannung in x-Richtung). Aus dem Elastizitätsgesetz

$$E\varepsilon_x^b = -\nu\sigma_y^b + \nu p_0, \qquad 0 = \sigma_y^b + \nu p_0, \qquad E\varepsilon_z = -p_0 - \nu\sigma_y^b$$

erhält man dann

$$\varepsilon_x^b = \nu(1 + \nu)\frac{p_0}{E}, \qquad \varepsilon_z^b = -(1 - \nu^2)\frac{p_0}{E}, \qquad \sigma_y^b = -\nu\,p_0.$$

Im Fall **c)** sind $\sigma_x^c = \sigma_y^c = 0$, da die Verformungen in diesen Richtungen nicht behindert sind. Das Elastizitätsgesetz reduziert sich damit auf

$$E\varepsilon_x^c = \nu\,p_0, \qquad E\varepsilon_y^c = \nu\,p_0, \qquad E\varepsilon_z^c = -p_0,$$

und es ergibt sich

$$\varepsilon_x^c = \varepsilon_y^c = \nu\frac{p_0}{E}, \qquad \varepsilon_z^c = -\frac{p_0}{E}.$$

Anmerkung: Für $\nu > 0$ gilt $|\varepsilon_z^a| < |\varepsilon_z^b| < |\varepsilon_z^c|$. Speziell für $\nu = 1/3$ folgt

$$\varepsilon_z^a = -6p_0/(9E), \qquad \varepsilon_z^b = -8p_0/(9E), \qquad \varepsilon_z^c = -9p_0/(9E).$$

Infolge der Verformungsbehinderung in x- und y-Richtung verhält sich die Platte im Fall a) in z-Richtung recht *steif!*

Aufgabe 1.20   In einem dickwandigen
Zylinder, dessen Deformation in Längs-
richtung verhindert ist (ebener Verzerrungszustand), herrschen unter dem Innendruck p die Spannungen

A1.20

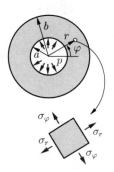

$$\sigma_r = -p\,\frac{a^2}{b^2 - a^2}\left(\frac{b^2}{r^2} - 1\right)\,,$$

$$\sigma_\varphi = p\,\frac{a^2}{b^2 - a^2}\left(\frac{b^2}{r^2} + 1\right)\,.$$

Wie groß sind die Spannung σ_z und die
daraus resultierende Kraft F_z in Zylinderlängsrichtung?

Wo tritt die größte Normalspannung auf und wie groß ist sie?
Geg.: $p = 50$ MPa, $a = 100\,\mathrm{mm}$, $b = 200\,\mathrm{mm}$, $\nu = 1/3$.

Lösung   Da die Deformation in Zylinderlängsrichtung verhindert ist,
gilt $\varepsilon_z = 0$. Damit liefert das Elastizitätsgesetz in dieser Richtung

$$E\varepsilon_z = 0 = \sigma_z - \nu(\sigma_r + \sigma_\varphi)\,.$$

Durch Einsetzen folgt die Spannung

$$\underline{\underline{\sigma_z}} = \nu(\sigma_r + \sigma_\varphi) = 2\nu p\,\frac{a^2}{b^2 - a^2} = \frac{2}{9}\,p = \underline{\underline{11,1\,\mathrm{MPa}}}\,.$$

Da σ_z über den Querschnitt konstant ist, ergibt sich die resultierende
Kraft durch Multiplikation von σ_z mit der Querschnittsfläche:

$$\underline{\underline{F_z}} = \sigma_z\pi(b^2 - a^2) = 2\pi\nu\,p\,a^2 = \underline{\underline{1,05\cdot10^6\,\mathrm{N}}}\,.$$

Die Spannungen σ_r und σ_φ sind am Innenrand des Zylinders $(r = a)$
betragsmäßig am größten. Dort erhält man

$$\sigma_r(a) = -p\,,\qquad \sigma_\varphi(a) = \frac{5}{3}\,p\,,\qquad \sigma_z = \frac{2}{9}\,p\,.$$

Dementsprechend ist die *Umfangsspannung* σ_φ am Innenrand die größte
auftretende Normalspannung.

A1.21   Aufgabe 1.21   Eine starre Kiste
mit quadratischem Querschnitt
wird mit Tonboden (Volumen
$V = a^2 h$, Dichte ρ) gefüllt. Das
Materialverhalten des Bodens
kann näherungsweise durch
das HOOKEsche Gesetz (Elastizitätsmodul E, Querdehnzahl ν)
beschrieben werden.

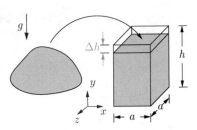

Zu ermitteln sind die Setzung Δh
des Bodens infolge Eigengewicht
und die horizontale Druckverteilung auf die Kiste in Abhängigkeit
von y.

Lösung Bei der gegebenen Beanspruchung treten nur Normalspannun-
gen σ_x, σ_y und σ_z in den drei Koordinatenrichtungen x, y und z auf.
Außer der Dehnung ε_y in y-Richtung sind keine Dehnungen vorhanden.
Für σ_y gilt nach dem HOOKEschen Gesetz mit $\varepsilon_x = \varepsilon_z = 0$

$$\sigma_y = \frac{E}{1+\nu}\left(\varepsilon_y + \frac{\nu}{1-2\nu}\,\varepsilon_y\right) = \frac{E}{1+\nu}\frac{1-\nu}{1-2\nu}\,\varepsilon_y\;.$$

Mit der Spannungsverteilung

$$\sigma_y = -\rho g(h-y)$$

berechnet sich die Setzung Δh aus

$$\varepsilon_y = \frac{\mathrm{d}v}{\mathrm{d}y}\;.$$

Durch Integration erhält man Δh:

$$\underline{\underline{\Delta h}} = v(h) = \int_0^h \varepsilon_y\,\mathrm{d}y = -\int_0^h \rho g(h-y)\frac{(1+\nu)(1-2\nu)}{E(1-\nu)}\,\mathrm{d}y$$

$$= -\left[\rho g\frac{(1+\nu)(1-2\nu)}{E(1-\nu)}\left(hy - \frac{y^2}{2}\right)\right]_0^h = \underline{\underline{-\frac{1}{2}\frac{(1+\nu)(1-2\nu)}{E(1-\nu)}\rho g h^2}}\;.$$

Die horizontale Druckverteilung in Abhängigkeit von y ergibt sich mit
dem HOOKEschen Gesetz:

$$\sigma_x = \sigma_z = \frac{E\nu}{(1+\nu)(1-2\nu)}\,\varepsilon_y\;,\qquad \varepsilon_y = -\rho g(h-y)\frac{(1+\nu)(1-2\nu)}{E(1-\nu)}$$

$$\rightsquigarrow\quad \underline{\underline{\sigma_x(y) = \sigma_z(y) = \frac{-\nu}{1-\nu}\rho g(h-y)}}\;.$$

Aufgabe 1.22 In einem Stahlblech (Elastizitätsmodul E und Querkontraktionszahl ν) werden mit Hilfe von drei
Dehnungsmessstreifen die Dehnungen
$\varepsilon_A = \bar{\varepsilon}$, $\varepsilon_B = 3\,\bar{\varepsilon}$ und $\varepsilon_C = 2\,\bar{\varepsilon}$ in den drei
angegebenen Richtungen gemessen.

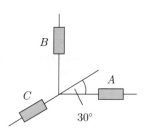

a) Wie groß sind die Hauptdehnungen ε_1 und ε_2?
b) Berechnen Sie die Hauptspannun-
gen σ_1 und σ_2 unter Annahme eines
ebenen Spannungszustands.
c) Ermitteln Sie die Hauptrichtungen.

Lösung **zu a)** Wir führen in den
durch die Dehnungsmessstreifen vorgege-
benen Richtungen ein x, y- bzw. ein ξ, η-
Koordinatensystem ein. Dann gilt für die
gemessenen Dehnungen

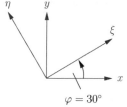

$$\varepsilon_x = \bar{\varepsilon}\,, \qquad \varepsilon_y = 3\bar{\varepsilon}\,, \qquad \varepsilon_\xi = 2\bar{\varepsilon}\,.$$

Zur Berechnung der Hauptdehnungen benötigen wir zunächst noch die
Schubverzerrung γ_{xy}. Nach den Transformationsbeziehungen gilt mit
dem Winkel $\varphi = 30°$

$$\varepsilon_\xi = \frac{1}{2}(\varepsilon_x + \varepsilon_y) + \frac{1}{2}(\varepsilon_x - \varepsilon_y)\cos 2\varphi + \frac{1}{2}\gamma_{xy}\sin 2\varphi$$

$$= \frac{1}{2}(\varepsilon_x + \varepsilon_y) + \frac{1}{4}(\varepsilon_x - \varepsilon_y) + \frac{\sqrt{3}}{4}\gamma_{xy}\,,$$

$$2\bar{\varepsilon} = 2\bar{\varepsilon} + \left(-\frac{1}{2}\right)\bar{\varepsilon} + \frac{\sqrt{3}}{4}\gamma_{xy}\,.$$

Daraus erhalten wir

$$\gamma_{xy} = \frac{2}{\sqrt{3}}\bar{\varepsilon}\,.$$

Damit errechnen sich die Hauptdehnungen aus

$$\varepsilon_{1/2} = \frac{\varepsilon_x + \varepsilon_y}{2} \pm \sqrt{\left(\frac{\varepsilon_x - \varepsilon_y}{2}\right)^2 + \left(\frac{1}{2}\gamma_{xy}\right)^2}$$

zu

$$\varepsilon_1 = 2\left(1 + \frac{1}{\sqrt{3}}\right)\bar{\varepsilon}\,, \qquad \varepsilon_2 = 2\left(1 - \frac{1}{\sqrt{3}}\right)\bar{\varepsilon}\,.$$

zu b) Mit der Annahme eines ebenen Spannungszustandes liefert die Auswertung des Elastizitätsgesetzes in den Hauptrichtungen die Hauptspannungen

$$\sigma_1 = \frac{E}{1-\nu^2}(\varepsilon_1 + \nu\varepsilon_2) \quad \rightsquigarrow \quad \sigma_1 = \frac{2\,E\,\bar{\varepsilon}}{1-\nu^2}\left(1 + \nu + \frac{1-\nu}{\sqrt{3}}\right),$$

$$\sigma_2 = \frac{E}{1-\nu^2}(\varepsilon_2 + \nu\varepsilon_1) \quad \rightsquigarrow \quad \sigma_2 = \frac{2\,E\,\bar{\varepsilon}}{1-\nu^2}\left(1 + \nu - \frac{1-\nu}{\sqrt{3}}\right).$$

zu c) Die Hauptrichtungen können mit den Spannungskomponenten oder den Verzerrungskomponenten ermittelt werden. Wir verwenden hier die Berechnung mit den Verzerrungskomponenten und erhalten aus

$$\tan 2\varphi^* = \frac{\gamma_{xy}}{\varepsilon_x - \varepsilon_y} = \frac{\frac{2}{\sqrt{3}}}{-2} = -\frac{1}{\sqrt{3}}$$

die Lösungen

$$\varphi^* = -15° \qquad \text{und} \qquad \varphi^* = 75°\,.$$

Um zu entscheiden, welche Richtung zur Hauptdehnung ε_1 bzw. zur Hauptdehnung ε_2 gehört, setzen wir den Winkel $\varphi^* = -15°$ in die Transformationsbeziehungen ein. Dies liefert mit den bekannten Verzerrungskomponenten

$$\varepsilon_\xi = \frac{1}{2}(\varepsilon_x + \varepsilon_y) + \frac{1}{2}(\varepsilon_x - \varepsilon_y)\cos(-30°) + \frac{1}{2}\gamma_{xy}\sin(-30°)$$

$$= 2\bar{\varepsilon} - \bar{\varepsilon}\frac{\sqrt{3}}{2} - \frac{\bar{\varepsilon}}{\sqrt{3}}\frac{1}{2} = 2\left(1 - \frac{1}{\sqrt{3}}\right)\bar{\varepsilon} = \varepsilon_2$$

Damit tritt die kleinste Hauptdehnung ε_2 unter dem Winkel $\varphi^* = -15°$ auf, während die größte Hauptdehnung ε_1 in der Richtung von $\varphi^* = 75°$ anzutreffen ist.

Aufgabe 1.23 In einer dünnen, quadratischen
Blechscheibe mit der Kantenlänge l werden
folgende Verschiebungen in x- und y-Richtung
gemessen:

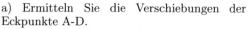

$$ u(x,y) = d_0 \frac{x}{2l}, \quad v(x,y) = d_0 \frac{x}{2l} + d_0 \frac{y}{l} $$

wobei $d_0 \ll l$.

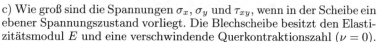

a) Ermitteln Sie die Verschiebungen der
Eckpunkte A-D.
b) Berechnen Sie die Verzerrungen in der
Scheibe.
c) Wie groß sind die Spannungen σ_x, σ_y und τ_{xy}, wenn in der Scheibe ein
ebener Spannungszustand vorliegt. Die Blechscheibe besitzt den Elastizitätsmodul E und eine verschwindende Querkontraktionszahl ($\nu = 0$).
d) Skizzieren Sie den MOHRschen Kreis und geben Sie Hauptspannungen und maximale Schubspannung an.

Lösung **zu a)** Die Verschiebungen der Eckpunkte ergeben sich durch
Auswertung des Verschiebungsfeldes an den entsprechenden Koodina-
ten. Wir erhalten

A: $x = 0$, $y = 0$ $\qquad \rightarrow \qquad$ $u = 0$, $v = 0$

B: $x = l$, $y = 0$ $\qquad \rightarrow \qquad$ $u = \dfrac{d_0}{2}$, $v = \dfrac{d_0}{2}$

C: $x = l$, $y = l$ $\qquad \rightarrow \qquad$ $u = \dfrac{d_0}{2}$, $v = \dfrac{3d_0}{2}$

D: $x = 0$, $y = l$ $\qquad \rightarrow \qquad$ $u = 0$, $v = d_0$

zu b) Um die Verzerrungen zu berechenn, müssen die Verschiebungen
nach den Koordinaten abgeleitet werden. Es ergeben sich

$$ \underline{\underline{\varepsilon_x}} = \frac{\partial u}{\partial x} = \underline{\underline{\frac{d_0}{2l}}}, \quad \underline{\underline{\varepsilon_y}} = \frac{\partial v}{\partial y} = \underline{\underline{\frac{d_0}{l}}}, \quad \underline{\underline{\gamma_{xy}}} = \frac{\partial u}{\partial y} + \frac{\partial v}{\partial x} = \underline{\underline{\frac{d_0}{2l}}} $$

zu c) Die Spannungen werden mit dem Elastizitätsgesetz ermittelt.
Im ebenen Spannungszustand gilt für die Spannungskomponenten der
Zusammenhang:

$$ \sigma_x = \frac{E}{1-\nu^2} \left(\varepsilon_x + \nu \varepsilon_y \right), \quad \sigma_y = \frac{E}{1-\nu^2} \left(\varepsilon_y + \nu \varepsilon_x \right), \quad \tau_{xy} = G \gamma_{xy} $$

mit dem Schubmodul $G = \frac{E}{2(1+\nu)}$. Für eine verschwindenden Querkontraktionszahl ($\nu = 0$) erhalten wir

$$\sigma_x = E\frac{d_0}{2l}, \quad \sigma_y = E\frac{d_0}{l}, \quad \tau_{xy} = E\frac{d_0}{4l}$$

zu d) Der MOHRsche Kreis ergibt sich damit wie folgt:

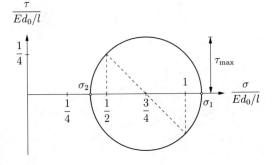

Wir lesen aus dem MOHRschen Kreis ab, bzw. errechnen

$$\sigma_{1/2} = \frac{\sigma_x + \sigma_y}{2} \pm \sqrt{\left(\frac{\sigma_x - \sigma_y}{2}\right)^2 + \tau_{xy}^2}$$

$$= E\frac{d_0}{l}\left[\frac{3}{4} \pm \sqrt{\left(\frac{1}{4}\right)^2 + \left(\frac{1}{4}\right)^2}\right] = E\frac{d_0}{4l}\left(3 \pm \sqrt{2}\right)$$

$$\tau_{max} = \sqrt{\left(\frac{\sigma_x - \sigma_y}{2}\right)^2 + \tau_{xy}^2}$$

$$= E\frac{d_0}{l}\sqrt{\left(\frac{1}{4}\right)^2 + \left(\frac{1}{4}\right)^2} = E\frac{d_0}{4l}\sqrt{2}$$

Anmerkungen: Schaumartige Materialien besitzen häufig eine sehr geringe bzw. verschwindende Querkontraktionszahl ν.
Die linearen Verschiebungen führen in der Scheibe zu einem homogenen Verzerrungs- und Spannungszustand.

Kapitel 2

Zug und Druck

Zug- oder Druckbeanspruchung des Stabes

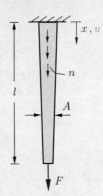

Voraussetzungen:
- Länge l des Stabes ist groß gegenüber den Abmessungen des Querschnittes $A(x)$.
- Gerade Stabachse = Schwerachse (Verbindungslinie der Flächenschwerpunkte).
- Wirkungslinie der äußeren Belastung F bzw. $n(x)$ fällt mit Stabachse zusammen.
- Querschnitt $A(x)$ ist höchstens schwach veränderlich.

Spannung: Bei Annahme einer konstanten Spannung σ über den Querschnitt A gilt folgender Zusammenhang mit der Normalkraft N:

$$\sigma(x) = \frac{N(x)}{A(x)}\,.$$

Grundgleichungen des deformierbaren Stabes:

Gleichgewichtsbedingung	$\dfrac{\mathrm{d}N}{\mathrm{d}x} = -n\,,$
Elastizitätsgesetz	$\varepsilon = \dfrac{\sigma}{E} + \alpha_T\,\Delta T\,,$
Kinematische Beziehung	$\varepsilon = \dfrac{\mathrm{d}u}{\mathrm{d}x}$

$$E \quad = \quad \text{Elastizitätsmodul,}$$

$$\alpha_T \quad = \quad \text{Wärmeausdehnungskoeffizient,}$$

$$\Delta T \quad = \quad \text{Temperaturerhöhung gegenüber Ausgangszustand,}$$

$$u(x) \quad = \quad \text{Verschiebung des Stabquerschnittes.}$$

Die Grundgleichungen können zu *einer* Differentialgleichung für die Verschiebung zusammengefasst werden ($\{\cdot\}' = \mathrm{d}\{\cdot\}/\mathrm{d}x$):

$$(EAu')' = -n + (EA\alpha_T\Delta T)'\,.$$

Stabverlängerung

Längenänderung: $\qquad \Delta l = u(l) - u(0) = \int_0^l \varepsilon \, \mathrm{d}x$.

Spezialfälle:

$$\Delta l = \int_0^l \frac{N}{EA} \mathrm{d}x \qquad (\Delta T = 0) \, ,$$

$$\Delta l = \frac{Fl}{EA} \qquad\qquad (N = F = \mathrm{const}, \ EA = \mathrm{const}, \ \Delta T = 0),$$

$$\Delta l = \alpha_T \Delta T \, l \qquad\quad (N = 0, \ EA = \mathrm{const}, \ \alpha_T \Delta T = \mathrm{const}).$$

Superposition: Die Lösung eines statisch unbestimmten Problems kann durch *Superposition* von Lösungen für zugeordnete statisch bestimmte Probleme unter Berücksichtigung der Kompatibilittsbedingung gewonnen werden.

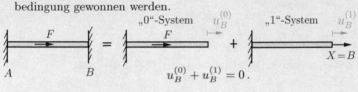

$$u_B^{(0)} + u_B^{(1)} = 0 \, .$$

Rotierender Stab: Bei einem mit der Winkelgeschwindigkeit ω rotierenden Stab tritt eine Belastung pro Längeneinheit

$$n = \rho A \, x \omega^2$$

auf. Darin sind ρ die Dichte und x der Abstand des Querschnittes A von der Drehachse.

Elastisch-plastischer Stab: Bei elastisch-ideal-plastischem Materialverhalten gilt das Elastizitätsgesetz nur bis zur *Fließgrenze* σ_F :

$$\sigma = \begin{cases} E\varepsilon \, , & |\varepsilon| \le \varepsilon_F \, , \\ \sigma_F \, \mathrm{sign}(\varepsilon) \, , & |\varepsilon| \ge \varepsilon_F \, . \end{cases}$$

Stabsysteme: Die Verschiebungen lassen sich durch „Lösen" und „Wiederverbinden" der Stäbe in den Knoten unter Verwendung eines *Verschiebungsplans* bestimmen.

Anmerkung: Im Bereich starker örtlicher Querschnittsänderungen (Kerben, Löcher) ist die Stabtheorie nicht gültig.

A2.1   Aufgabe 2.1 Für den homogenen Stab konstanter Dicke und linear veränderlicher
Breite ermittle man bei Berücksichtigung
de Eigengewichtes den Spannungsverlauf
$\sigma(x)$. Ferner berechne man Ort und Betrag
der kleinsten Spannung.

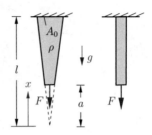

Lösung Lösung Zweckmäßig zählt man die Koordinate x vom Schnitt-
punkt der verlängerten Trapezseiten. Dann folgt für den mit x veränderlichen Querschnitt aus dem Strahlensatz

$$A(x) = A_0 x / l\,.$$

Mit dem Gewicht

$$G(x) = \rho g V(x) = \rho g \int_a^x A(\xi)\mathrm{d}\xi = \rho g A_0 \frac{x^2 - a^2}{2l}$$

des abgeschnittenen Teiles folgt aus dem Gleichgewicht

$$N(x) = F + G(x) = F + \rho g A_0 \frac{x^2 - a^2}{2l}\,.$$

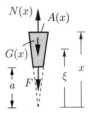

Damit wird die Spannung

$$\underline{\underline{\sigma(x) = \frac{N(x)}{A(x)} = \frac{Fl + \rho g \frac{A_0}{2}\left(x^2 - a^2\right)}{A_0 x}}}\,.$$

Der Ort x^* des Minimums folgt aus der Bedingung $\sigma' = 0$:

$$\sigma' = -\frac{Fl}{A_0}\frac{1}{x^2} + \frac{\rho g}{2}\left(1 + \frac{a^2}{x^2}\right) = 0 \quad \leadsto \quad \underline{\underline{x^* = \sqrt{\frac{2Fl}{\rho g A_0} - a^2}}}\,.$$

Die minimale Spannung wird

$$\underline{\underline{\sigma_{\min}}} = \sigma(x^*) = \rho g \sqrt{\frac{2Fl}{\rho g A_0} - a^2} = \underline{\underline{\rho g x^*}}\,.$$

Anmerkungen:
— Für $\rho g = 0$ („gewichtsloser Stab") gibt es kein Minimum. Die größte
  Spannung tritt dann bei $x = a$ auf.
— Das Minimum liegt nur dann innerhalb des Stabes, wenn $a < x^* < l$
  bzw. $\rho g A_0 a^2/(2l) < F < \rho g A_0 (l^2 + a^2)/(2l)$ gilt.

Aufgabe 2.2   Die Kontur eines Leucht-
turmes mit kreisförmigem, dünnwandigem Querschnitt genügt der Hyperbel-
gleichung

$$y^2 - \frac{b^2 - a^2}{h^2}\, x^2 = a^2\,.$$

Man ermittle die Spannungsverteilung
unter dem Gewicht G des Leuchtturm-
Aufsatzes (das Eigengewicht sei ver-
nachlässigbar).

Geg.: $b = 2a$, $t \ll a$.

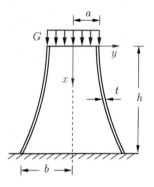

Lösung   Da als äußere Belastung nur das Gewicht G wirkt, ist die
Schnittkraft konstant (Druck):

$$N = -G\,.$$

Die Querschnittsfläche A ist dagegen veränderlich. Wegen der kleinen
Wanddicke ($t \ll y$), gilt näherungsweise

$$A(x) = 2\pi y t = 2\pi t \sqrt{a^2 + \frac{b^2 - a^2}{h^2}\, x^2}$$

$$= 2\pi t \sqrt{a^2 + 3\frac{a^2}{h^2}\, x^2}$$

$$= 2\pi a t \sqrt{1 + 3\frac{x^2}{h^2}}\,.$$

Damit ergibt sich für die Spannung

$$\sigma(x) = \frac{N}{A} = -\frac{G}{2\pi a t \sqrt{1 + 3\dfrac{x^2}{h^2}}}\,.$$

Speziell am oberen bzw. am unteren Rand erhält man

$$\sigma(x = 0) = -\frac{G}{2\pi a t} \qquad \text{bzw.} \qquad \sigma(x = h) = -\frac{G}{4\pi a t}\,.$$

Anmerkung: Die Spannung ist oben doppelt so groß wie unten, was eine
ungünstige Materialausnutzung bedeutet. Dies ändert sich, wenn
man das Eigengewicht berücksichtigt.

Aufgabe 2.3 Um welchen Betrag Δl verlängert sich das homogene konische Wellenstück (Elastizitätsmodul E) unter der Wirkung einer Zugkraft F?

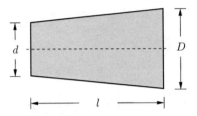

Lösung Die Normalkraft $N = F$ ist konstant, die Querschnittsfläche A veränderlich. Mit $\sigma = N/A$ folgt die Verlängerung aus

$$\Delta l = \int_0^l \varepsilon \, \mathrm{d}x = \frac{1}{E} \int_0^l \sigma \, \mathrm{d}x = \frac{1}{E} \int_0^l \frac{N\mathrm{d}x}{A} = \frac{F}{E} \int_0^l \frac{\mathrm{d}x}{A(x)} \, .$$

Zur Ermittlung des veränderlichen Querschnitts $A(x)$ zählt man x zweckmäßig von der Spitze des Kegelstumpfes. Aus dem Strahlensatz folgt mit der Hilfsgröße a für den Durchmesser

$$\delta(x) = d \, \frac{x}{a}$$

und damit für die Fläche

$$A(x) = \frac{\pi}{4} \, \delta^2(x) = \frac{\pi}{4} \, d^2 \, \frac{x^2}{a^2} \, .$$

Einsetzen und Integration liefert die Verlängerung (man beachte die Integralgrenzen!):

$$\Delta l = \frac{F}{E} \int_a^{a+l} \frac{\mathrm{d}x}{\frac{\pi}{4} d^2 \frac{x^2}{a^2}} = \frac{4Fa^2}{\pi E \, d^2} \left(-\frac{1}{x} \right) \Bigg|_a^{a+l} \, .$$

Mit

$$\frac{a+l}{D} = \frac{a}{d} \quad \rightsquigarrow \quad a = \frac{d}{D} \, \frac{l}{1 - \frac{d}{D}}$$

folgt

$$\underline{\underline{\Delta l = \frac{4Fl}{\pi E D d}}} \, .$$

Probe: Für $D = d$ (konstanter Querschnitt) wird $\Delta l = \dfrac{4Fl}{\pi E d^2} = \dfrac{Fl}{EA}$.

Aufgabe 2.4 Ein homogener Pyramiden-stumpf (Elastizitätsmodul E) mit qua-dratischem Querschnitt wird auf seiner oberen Querschnittsfläche durch die Spannung σ_0 belastet.

Wie groß ist die Verschiebung $u(x)$ eines Querschnittes an der Stelle x?

A2.4

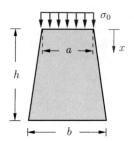

Lösung Die Normalkraft ist konstant: $N = -\sigma_0 a^2$. Damit folgt aus der kinematischen Beziehung $\varepsilon = \mathrm{d}u/\mathrm{d}x$ und dem Elastizitätsgesetz $\varepsilon = \sigma/E = N/EA$ zur Bestimmung von u zunächst die Gleichung

$$EA(x)\,\frac{\mathrm{d}u}{\mathrm{d}x} = -\sigma_0 a^2\,.$$

Die Fläche $A(x)$ ergibt sich mit dem Strahlensatz zu

$$A(x) = [a + (b-a)x/h]^2\,.$$

Damit wird

$$E\Big(a + \frac{b-a}{h}\,x\Big)^2 \frac{\mathrm{d}u}{\mathrm{d}x} = -\sigma_0 a^2\,.$$

Trennung der Veränderlichen führt auf

$$\mathrm{d}u = -\frac{\sigma_0 a^2}{E}\,\frac{\mathrm{d}x}{\Big(\dfrac{b-a}{h}\,x + a\Big)^2} \quad \rightsquigarrow \quad \int_{u(0)}^{u(x)} \mathrm{d}u = -\frac{\sigma_0 a^2}{E} \int_0^x \frac{\mathrm{d}\xi}{\Big(\dfrac{b-a}{h}\,\xi + a\Big)^2}\,.$$

Mit der Substitution $z = a + (b-a)\,\xi/h$, $\mathrm{d}z = (b-a)\,\mathrm{d}\xi/h$ ergibt sich

$$u(x) - u(0) = -\frac{\sigma_0 a^2}{E}\,\frac{h}{b-a}\,\Big(-\frac{1}{z}\Big)\Big|_a^{\frac{b-a}{h}x+a} = -\frac{\sigma_0 a^2}{E}\,\frac{h}{b-a}\Big(\frac{1}{a} - \frac{1}{\dfrac{b-a}{h}\,x+a}\Big)\,.$$

Die Verschiebung $u(0)$ des oberen Querschnittes folgt aus der Bedin-gung, dass am unteren Rand $x = h$ die Verschiebung verschwinden muss:

$$u(h) = 0 \quad \rightsquigarrow \quad u(0) = \frac{\sigma_0 a^2}{E}\,\frac{h}{b-a}\Big(\frac{1}{a} - \frac{1}{b}\Big) = \frac{\sigma_0 a h}{E b}\,.$$

Damit wird

$$u(x) = \frac{\sigma_0 a^2}{E}\,\frac{h}{b-a}\Big(-\frac{1}{b} + \frac{1}{\dfrac{b-a}{h}x+a}\Big)\,.$$

A2.5   **Aufgabe 2.5**   Der Querschnitt eines massiven Hubschrauberflügels (Dichte ρ, Elastizitätsmodul E) genüge der Gleichung $A(x) = A_0 e^{-\alpha x/l}$.

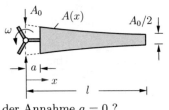

Man bestimme den Spannungsverlauf $\sigma(x)$, wenn sich der Flügel mit konstanter Winkelgeschwindigkeit ω dreht. Wie groß ist die Verlängerung Δl unter der Annahme $a = 0$?

Lösung Aus der gegebenen Geometrie $A(l) = A_0/2$ ergibt sich zunächst

$$A_0 e^{-\alpha} = A_0/2 \quad \rightsquigarrow \quad e^{\alpha} = 2 \quad \rightsquigarrow \quad \alpha = \ln 2 = 0,693\,.$$

Infolge der Drehung tritt eine Belastung pro Längeneinheit

$$n = \rho \omega^2 x A(x) = \rho \omega^2 A_0 x e^{-\alpha x/l}$$

auf. Damit erhält man aus der Gleichgewichtsbedingung $N' = -n$ durch Integration

$$N = -\int n\,\mathrm{d}x = -\frac{\rho \omega^2 A_0 l^2}{\alpha^2}\left[-\frac{\alpha x}{l}e^{-\alpha x/l} - e^{-\alpha x/l} + C\right]\,.$$

Die Integrationskonstante C folgt aus der Randbedingung:

$$N(l) = 0 \quad \rightsquigarrow \quad C = (1+\alpha)e^{-\alpha} = 0,847\,.$$

Dann gilt unter Verwendung der dimensionslosen Koordinate $\xi = x/l$

$$N(\xi) = \frac{\rho \omega^2 A_0 l^2}{\alpha^2}[(1+\alpha\xi)e^{-\alpha\xi} - C]\,,$$

und der Spannungsverlauf ergibt sich zu

$$\sigma(\xi) = \frac{N}{A} = \frac{\rho \omega^2 l^2}{\alpha^2}[1 + \alpha\xi - Ce^{\alpha\xi}]\,.$$

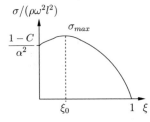

Für die Verlängerung folgt

$$\underline{\underline{\Delta l}} = \int_0^l \varepsilon\,\mathrm{d}x = \frac{l}{E}\int_0^1 \sigma\,\mathrm{d}\xi = \frac{\rho \omega^2 l^3}{\alpha^2 E}\left[\xi + \frac{\alpha\xi^2}{2} - \frac{C}{\alpha}e^{\alpha\xi}\right]_0^1$$

$$= \frac{\rho \omega^2 l^3}{E\alpha^2}\left[1 + \frac{\alpha}{2} - \frac{C}{\alpha}e^{\alpha} + \frac{C}{\alpha}\right] = 0,258\,\frac{\rho \omega^2 l^3}{E}\,.$$

Anmerkung: Das Spannungsmaximum tritt an der Stelle $\xi_0 = -(\ln C)/\alpha = 0,24$ auf und hat den Wert $\sigma_{\max} = -(\rho \omega^2 l^2 \ln C)/\alpha^2 = 0,347\,\rho \omega^2 l^2$.

Aufgabe 2.6 Ein schwerer Stab (Gewicht G_0, Querschnittsfläche A, Wärmeausdehnungskoeffizient α_T) ist bei $x = 0$ aufgehängt und berührt gerade den Boden ohne Druck.

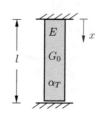

Wie ist die Spannungsverteilung $\sigma(x)$ im Stab nach einer gleichmäßigen Erwärmung um ΔT?

Für welche ΔT herrscht im gesamten Stab Druck?

Lösung Wir betrachten die beiden „Lastfälle" Eigengewicht und Erwärmung getrennt. Unter *Eigengewicht* tritt eine Normalkraft

$$N(x) = G(x) = G_0 \frac{l - x}{l} = G_0 \left(1 - \frac{x}{l}\right)$$

und damit eine Spannung

$$\sigma_1(x) = \frac{N(x)}{A} = \frac{G_0}{A} \left(1 - \frac{x}{l}\right)$$

auf.

Bei einer *Erwärmung* wird die zusätzliche Dehnung durch den Boden verhindert. Aus der Bedingung

$$\varepsilon = \frac{\sigma_2(x)}{E} + \alpha_T \Delta T = 0$$

folgt

$$\sigma_2(x) = -E\alpha_T \Delta T \,.$$

Daher wirkt insgesamt eine Spannung

$$\underline{\underline{\sigma(x)}} = \sigma_1 + \sigma_2 = \underline{\underline{\frac{G_0}{A} \left(1 - \frac{x}{l}\right) - E\alpha_T \Delta T}} \,.$$

Am Stabende $x = l$ herrscht stets eine Druckspannung wegen der verhinderten Temperaturdehnung. Da die Spannung linear verläuft, ist die Spannung dann überall negativ, wenn auch am oberen Ende Druck herrscht. Dementsprechend folgt aus der Bedingung

$$\sigma(x = 0) < 0 \qquad \text{bzw.} \qquad \frac{G_0}{A} - E\alpha_T \Delta T < 0$$

die erforderliche Temperaturerhöhung

$$\underline{\underline{\Delta T > \frac{G_0}{E A \alpha_T}}} \,.$$

A2.7   Aufgabe 2.7   Ein ursprüng-
lich spannungslos eingespannter
Stab (Querschnitt A) erfährt eine über x linear veränderliche
Temperaturerhöhung.

Gesucht sind der Spannungs-
und der Verschiebungsverlauf.

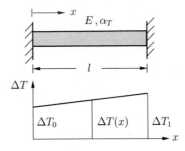

Lösung Da der Stab statisch unbestimmt gelagert ist, benötigen wir
zur Lösung der Aufgabe die Gleichgewichtsbedingung, die Kinematik
und das Elastizitätsgesetz. Mit $n = 0$ und $\sigma = N/A$ lauten diese Gleichungen

$$\sigma' = 0, \qquad \varepsilon = u', \qquad \varepsilon = \frac{\sigma}{E} + \alpha_T \Delta T(x)$$

mit

$$\Delta T(x) = \Delta T_0 + (\Delta T_1 - \Delta T_0)\frac{x}{l}.$$

Einsetzen liefert für die Verschiebung die Differentialgleichung

$$u'' = \alpha_T \Delta T' = \frac{\alpha_T}{l}(\Delta T_1 - \Delta T_0).$$

Zweimalige Integration ergibt

$$u' = \frac{\alpha_T}{l}(\Delta T_1 - \Delta T_0)\, x + C_1,$$

$$u = \frac{\alpha_T}{l}(\Delta T_1 - \Delta T_0)\frac{x^2}{2} + C_1 x + C_2.$$

Die beiden Integrationskonstanten folgen aus den Randbedingungen:

$$u(0) = 0 \rightsquigarrow C_2 = 0, \qquad u(l) = 0 \rightsquigarrow C_1 = -\frac{\alpha_T}{2}(\Delta T_1 - \Delta T_0).$$

Damit werden der Verschiebungsverlauf

$$\underline{\underline{u(x) = \frac{\alpha_T l}{2}(\Delta T_1 - \Delta T_0)\Big(\frac{x^2}{l^2} - \frac{x}{l}\Big)}}$$

und die (konstante) Spannung

$$\underline{\underline{\sigma = E(u' - \alpha_T \Delta T) = -\frac{\alpha_T}{2}(\Delta T_1 + \Delta T_0)E.}}$$

Anmerkung: Bei konstanter Erwärmung $\Delta T_1 = \Delta T_0$ verschwindet $u(x)$.
Die Spannung wird dann $\sigma = -\alpha_T \Delta T_0 E$.

Aufgabe 2.8   Ein beiderseits eingespannter Stab konstanten Querschnitts A ist aus 2 verschiedenen Materialien gefertigt, die an der Stelle C aneinanderstoßen.

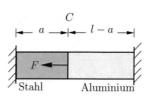

a) Wie groß sind die Lagerkräfte, wenn an der Stelle C eine äußere Kraft F wirkt?

b) Welche Normalkraft entsteht bei einer reinen Erwärmung um ΔT?

Geg.: $E_{St}/E_{Al} = 3$, $\alpha_{St}/\alpha_{Al} = 1/2$.

Lösung Wir fassen das System als zwei aneinandergesetzte Stäbe auf, in denen die Normalkraft jeweils konstant ist.

zu a)

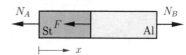

Gleichgewicht: $-N_A + N_B = F$,

Geometrie: $\Delta l_{St} + \Delta l_{Al} = 0$,

Elastizität: $\Delta l_{St} = \dfrac{N_A a}{E_{St}A}$, $\Delta l_{Al} = \dfrac{N_B(l-a)}{E_{Al}A}$.

Aus den 4 Gleichungen für die 4 Unbekannten (N_A, N_B, Δl_{St}, Δl_{Al}) folgt mit den gegebenen Zahlenwerten

$$\underline{\underline{N_A = -F\,\frac{3(l-a)}{3l-2a}}} , \qquad \underline{\underline{N_B = F\,\frac{a}{3l-2a}}} .$$

zu b)

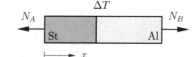

Gleichgewicht: $N_A = N_B = N$,

Geometrie: $\Delta l_{St} + \Delta l_{Al} = 0$,

Elastizität: $\Delta l_{St} = \dfrac{N a}{E_{St}A} + \alpha_{St}\Delta T\, a$,

$$\Delta l_{Al} = \frac{N(l-a)}{E_{Al}A} + \alpha_{Al}\Delta T\,(l-a).$$

Die Auflösung des Gleichungssystems nach der Normalkraft N ergibt mit den Zahlenwerten

$$\underline{\underline{N = -\frac{2l-a}{3l-2a}\,E_{St}\,\alpha_{St}\,A\,\Delta T}} .$$

A2.9   **Aufgabe 2.9** Man löse die Aufgabe 2.8 durch Superposition.

Lösung **zu a)** Als statisch überzählige wird die Lagerreaktion N_B gewählt.

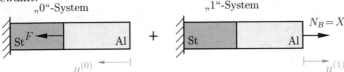

„0"-System   „1"-System

Das Elastizitätsgesetz liefert

$$u^{(0)} = \frac{Fa}{E_{St}A} \, , \qquad\qquad u^{(1)} = \frac{X(l-a)}{E_{Al}A} + \frac{Xa}{E_{St}A} \, .$$

Da der rechte Rand unverschieblich ist, fordert die Verträglichkeit

$$u^{(0)} = u^{(1)} \, .$$

Hieraus folgt

$$\underline{\underline{N_B = X}} = \frac{Fa}{a + (l-a)\frac{E_{St}A}{E_{Al}A}} = F\,\frac{a}{3l - 2a} \, .$$

Aus der Gleichgewichtsbedingung ergibt sich damit

$$\underline{\underline{N_A = N_B - F = -F\,\frac{3(l-a)}{3l - 2a}}} \, .$$

zu b) Diesmal schneiden wir an der Stelle C und wählen die Normalkraft N als Überzählige X. Aus dem Elastizitätsgesetz

$$u_{St} = \frac{Xa}{E_{St}A} + \alpha_{St}\Delta T a \, ,$$

$$u_{Al} = \frac{X(l-a)}{E_{Al}A} + \alpha_{Al}\Delta T(l-a)$$

und der Verträglichkeitsbedingung

$$u_{St} + u_{Al} = 0$$

erhält man

$$\underline{\underline{N = X}} = -\frac{\alpha_{St}a + \alpha_{Al}(l-a)}{\dfrac{a}{E_{St}A} + \dfrac{(l-a)}{E_{Al}A}} = \underline{\underline{-\frac{2l - a}{3l - 2a}\,E_{St}\,\alpha_{St}\,A\,\Delta T}} \, .$$

Aufgabe 2.10 Der elastisch gelagerte Stab ($c_1 = 2c_2 = EA/2a$)
wird durch eine konstante Streckenlast n beansprucht.

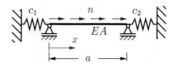

Man bestimme den Verlauf der
Normalkraft im Stab.

Lösung   Mit den Schnittkräften
B und C an den Stabenden lauten die Gleichgewichtsbedingungen für den ganzen bzw. für den
geschnittenen Stab

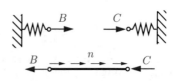

$$B+C = na \,, \qquad N(x) = B-nx \,.$$

Für die Federverlängerung bzw. -
verkürzung gilt

$$\Delta u_1 = \frac{B}{c_1} \,, \qquad \Delta u_2 = \frac{C}{c_2} \,.$$

Die Stabverlängerung ergibt sich aus

$$\Delta u_{\mathrm{St}} = \int\limits_0^a \varepsilon \,\mathrm{d}x = \int\limits_0^a \frac{N}{EA} \,\mathrm{d}x$$

durch Einsetzen von $N = B - nx$ zu

$$\Delta u_{\mathrm{St}} = \frac{Ba}{EA} - \frac{na^2}{2\,EA} \,.$$

Die kinematische Bedingung

$$\Delta u_1 + \Delta u_{\mathrm{St}} = \Delta u_2 \quad \leadsto \quad \frac{B}{c_1} + \frac{Ba}{EA} - \frac{na^2}{2\,EA} = \frac{C}{c_2}$$

liefert schließlich mit $C = -B + na$ und den Werten für c_1 und c_2

$$B\left(\frac{2a}{EA} + \frac{4a}{EA} + \frac{a}{EA} \right) = na \left(\frac{a}{2\,EA} + \frac{4a}{EA} \right) \quad \leadsto \quad B = \frac{9}{14}\,na$$

Damit erhält man für den Normalkraftverlauf

$$N(x) = \frac{9}{14}\,na - nx$$

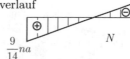

A2.11   Aufgabe 2.11 Wie groß ist die Zusammendrückung Δl_H einer Hülse
H der Länge l, wenn die Mutter der
Schraube S (Ganghöhe h) um eine
Umdrehung angezogen wird?

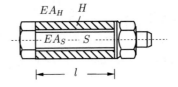

Geg.: $\dfrac{EA_H}{EA_S} = \dfrac{4}{3}$.

Lösung   Nach dem Anziehen denken wir uns Hülse und Schraube
getrennt und führen als statisch
Überzählige die Kraft X zwischen
beiden Teilen ein.

Die Hülse erfährt eine Zusammen-
drckung

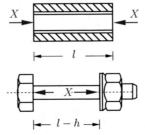

$$\Delta l_H = \frac{Xl}{EA_H}.$$

Für die Schraube ergibt sich die
Verlängerung

$$\Delta l_S = \frac{Xl}{EA_S}.$$

Die Längenänderungen müssen gerade so sein, dass Hülse und Schraube
die gleiche Länge haben. Dementsprechend lautet die Kompatibilitätsbedingung

$$h = \Delta l_H + \Delta l_S.$$

Einsetzen liefert die Kraft

$$X = \frac{h}{l} \frac{1}{\dfrac{1}{EA_H} + \dfrac{1}{EA_S}}$$

und die gesuchte Zusammendrückung

$$\underline{\underline{\Delta l_H}} = \frac{Xl}{EA_H} = h \frac{1}{1 + \dfrac{EA_H}{EA_S}} = h \frac{1}{1 + \dfrac{4}{3}} = \underline{\underline{\frac{3}{7} h}}.$$

Anmerkung: Da die Dehnsteifigkeit der Hülse etwas größer ist als die der
Schraube, beträgt ihre Verkürzung nur 3/7 der Ganghöhe. Bei gleichen Dehnsteifigkeiten $EA_H = EA_S$ wird $\Delta l_H = \Delta l_S = h/2$.

Aufgabe 2.12 Eine *starre* quadratische Platte (Gewicht G, Seitenlänge $\sqrt{2}\,a$) ist auf 4 elastischen Stützen gelagert. Die Stützen haben die gleiche Länge l, jedoch verschiedene Dehnsteifigkeiten.

Wie verteilt sich das Gewicht auf die 4 Stützen?

Wie groß ist die Absenkung f der Plattenmitte?

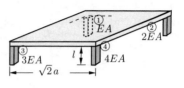

Lösung Das System ist einfach statisch unbestimmt (ein Tisch steht auf 3 Beinen statisch bestimmt!).

Das Gleichgewicht liefert

$\uparrow: \quad S_1 + S_2 + S_3 + S_4 = G\,,$

$\overset{\curvearrowright}{I}: \quad aS_4 = aS_1\,,$

$\overset{\curvearrowright}{II}: \quad aS_2 = aS_3\,.$

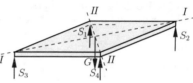

Die Absenkung f in der Mitte ergibt sich aus dem Mittelwert der Verschiebungen u_i (= Längenänderungen der Stützen) an den jeweils gegenüberliegenden Ecken (starre Platte!). Dementsprechend lautet die Verträglichkeitsbedingung:

$$f = \frac{1}{2}(u_1 + u_4) = \frac{1}{2}(u_2 + u_3)\,.$$

Mit dem Elastizitätsgesetz

$$u_i = \frac{S_i l}{EA_i}$$

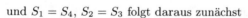

und $S_1 = S_4$, $S_2 = S_3$ folgt daraus zunächst

$$\frac{S_1 l}{EA} + \frac{S_1 l}{4EA} = \frac{S_2 l}{2EA} + \frac{S_2 l}{3EA} \quad \rightsquigarrow \quad \frac{5}{4}S_1 = \frac{5}{6}S_2\,.$$

Einsetzen in die 1. Gleichgewichtsbedingung liefert

$$S_1 + \frac{3}{2}S_1 + \frac{3}{2}S_1 + S_1 = G \quad \rightsquigarrow \quad \underline{\underline{S_1 = S_4 = \frac{1}{5}G}}\,, \quad \underline{\underline{S_2 = S_3 = \frac{3}{10}G}}\,.$$

Damit wird die Absenkung

$$f = \frac{1}{2}\left(\frac{S_1 l}{EA} + \frac{S_1 l}{4EA}\right) = \frac{1}{8}\frac{Gl}{EA}\,.$$

A2.13   Aufgabe 2.13   Eine Stahlbetonstütze wird durch die Kraft F auf Zug beansprucht.

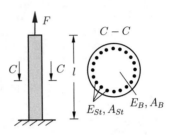

Wie groß sind die Spannung im Beton bzw. im Stahl sowie die Längenänderung Δl der Stütze, wenn

a) ein idealer Verbund vorausgesetzt wird?

b) der Beton gerissen ist und nicht mitträgt?

Geg.: $E_{St}/E_B = 6$, $A_{St}/A_B = 1/9$.

Lösung **zu a)** Wir fassen die Stütze als ein System aus zwei „Stäben" unterschiedlichen Materials auf, die unter der Kraft F die gleiche Längennderung Δl erfahren. Dann lauten die Grundgleichungen:

Gleichgewicht: $N_{St} + N_B = F$,

Kinematik: $\Delta l_{St} = \Delta l_B = \Delta l$,

Elastizität: $\Delta l_{St} = \dfrac{N_{St}l}{EA_{St}}$, $\Delta l_B = \dfrac{N_B l}{EA_B}$.

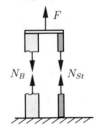

Auflösen des Gleichungssystems liefert mit dem bekannten Steifigkeitsverhältnis $EA_B/EA_{St} = 3/2$ für die Kräfte

$$N_{St} = F\,\frac{1}{1 + \dfrac{EA_B}{EA_{St}}} = \frac{2}{5}\,F\,, \qquad N_B = F\,\frac{\dfrac{EA_B}{EA_{St}}}{1 + \dfrac{EA_B}{EA_{St}}} = \frac{3}{5}\,F$$

und für die Längenänderung

$$\underline{\underline{\Delta l = \frac{Fl}{EA_{St} + EA_B}}} \qquad \text{bzw.} \qquad \underline{\underline{\Delta l}} = \frac{Fl}{EA_{St}}\,\frac{1}{1 + \dfrac{EA_B}{EA_{St}}} = \underline{\underline{\frac{2}{5}\,\frac{Fl}{EA_{St}}}}\,.$$

Die Spannungen ergeben sich mit $A = A_B + A_{St}$ bzw. $A_{St} = A/10$ und $A_B = 9A/10$ zu

$$\underline{\underline{\sigma_{St}}} = \frac{N_{St}}{A_{St}} = 4\,\underline{\underline{\frac{F}{A}}}\,, \qquad \underline{\underline{\sigma_B}} = \frac{N_B}{A_B} = \underline{\underline{\frac{2}{3}\,\frac{F}{A}}}\,.$$

zu b) Trägt nur der Stahl, so erhält man mit $N_{St} = F$

$$\underline{\underline{\sigma_{St}}} = \frac{F}{A_{St}} = 10\,\underline{\underline{\frac{F}{A}}}\,, \qquad \underline{\underline{\Delta l}} = \frac{Fl}{EA_{St}}\,.$$

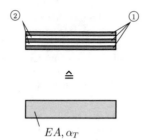

Aufgabe 2.14 Ein Laminatstab aus verklebten Schichten zweier Materialien (jeweilige Gesamtsteifigkeiten EA_1, EA_2) soll durch einen Stab aus homogenem Material ersetzt werden.

Wie müssen EA und α_T gewählt werden, damit der homogene Stab die gleiche Längenänderung unter einer Kraft und einer Temperaturänderung erfährt wie der Laminatstab?

A2.14

Lösung Für den Laminatstab, auf den eine Kraft F und eine Temperaturerhöhung ΔT einwirken, lauten die Grundgleichungen

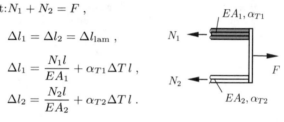

Gleichgewicht: $N_1 + N_2 = F$,

Kinematik: $\Delta l_1 = \Delta l_2 = \Delta l_{\text{lam}}$,

Elastizität: $\Delta l_1 = \dfrac{N_1 l}{EA_1} + \alpha_{T1}\Delta T\, l$,

$\Delta l_2 = \dfrac{N_2 l}{EA_2} + \alpha_{T2}\Delta T\, l$.

Hieraus folgt

$$\Delta l_{\text{lam}} = \frac{Fl}{EA_1 + EA_2} + \frac{EA_1\alpha_{T1} + EA_2\alpha_{T2}}{EA_1 + EA_2}\Delta T\, l .$$

Für einen homogenen Stab gleicher Länge und unter gleicher Belastung gilt

$$\Delta l_{\text{hom}} = \frac{Fl}{EA} + \alpha_T\Delta T\, l .$$

Die Längenänderungen Δl_{lam} und Δl_{hom} sind für beliebiges F und ΔT nur dann gleich, wenn

$$\underline{\underline{EA = EA_1 + EA_2}} , \qquad \underline{\underline{\alpha_T = \frac{EA_1\alpha_{T1} + EA_2\alpha_{T2}}{EA_1 + EA_2}}} .$$

A2.15

Aufgabe 2.15 In der nebenstehenden Lagerungskonstruktion für den *starren* Körper K ist der untere Stützstab um das Maß δ zu kurz geraten. Es wird deshalb bei der Montage eine Kraft F_M aufgebracht, so dass der untere Stab gerade den Boden berührt. Nach seiner Befestigung wird F_M entfernt. Die Stabdurchmesser d_i sind gleich.

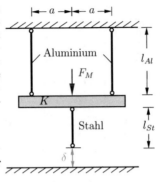

a) Wie groß ist die Montagekraft?

b) Wie groß sind die Absenkung v_K des Körpers und die Stabkräfte nach der Montage?

Geg.: $l_{Al} = 1\,\mathrm{m}$, $d_{Al} = 2\,\mathrm{mm}$, $E_{Al} = 0{,}7 \cdot 10^5\,\mathrm{MPa}$, $l_{St} = 1{,}5\,\mathrm{m}$, $d_{St} = 2\,\mathrm{mm}$, $E_{St} = 2{,}1 \cdot 10^5\,\mathrm{MPa}$, $\delta = 5\,\mathrm{mm}$.

Lösung zu a) Jeder Aluminiumstab nimmt die halbe Montagekraft auf (Gleichgewicht) und muss sich um δ verlängern. Damit ergibt sich

$$S_{Al} = \frac{F_M}{2}, \qquad \Delta l_{Al} = \frac{S_{Al} l_{Al}}{E A_{Al}} = \frac{F_M l_{Al}}{2 E A_{Al}} = \delta,$$

$$\rightsquigarrow \quad \underline{\underline{F_M}} = 2 \frac{\delta}{l_{Al}} E A_{Al} = 2 \cdot \frac{5}{1000} \cdot 0{,}7 \cdot 10^5 \cdot \pi \cdot 1^2 = \underline{\underline{2200\,\mathrm{N}}}\,.$$

zu b) Nach Entfernen von F_M entstehen neue Stabkräfte S_{Al} und S_{St}. Dann lauten die Gleichgewichtsbedingung

$$S_{St} = 2 S_{Al}\,,$$

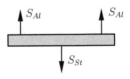

das Elastizitätsgesetz

$$\Delta l_{Al} = \frac{S_{Al} l_{Al}}{E A_{Al}}\,, \qquad \Delta l_{St} = \frac{S_{St} l_{St}}{E A_{St}}$$

und die Kompatibilitätsbedingung

$$\Delta l_{Al} + \Delta l_{St} = \delta\,.$$

Auflösen der 4 Gleichungen liefert

$$\underline{\underline{S_{Al}}} = \frac{\delta}{l_{Al}} \frac{E A_{Al}}{1 + 2 \frac{l_{St}}{l_{Al}} \frac{E A_{Al}}{E A_{St}}} = \frac{5}{1000} \frac{0{,}7 \cdot 10^5 \cdot \pi \cdot 1^2}{1 + 2 \cdot \frac{3}{2} \cdot \frac{1}{3}} = \underline{\underline{550\,\mathrm{N}}}\,,$$

$$\underline{\underline{S_{St}}} = 2 S_{Al} = \underline{\underline{1100\,\mathrm{N}}}\,, \qquad \underline{\underline{v_K}} = \Delta l_{Al} = \frac{S_{Al} l_{Al}}{E A_{Al}} = \underline{\underline{2{,}5\,\mathrm{mm}}}\,.$$

Aufgabe 2.16 Zwei *starre* Balken, der obere bei A eingespannt, der untere bei B gelenkig gelagert, sind durch zwei elastische Stäbe verbunden. Der Stab 2 wird um ΔT erwärmt.

Wie groß sind die Stabkräfte?

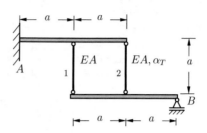

Lösung   Wir schneiden das System auf. Dann lauten die Gleichgewichtsbedingung für den unteren Balken

$$\overset{\curvearrowright}{B} : \quad 2aS_1 + aS_2 = 0,$$

das Elastizitätsgesetz

$$\Delta l_1 = \frac{S_1 a}{EA},$$

$$\Delta l_2 = \frac{S_2 a}{EA} + \alpha_T \Delta T \cdot a$$

und die Verträglichkeitsbedingung

$$\Delta l_1 = 2\Delta l_2.$$

Die Auflösung nach den gesuchten Kräften ergibt

$$S_1 = \frac{2}{5} EA\,\alpha_T \Delta T, \qquad S_2 = -\frac{4}{5} EA\,\alpha_T \Delta T.$$

Anmerkung: Im erwärmten Stab tritt infolge der behinderten Wärmedehnung eine Druckkraft auf.

A2.17   Aufgabe 2.17 Bei dem Stabzweischlag haben beide Stäbe die gleiche Dehnsteifigkeit EA.

Man ermittle die Verschiebungen des Lastangriffspunktes C.

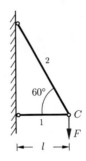

Lösung Aus dem Gleichgewicht folgt

$$\uparrow:\ S_2 \sin 60° = F \qquad \rightsquigarrow \qquad S_2 = \frac{2}{3}\sqrt{3}\,F\,,$$

$$\rightarrow:\ -S_1 - S_2 \cos 60° = 0 \rightsquigarrow \quad S_1 = -\frac{1}{3}\sqrt{3}\,F\,.$$

Damit werden die Stabverlängerung bzw. -verkürzung

$$\Delta l_2 = \frac{S_2 l_2}{EA} = \frac{\frac{2}{3}\sqrt{3}\,\dfrac{l}{\cos 60°}\,F}{EA} = \frac{4\sqrt{3}}{3}\frac{Fl}{EA}\,, \quad \Delta l_1 = \frac{S_1 l_1}{EA} = -\frac{\sqrt{3}}{3}\frac{Fl}{EA}\,.$$

Zur Bestimmung der Verschiebungen von C zeichnen wir einen Verschiebungsplan. Dabei werden nur die Längenänderungen aufgetragen, da man die wirklichen Verschiebungen wegen $\Delta l_i \ll l$, nicht maßstabsgetreu darstellen kann. Im Beispiel werden Δl_1 als Verkürzung (nach links) und Δl_2 als Verlängerung angetragen. Unter Beachtung der rechten Winkel (die Stäbe können sich nur um ihre Lagerpunkte drehen!) liest man aus dem Verschiebungsplan ab:

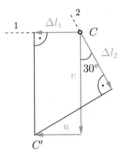

$$\underline{\underline{u}} = |\Delta l_1| = \frac{\sqrt{3}}{3}\frac{Fl}{EA}\,,$$

$$\underline{\underline{v}} = \frac{\Delta l_2}{\cos 30°} + \frac{u}{\tan 60°} = \frac{4\sqrt{3}}{3}\frac{Fl}{EA}\frac{1}{\frac{1}{2}\sqrt{3}} + \frac{\sqrt{3}}{3}\frac{Fl}{EA}\frac{1}{\sqrt{3}} = 3\,\frac{Fl}{EA}\,.$$

Aufgabe 2.18 Ein starrer gewichtsloser Stuhl ist mit 3 Stäben gleicher
Dehnsteifigkeit EA gelagert. Er wird
in B durch die Kraft F belastet.

a) Es sind die Stabkräfte S_i und die
Stabverlängerungen Δl_i zu bestimmen.

b) Wie groß ist die Verschiebung des
Punktes C?

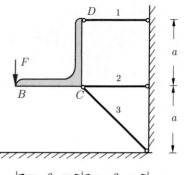

A2.18

Lösung   zu a) Das System ist statisch bestimmt gelagert. Aus den
Gleichgewichtsbedingungen folgen direkt die Stabkräfte:

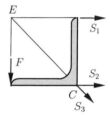

$\overset{\curvearrowright}{C}$: $\quad aS_1 = aF \qquad \rightsquigarrow \quad \underline{\underline{S_1 = F}}\;,$

$\overset{\curvearrowleft}{E}$: $\quad aS_2 = 0 \qquad \rightsquigarrow \quad \underline{\underline{S_2 = 0}}\;,$

$\uparrow: \quad S_3 \sin 45° + F = 0 \rightsquigarrow \underline{\underline{S_3 = -\sqrt{2}\,F}}\;.$

Zu diesen Stabkräften gehören die Stabverlängerungen

$$\underline{\underline{\Delta l_1}} = \frac{S_1 l_1}{EA} = \underline{\underline{\frac{Fa}{EA}}}\;, \qquad\qquad \underline{\underline{\Delta l_2 = 0}}\;,$$

$$\underline{\underline{\Delta l_3}} = \frac{S_3 l_3}{EA} = -\frac{\sqrt{2}\,F \cdot \sqrt{2}\,a}{EA} = \underline{\underline{-2\,\frac{Fa}{EA}}}\;.$$

zu b) Die Verschiebung von C bestimmen wir mit Hilfe des Verschiebungsplans. Da der Stab 2 seine Länge
behält, geht C nach C' über. Die Horizontalverschiebung ist daher Null. Für
die Vertikalverschiebung v_C liest man
aus dem Plan ab:

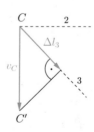

$$\underline{\underline{v_C}} = \sqrt{2}\,|\Delta l_3| = \underline{\underline{2\sqrt{2}\,\frac{Fa}{EA}}}\;.$$

A2.19   Aufgabe 2.19 Beim dargestellten symmetrischen Stabsystem haben die Stäbe unterschiedliche Dehnsteifigkeiten EA_1, EA_2 und Temperaturausdehnungskoeffizienten α_{T1}, α_{T2}.

Wie groß sind die Stabkräfte, wenn das System um ΔT erwärmt wird?

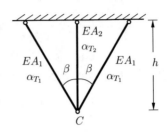

Lösung Da das System statisch unbestimmt ist, stellen wir alle Grundgleichungen auf. Dann lauten die Gleichgewichtsbedingung

$$2S_1 \cos \beta + S_2 = 0$$

und das Elastizitätsgesetz

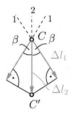

$$\Delta l_1 = \frac{S_1 l_1}{EA_1} + l_1 \alpha_{T1} \Delta T \, ,$$

$$\Delta l_2 = \frac{S_2 l_2}{EA_2} + l_2 \alpha_{T2} \Delta T \, ,$$

wobei

$$l_1 = \frac{h}{\cos \beta} \, , \qquad l_2 = h \, .$$

Die Kompatibilitätsbedingung (Verträglichkeit der Verschiebungen) ergibt sich aus dem Verschiebungsplan zu

$$\Delta l_1 = \Delta l_2 \cos \beta \, .$$

Aus den vier Gleichungen für 2 unbekannte Stabkräfte und 2 unbekannte Stabverlängerungen folgt nach Auflösen

$$S_1 = EA_1 \frac{\alpha_{T2} \cos^2 \beta - \alpha_{T1}}{1 + 2 \cos^3 \beta \dfrac{EA_1}{EA_2}} \Delta T \, , \qquad \underline{\underline{S_2 = -2 \cos \beta \, S_1}} \, .$$

Anmerkung: Für $\cos \beta = \sqrt{\alpha_{T1} / \alpha_{T2}}$ folgt $S_1 = S_2 = 0$: die Stäbe können sich dann unbehindert ausdehnen! (Sonderfall: $\alpha_{T1} = \alpha_{T2}$ $\leadsto \beta = 0$)

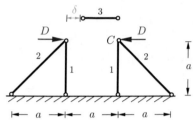

Aufgabe 2.20 Der bei der Fertigung um δ zu kurz geratene Stab 3 soll zwischen die beiden gleichen Zweiböcke eingebaut werden.

a) Wie groß ist die notwendige Montagekraft D?

b) Wie groß ist S_3 nach der Montage ($D = 0$)?

Geg.: $EA_1 = EA_3 = EA$, $EA_2 = \sqrt{2}\,EA$.

A2.20

Lösung **zu a)** Die Kraft D muss bei der Montage den Punkt C um $\delta/2$ horizontal verschieben. Aus den Gleichgewichtsbedingungen

$\rightarrow: \quad S_2 \cos 45° = D$,

$\uparrow: \quad S_1 = S_2 \cos 45°$,

der Kinematik (S_1 wurde als Druckkraft positiv eingeführt!) mit der vorgeschriebenen Verschiebung

$$u_C = \Delta l_1 + \Delta l_2 \sqrt{2}\,, \qquad u_C = \frac{\delta}{2}\,,$$

sowie dem Elastizitätsgesetz

$$\Delta l_1 = \frac{S_1 a}{EA}\,, \qquad \Delta l_2 = \frac{S_2 a \sqrt{2}}{\sqrt{2}\,EA}$$

folgt

$$\underline{\underline{D = \frac{1}{6}\frac{\delta}{a}\,EA\,.}}$$

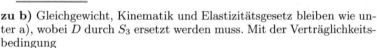

zu b) Gleichgewicht, Kinematik und Elastizitätsgesetz bleiben wie unter a), wobei D durch S_3 ersetzt werden muss. Mit der Verträglichkeitsbedingung

$$2u_C + \Delta l_3 = \delta \qquad \text{und} \qquad \Delta l_3 = \frac{S_3 a}{EA}$$

ergibt sich

$$\underline{\underline{S_3 = \frac{1}{7}\frac{\delta}{a}\,EA\,.}}$$

A2.21   Aufgabe 2.21 Ein mittig be-
lasteter *starrer* Balken ist
auf vier elastischen Stäben
gleicher Dehnsteifigkeit EA
gelagert.

Wie groß sind die Stab-
kräfte?

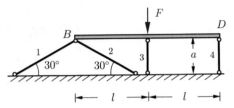

Lösung **a)** Die Lösung für das statisch unbestimmte System erfolgt zuerst durch Anwendung der Grundgleichungen. Aus den Gleichgewichtsbedingungen

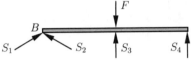

$\to:$ $S_1 = S_2$,

$\uparrow:$ $(S_1 + S_2)\sin 30° + S_3 + S_4 = F$,

$\overset{\frown}{B}:$ $lS_3 + 2lS_4 = lF$,

den Elastizitätsgesetzen

$$\Delta l_1 = \Delta l_2 = \frac{S_1 2a}{EA} ,$$

$$\Delta l_3 = \frac{S_3 a}{EA} , \qquad \Delta l_4 = \frac{S_4 a}{EA}$$

und der Geometrie

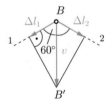

$$v = \frac{\Delta l_1}{\cos 60°} \qquad\qquad \Delta l_3 = \frac{1}{2}(v + \Delta l_4)$$

ergibt sich durch Auflösen

$$S_1 = S_2 = S_4 = \frac{2}{9}F , \qquad S_3 = \frac{5}{9}F .$$

b) Nun lösen wir die gleiche Aufgabe mit dem Superpositionsverfahren. Hierzu teilen wir das statisch unbestimmte System in statisch bestimmte Grundsysteme auf:

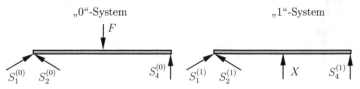

„0"-System

„1"-System

Aus dem Gleichgewicht folgt

$$S_1^{(0)} = S_2^{(0)} = S_4^{(0)} = \frac{F}{2}\,, \qquad\qquad S_1^{(1)} = S_2^{(1)} = S_4^{(1)} = \frac{X}{2}\,.$$

Aus der Geometrie und den Elastizitätsgesetzen ergibt sich

$$v_B^{(0)} = \frac{\Delta l_1^{(0)}}{\cos 60°} = \frac{F\,2a}{EA}\,, \qquad\qquad v_B^{(1)} = \frac{X\,2a}{EA}\,,$$

$$v_D^{(0)} = \Delta l_4^{(0)} = \frac{Fa}{2EA}\,, \qquad\qquad v_D^{(1)} = \frac{Xa}{2EA}\,,$$

$$v_C^{(0)} = \frac{1}{2}\left(v_B^{(0)} + v_D^{(0)}\right) = \frac{5}{4}\frac{Fa}{EA}\,, \qquad v_C^{(1)} = \frac{5}{4}\frac{Xa}{EA}\,,$$

$$\Delta l_3^{(1)} = \frac{Xa}{EA}\,.$$

Die kinematische Verträglichkeitsbedingung verlangt, dass die Gesamtverschiebung des Punktes C gleich der Verkürzung des Stabes 3 ist:

$$v_C^{(0)} - v_C^{(1)} = \Delta l_3^{(1)}\,.$$

Einsetzen ergibt

$$\underline{\underline{X = S_3 = \frac{5}{9}\,F}}$$

und

$$\underline{\underline{S_1}} = S_1^{(0)} - S_1^{(1)} = \frac{2}{9}\,F\,, \qquad \underline{\underline{S_4}} = S_4^{(0)} - S_4^{(1)} = \frac{2}{9}\,F\,.$$

A2.22   **Aufgabe 2.22** Der durch die Kraft F belastete Stabzweischlag (Dehnsteifigkeiten EA) ist bei C durch ein zusätzliches Lager gehalten.

a) Wie groß ist die Lagerkraft in C?
b) Wie groß ist die Verschiebung von C?

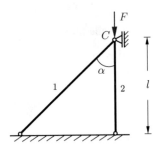

Lösung zu a) Aus dem Gleichgewicht

$$\downarrow: \quad F + S_2 + S_1 \cos\alpha = 0\,,$$

$$\leftarrow: \quad C + S_1 \sin\alpha = 0\,,$$

dem Elastizitätsgesetz

$$\Delta l_1 = \frac{S_1 l_1}{EA}\,, \qquad \Delta l_2 = \frac{S_2 l_2}{EA}\,,$$

und der Kinematik

$$\Delta l_1 = \Delta l_2 \cos\alpha$$

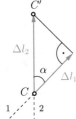

folgt durch Auflösen

$$\underline{\underline{C = \frac{\sin\alpha \cos^2\alpha}{1 + \cos^3\alpha}\, F}}\,, \quad \underline{\underline{S_1 = -\frac{\cos^2\alpha}{1 + \cos^3\alpha}\, F}}\,, \quad \underline{\underline{S_2 = -\frac{1}{1 + \cos^3\alpha}\, F}}\,.$$

zu b) Für die Verschiebung von C erhält man

$$\underline{\underline{v_C}} = \Delta l_2 = \frac{S_2 l}{EA} = \underline{\underline{-\frac{1}{1 + \cos^3\alpha}\, \frac{Fl}{EA}}}\,.$$

Entgegen der Verschiebungsfigur, welcher Zugkräfte und damit Stab*verlängerungen* zugrunde lagen, treten in den Stäben Druckkräfte und damit Stabverkürzungen auf. Daher verschiebt sich C nach unten.

Probe: für $\alpha = \pi/2$ folgt $S_1 = 0$ und $S_2 = -F$.

für $\alpha = 0$ folgt $S_1 = S_2 = -F/2$.

Aufgabe 2.23 Ein starrer Balken wird
durch drei gleiche Stäbe aus elastisch-
ideal-plastischem Material gehalten.

a) Bei welcher Kraft F^{el}_{max} und in welchem Stab wird erstmalig die Fließgrenze σ_F erreicht?

b) Bei welcher Kraft F^{pl}_{max} tritt in allen Stäben plastisches Fließen auf?

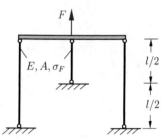

Lösung **zu a)** Das System ist statisch unbestimmt. Dann liefern (unter
Beachtung der Symmetrie) das Gleichgewicht

$$2S_1 + S_2 = F$$

und die Kinematik

$$\Delta l_1 = \Delta l_2 \,.$$

Bis zur Fließgrenze gilt das Elastizitätsgesetz

$$\Delta l_1 = \frac{S_1 l}{EA}, \qquad \Delta l_2 = \frac{S_2 l}{2EA} \,.$$

Durch Auflösen erhält man für die Stabkräfte und die Spannungen

$$S_1 = \frac{F}{4}, \qquad S_2 = \frac{F}{2} \qquad \leadsto \qquad \sigma_1 = \frac{F}{4A}, \qquad \sigma_2 = \frac{F}{2A} \,.$$

Da im Stab 2 die größte Spannung herrscht, wird in ihm bei Laststeigerung die Fließgrenze zuerst erreicht:

$$\sigma_2 = \sigma_F \qquad \leadsto \qquad \underline{\underline{F^{el}_{max} = 2\,\sigma_F A}} \,.$$

zu b) Bei Laststeigerung über F^{el}_{max} hinaus verhält sich der Stab 1
(und Stab 3) zunächst noch elastisch, während der Stab 2 plastisch
fließt: $\sigma_2 = \sigma_F$. Dann folgt mit $S_i = \sigma_i A$ aus dem Gleichgewicht

$$2\sigma_1 A + \sigma_F A = F$$

$$\leadsto \qquad \sigma_1 = \frac{F}{2A} - \frac{\sigma_F}{2} \,.$$

Alle Stäbe fließen plastisch, wenn

$$\sigma_1 = \sigma_F \qquad \leadsto \qquad \frac{F}{2A} - \frac{\sigma_F}{2} = \sigma_F \qquad \leadsto \qquad \underline{\underline{F^{pl}_{max} = 3\,\sigma_F A}} \,.$$

A2.24   **Aufgabe 2.24**   Beim   dargestellten
symmetrischen System sind die beiden
Stäbe aus gleichem elastisch-ideal-
plastischem Material, haben aber
unterschiedliche Querschnitte.

a) Bei welcher Kraft F^{el}_{max} und in
welchem Stab wird erstmalig die Fließ-
grenze σ_F erreicht? Wie groß ist dann die Lagerkraft C?

b) Bei welcher Kraft F^{pl}_{max} fließen beide Stäbe plastisch?

c) Wie groß ist die Verschiebung u^{el}_{max} von C im Fall a)?

Lösung   zu a) Bis zum Erreichen der Kraft F^{el}_{max} verhält sich das
System elastisch. Dann lauten die Gleichgewichtsbedingungen

$$\rightarrow: \ \frac{\sqrt{2}}{2}S_1 - \frac{\sqrt{2}}{2}S_2 = F, \quad \uparrow: \ \frac{\sqrt{2}}{2}S_1 + \frac{\sqrt{2}}{2}S_2 = C,$$

das Elastizitätsgesetz

$$\Delta l_1 = \frac{S_1\sqrt{2}\,h}{EA}, \qquad \Delta l_2 = \frac{S_2\sqrt{2}\,h}{2EA}$$

und die Kinematik (Stab 2 verkürzt sich)

$$\Delta l_1 = -\Delta l_2.$$

Hieraus erhält man zunächst

$$S_1 = \frac{\sqrt{2}}{3}F, \quad S_2 = -\frac{2\sqrt{2}}{3}F, \qquad C = -\frac{F}{3}, \quad \Delta l_1 = -\Delta l_2 = \frac{2Fh}{3EA}$$

$$\rightsquigarrow \quad \sigma_1 = \frac{S_1}{A} = \frac{\sqrt{2}}{3}\frac{F}{A}, \qquad \sigma_2 = \frac{S_2}{2A} = -\frac{\sqrt{2}}{3}\frac{F}{A}.$$

Die Spannungen sind in beiden Stäben betragsmäßig gleich; Fließen
setzt danach ein, wenn

$$\sigma_1 = |\sigma_2| = \sigma_F \quad \rightsquigarrow \quad \underline{F^{el}_{max} = \frac{3}{2}\sqrt{2}\,\sigma_F A}, \quad \rightsquigarrow \quad \underline{C^{el}_{max} = -\frac{\sqrt{2}}{2}\sigma_F A}.$$

zu b) Weil bei F^{el}_{max} in beiden Stäben das Fließen einsetzt, gilt

$$\underline{F^{el}_{max} = F^{pl}_{max}}.$$

zu c) Für die Verschiebung von C gilt bis zur Fließgrenze

$$u = \sqrt{2}\,\Delta l_1 = \frac{2\sqrt{2}}{3}\frac{Fh}{EA}, \qquad \rightsquigarrow \qquad \underline{u^{el}_{max} = u(F^{el}_{max}) = 2\,\frac{\sigma_F}{E}\,h}.$$

Aufgabe 2.25 Zwei gleiche, gelenkig verbundene Stahlstäbe zwischen starren Wänden befinden sich im unbelasteten Zustand in horizontaler Lage. Unter der Wirkung der Kraft F deformiert sich das System wie dargestellt.

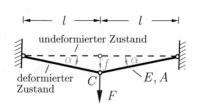

a) Man bestimme den Winkel α_0 und die Absenkung f_0, bei welchen in den Stäben die Grenzdehnung ε_0 erreicht wird.

b) Wie groß sind dann die Kraft F_0 und die Spannung σ_0?

Geg.: $l = 1$ m, $A = 100\,\mathrm{mm}^2$, $E = 2,1 \cdot 10^5\,\mathrm{N/mm}^2$, $\varepsilon_0 = 2 \cdot 10^{-3}$.

Lösung zu a) Aus der Geometrie im deformierten (belasteten) Zustand folgen die kinematischen Beziehungen

$$l = (l + \Delta l)\cos\alpha \quad \leadsto \quad \varepsilon = \frac{\Delta l}{l} = \frac{1}{\cos\alpha} - 1\,.$$

$$f = (l + \Delta l)\sin\alpha \quad \leadsto \quad f = l\,(1 + \varepsilon)\sin\alpha\,.$$

Hieraus ergeben sich

$$\cos\alpha_0 = \frac{1}{\varepsilon_0 + 1} = \frac{1}{1,002} = 0,998 \quad \leadsto \quad \underline{\underline{\alpha_0 = 3,6°}}\,,$$

$$\underline{\underline{f_0}} = l\,(1 + \varepsilon_0)\sin\alpha_0 = 10^3 \cdot 1,002 \cdot \sin 3,6° = \underline{\underline{63,3\,\mathrm{mm}}}\,.$$

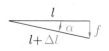

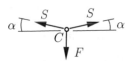

zu b) Die Gleichgewichtsbedingung und das Elastizitätsgesetz liefern

$$\uparrow\colon\ 2S\sin\alpha = F\,, \qquad\qquad \sigma = \frac{S}{A} = E\varepsilon\,.$$

Mit ε_0 und α_0 ergeben sich daraus

$$\underline{\underline{F_0}} = 2EA\varepsilon_0\sin\alpha_0 = 2 \cdot 2,1 \cdot 10^7 0,002 \cdot \sin 3,6° = \underline{\underline{5304\,\mathrm{N}}}\,.$$

$$\underline{\underline{\sigma_0}} = E\varepsilon_0 = 2,1 \cdot 10^5 \cdot 2 \cdot 10^{-3} = \underline{\underline{420\,\mathrm{N/mm}^2}}\,.$$

Anmerkung: Die Spannung σ_0 überschreitet die Bruchfestigkeit vieler Baustähle.

A2.26   **Aufgabe 2.26**   Beim symmetrischen System mit kleinem Neigungswinkel $\alpha_0 = 5°$ soll der Kraftangriffspunkt nach unten verschoben werden.

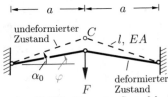

a) Man bestimme die Verläufe von äußeren Kraft $F(\varphi)$ und Stabkraft $S(\varphi)$ im Bereich $\alpha_0 \geq \varphi \geq 0$.

b) Wie groß sind die maximalen Beträge der Kräfte F sowie S und bei welchem Winkel treten sie jeweils auf?

Hinweis: Im betrachteten Bereich der kleinen Winkel verwende man die Approximationen $\sin\varphi \approx \varphi$, $\cos\varphi \approx 1 - \varphi^2/2$.

Lösung **zu a)** Aus der geometrischen Beziehung zwischen undeformiertem und deformiertem Zustand

$$a = l\cos\alpha_0 = (l + \Delta l)\cos\varphi \quad\leadsto\quad l(1 - \alpha_0^2/2) \approx (l + \Delta l)(1 - \varphi^2/2)$$

folgt unter Vernachlässigung von Gliedern kleinerer Größenordnung

$$\varepsilon = \frac{\Delta l}{l} = \frac{1}{2}\left(\varphi^2 - \alpha_0^2\right).$$

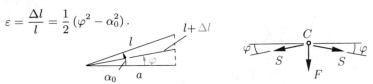

Mit der Gleichgewichtsbedingung und dem Elastizitätsgesetz

$$\downarrow: \; 2S\sin\varphi + F = 0, \quad\leadsto\quad F \approx 2S\varphi, \quad \varepsilon = \frac{S}{EA}.$$

erhält man durch Eliminieren von ε die gesuchten Verläufe

$$\underline{\underline{F(\varphi) = EA\,(\alpha_0^2 - \varphi^2)\varphi}}, \qquad \underline{\underline{S(\varphi) = -\frac{EA}{2}\,(\alpha_0^2 - \varphi^2)}}.$$

zu b) Die Extrema und zugehörigen Winkel ergeben sich durch Nullsetzen der Ableitungen; man erhält mit $\alpha_0 = 0,087$ (im Bogenmaß)

$$\underline{\underline{F_{max} = \frac{2\sqrt{3}}{9}\,EA\,\alpha_0^3 = 2,56 \cdot 10^{-4}\,EA}} \quad \text{bei} \quad \varphi_F = \frac{1}{\sqrt{3}}\,\alpha_0 = 2,9°,$$

$$\underline{\underline{|S_{max}| = \frac{1}{2}\,EA\,\alpha_0^2 = 3,81 \cdot 10^{-3}\,EA}} \quad \text{bei} \quad \varphi_S = 0.$$

Anmerkung: Bei der Aufgabe handelt es sich um ein typisches *Duchschlagproblem*: die Gleichgesichtslage $\varphi = 0$ mit $F = 0$ ist instabil.

Aufgabe 2.27 Ein Stab der Länge $4l$ mit der Dehnsteifigkeit EA ist in einer Halterung befestigt und wird durch eine Last F belastet. Die Halterung im Bereich $0 \le x \le l$ wird durch eine quadratisch verteilte Längslast $n_0 \frac{x}{l}(1 - \frac{x}{l})$ modelliert.

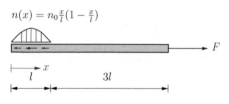

a) Man ermittle n_0, sodass der Stab im Gleichgewicht ist.
b) Man berechne und skizziere den Verlauf der Normalkraft.
c) Wie groß ist die Verlängerung des Stabes?

Lösung **zu a)** Die Resultierende der Längslast wirkt entgegen der x-Richtung. Damit ergibt sich für die Gleichgewichtsbedingung

$$-R + F = 0 \qquad \text{wobei} \quad R = \int_0^l n_0 \frac{x}{l}\left(1 - \frac{x}{l}\right)\,\mathrm{d}x = \frac{n_0 l}{6}.$$

Hieraus ergibt sich

$$n_0 = \frac{6F}{l}.$$

zu b) Im Bereich $0 \le x \le l$ ermittelt man die Normalkraftverteilung über die differentielle Gleichgewichtsbedingung.

$$N' + n = 0 \quad \rightsquigarrow \quad N' = n_0 \frac{x}{l}(1 - \frac{x}{l})$$

Integration mit der Randbedingung $N(0) = 0$ liefert die Normalkraft im linken Bereich ($0 \le x \le l$)

$$N(x) = n_0 l \left(\frac{x^2}{2l^2} - \frac{x^3}{3l^3}\right)$$

Im rechten Bereich ($l \le x \le 4l$) ist die Normalkraft konstant.

$$N = F$$

Man beachte, dass an der Übergangsstelle $x = l$ für beide Bereich mit dem Ergebnis aus a) gilt:

$$N(l) = \frac{n_0 l}{6} = F$$

Für die Normalkraft ergibt sich damit der folgende Verlauf.

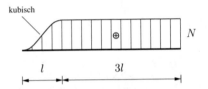

zu c) Im ersten Bereich $0 \leq x \leq l$ ermittelt man die Stabverlängerung Δl_1 durch Integration der Dehnung $\varepsilon = N/EA$

$$\Delta l_1 = \int_0^l \varepsilon \, dx = \int_0^l \frac{n_0 l}{EA} \left(\frac{x^2}{2l^2} - \frac{x^3}{3l^3} \right) dx = \frac{n_0}{12\,EA} = \frac{Fl}{2EA} \, .$$

Im zweiten Bereich $l \leq x \leq 4l$ ist die Normalkraft konstant und für die Verlängerung Δl_2 erhält man

$$\Delta l_2 = \frac{3Fl}{EA}$$

Damit ergibt sich die Stabverlängerung insgesamt

$$\underline{\underline{\Delta l}} = \Delta l_1 + \Delta l_2 = \frac{7}{2} \frac{Fl}{EA}$$

Kapitel 3

Biegung

3

© Springer-Verlag GmbH Deutschland, ein Teil von Springer Nature 2024
D. Gross et al., *Formeln und Aufgaben zur Technischen Mechanik 2*,
https://doi.org/10.1007/978-3-662-68425-2_3

66

Balken = Gerader Träger, dessen Länge l groß ist gegenüber den Abmessungen des Querschnittes, unter Querbelastung.

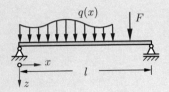

Gerade Biegung

Bezeichnungen und Annahmen:

- x = Schwerachse; y, z = Hauptträgheitsachsen (siehe Band 1).
- Kinematische Annahmen: *Ebenbleiben der Querschnitte*

$$w = w(x), \qquad u = z\,\psi(x),$$

w	=	Verschiebung in z-Richtung,
u	=	Verschiebung in x-Richtung,
ψ	=	Drehwinkel des Querschnittes.

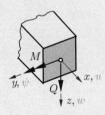

- Schnittgrößen:

$$\begin{aligned} Q &= Q_z = \text{Querkraft}, \\ M &= M_y = \text{Biegemoment}. \end{aligned}$$

Normalspannung

$$\sigma(z) = \frac{M}{I}\,z$$

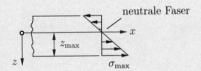

I	=	Trägheitsmoment um die y-Achse,
z	=	Abstand von *neutraler Faser* (=Schwerachse).

Die betragsmäßig maximale Spannung tritt in einer Randfaser auf:

$$\sigma_{\max} = \frac{M}{W}, \qquad W = \frac{I}{|z_{\max}|} = \text{Widerstandsmoment}.$$

Schubspannungen

a) dünnwandige, offene Profile

$$\tau(s) = \frac{Q\,S(s)}{I\,t(s)}\,,$$

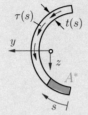

$S(s)$ = statisches Moment von A^* bezüglich
   der y-Achse,

$t(s)$ = Breite des Querschnittes an der Stelle s.

b) kompakte Querschnitte

$$\tau(z) = \frac{Q\,S(z)}{I\,b(z)}\,.$$

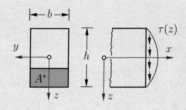

Sonderfall: Rechteck

$$\tau = \frac{3}{2}\frac{Q}{A}\left(1 - \frac{4z^2}{h^2}\right)\,.$$

Anmerkung: $\tau_{\max} = \tau(z=0) = \dfrac{3}{2}\dfrac{Q}{bh}$ ist 50% größer als $\tau_{\text{mittel}} = \dfrac{Q}{bh}$.

Schubmittelpunkt M einfach–symmetrischer Querschnitte.

Moment aus Q um 0 = Moment
der verteilten Schubspannungen
um 0:

$$r_M Q = \int \tau(s)\,r_\perp(s)\,t(s)\,\mathrm{d}s$$

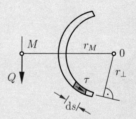

Lage von Schwerpunkt S und Schubmittelpunkt M für ausgewählte
Profile:

$M = S$ $M = S$ Halbkreis   Vollkreis mit Schlitz

$0,273\,r$

Grundgleichungen

$$\text{Gleichgewichtsbedingungen} \quad \frac{dQ}{dx} = -q, \quad \frac{dM}{dx} = Q,$$

$$\text{Elastizitätsgesetz, Kinematik} \quad M = EI\psi'$$

$$Q = GA_S(\psi + w'),$$

EI = Biegesteifigkeit,
GA_S = Schubsteifigkeit,
A_S = κA = Schubfläche (κ = Schubkorrekturfaktor).

Schubstarrer Balken (BERNOULLI-BALKEN): Wird zusätzlich angenommen, dass die Querschnitte, die vor der Deformation senkrecht zur Balkenachse standen, bei der Verformung senkrecht zur verformten Achse bleiben, so folgt aus dem Elastizitätsgesetz für die Querkraft ($GA_S \to \infty$)

$$\psi = -w'.$$

Differentialgleichung der Biegelinie: Einsetzen in das Elastizitätsgesetz für M liefert

$$EIw'' = -M.$$

Mit den Gleichgewichtsbedingungen erhält man

$$(EIw'')'' = q,$$

bzw. für EI = const

$$EIw^{IV} = q.$$

Temperaturmoment

Eine über die Höhe h lineare Temperaturverteilung (= Temperaturgradient) lässt sich durch ein *Temperaturmoment* erfassen:

$$M_T = EI\alpha_T \frac{T_u - T_o}{h},$$

α_T = thermischer Ausdehnungskoeffizient.

Dann lautet die Differentialgleichung der Biegelinie

$$EIw'' = -(M + M_T).$$

Tabelle der Randbedingungen

Lager	w	w'	M	Q
	0	$\neq 0$	0	$\neq 0$
	0	0	$\neq 0$	$\neq 0$
freier Rand	$\neq 0$	$\neq 0$	0	0
	$\neq 0$	0	$\neq 0$	0

Lösungsmethoden

1. Bei stetigen Verläufen von $q(x)$ bzw. $M(x)$ führt vierfache bzw. zweifache Integration der entsprechenden Differentialgleichungen auf $w(x)$. Die vier bzw. zwei Integrationskonstanten folgen aus den Randbedingungen (siehe Tabelle der Randbedingungen).

2. Bei mehreren Feldern (Unstetigkeiten in den Belastungen oder den Verformungen, bzw. Einzelkräfte oder Einzelmomente) muss abschnittsweise integriert werden. Die Integrationskonstanten folgen dann aus den Rand– und den Übergangsbedingungen.
   Die Rechnung kann man durch Anwendung des FÖPPL-Symbols (vgl. Band 1, Seite 91) vereinfachen:

$$< x - a >^n = \begin{cases} 0 & \text{für } x < a\,, \\ (x - a)^n & \text{für } x > a\,. \end{cases}$$

3. Statisch unbestimmte Aufgaben lassen sich durch *Superposition* bekannter Durchbiegungen bzw. Winkel lösen. Hierzu sind in der Tabelle auf Seite 70/71 für die wichtigsten Last- und Lagerfälle die Durchbiegungen und die Winkel zusammengestellt.

4. Statisch unbestimmte Aufgaben können auch durch Anwendung des *Prinzips der virtuellen Kräfte (Arbeitssatz)* gelöst werden (siehe Kapitel 5).

Nr.	Lastfall	EIw'_A	EIw'_B
1		$\dfrac{Fl^2}{6}(\beta - \beta^3)$	$-\dfrac{Fl^2}{6}(\alpha - \alpha^3)$
2		$\dfrac{q_0 l^3}{24}$	$-\dfrac{q_0 l^3}{24}$
3		$\dfrac{7}{360}q_B l^3$	$-\dfrac{1}{45}q_B l^3$
4		$\dfrac{M_0 l}{6}(3\beta^2 - 1)$	$\dfrac{M_0 l}{6}(3\alpha^2 - 1)$
5		0	$\dfrac{Fa^2}{2}$
6		0	$\dfrac{q_0 l^3}{6}$
7		0	$\dfrac{q_A l^3}{24}$
8		0	$M_0 l$

Abkürzungen: $\xi = \dfrac{x}{l}, \quad \alpha = \dfrac{a}{l}, \quad \beta = \dfrac{b}{l}, \quad (\,)' \mathrel{\widehat{=}} \dfrac{\mathrm{d}}{\mathrm{d}x}(\,) = \dfrac{1}{l}\dfrac{\mathrm{d}}{\mathrm{d}\xi}(\,),$

$EIw(x)$	$EIw_{\max}$
$\dfrac{Fl^3}{6}[\beta\xi(1-\beta^2-\xi^2)+<\xi-\alpha>^3]$	$\dfrac{Fl^3}{48}$ für $\alpha=\beta=1/2$
$\dfrac{q_0 l^4}{24}(\xi-2\xi^3+\xi^4)$	$\dfrac{5}{384}q_0 l^4$
$\dfrac{q_B l^4}{360}(7\xi-10\xi^3+3\xi^5)$	siehe Aufgabe 3.13
$\dfrac{M_0 l^2}{6}[\xi(3\beta^2-1)+\xi^3-3<\xi-\alpha>^2]$	$\dfrac{M_0 l^2}{27}\sqrt{3}$ für $a=0$
$\dfrac{Fl^3}{6}[3\xi^2\alpha-\xi^3+<\xi-\alpha>^3]$	$\dfrac{Fl^3}{3}$ für $a=l$
$\dfrac{q_0 l^4}{24}(6\xi^2-4\xi^3+\xi^4)$	$\dfrac{q_0 l^4}{8}$
$\dfrac{q_A l^4}{120}(10\xi^2-10\xi^3+5\xi^4-\xi^5)$	$\dfrac{q_A l^4}{30}$
$M_0\dfrac{x^2}{2}$	$M_0\dfrac{l^2}{2}$

$<\xi-\alpha>^n \,\widehat{=}\,$ FÖPPL–Klammer.

Schiefe Biegung

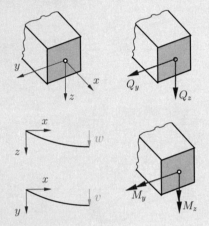

x = Schwerachse,
y, z = beliebige orthogonale Achsen.

Querkräfte Q_y , Q_z

und

Biegemomente M_y , M_z
(positiv als Rechtsschraube am positiven Schnittufer).

Verschiebungsdifferentialgleichungen für den *schubstarren* Balken:

$$Ew'' = \frac{1}{\Delta}(-M_y I_z + M_z I_{yz})$$

$$Ev'' = \frac{1}{\Delta}(M_z I_y - M_y I_{yz})$$

$$\Delta = I_y I_z - I_{yz}^2 \, ,$$

I_y, I_z, I_{yz} = Flächenmomente 2. Ordnung (vgl. Band 1).

Normalspannung

$$\sigma = \frac{1}{\Delta}[(M_y I_z - M_z I_{yz})z - (M_z I_y - M_y I_{yz})y] \, .$$

Sonderfall: Wenn y, z *Hauptachsen* sind ($I_{yz} = 0$), folgt

$$EI_y w'' = -M_y \, , \quad EI_z v'' = M_z \, , \quad \sigma = \frac{M_y}{I_y} z - \frac{M_z}{I_z} y \, .$$

Aufgabe 3.1 Ein Kragbalken mit dem skizzierten Querschnitt (kon- A3.1
stante Wanddicke t, $t \ll a$) wird am Ende
mit der Kraft F belastet.

Wie groß ist die maximale Spannung im
Einspannquerschnitt?

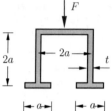

Lösung Der Schwerpunktsabstand ξ_S vom oberen Rand folgt aus den
Teilflächen mit $t \ll a$ zu

$$\xi_S = \frac{\Sigma \xi_i A_i}{\Sigma A_i} = \frac{2 \overbrace{(2at \cdot a)}^{II} + 2 \overbrace{(at \cdot 2a)}^{III}}{\underbrace{2at}_{I} + 2 \cdot \underbrace{2at}_{II} + 2 \cdot \underbrace{at}_{III}} = \frac{8a^2 t}{8at}$$

$$= a.$$

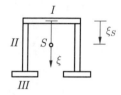

Damit wird das Trägheitsmoment bezüglich
der Schwerachse y (unter Beachtung des
Satzes von STEINER)

$$I_y = \overbrace{a^2 \cdot 2at}^{I} + 2 \overbrace{\left\{ \frac{t(2a)^3}{12} \right\}}^{II} + 2 \overbrace{\left\{ a^2 \cdot at \right\}}^{III} = \frac{16}{3} ta^3,$$

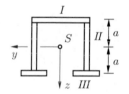

und man findet für das Widerstandsmoment

$$W = \frac{I_y}{z_{\max}} = \frac{\frac{16}{3} ta^3}{a} = \frac{16}{3} ta^2.$$

Die maximale Spannung im Einspannquerschnitt ergibt sich mit dem
Einspannmoment

$$M = -40\,aF$$

zu

$$\underline{\underline{\sigma_{\max}}} = \frac{|M|}{W} = \frac{40aF}{\frac{16}{3} ta^2} = \underline{\underline{\frac{30}{4} \frac{F}{at}}}$$

(in der oberen Randfaser herrscht Zug, in der unteren Druck).

A3.2

Aufgabe 3.2 Ein Kragarm mit dem skizzierten Querschnitt wird durch eine Kraft F am freien Ende im Punkt ① belastet.

Wie groß ist die Normalspannung im Querschnittspunkt ② an der Einspannung?

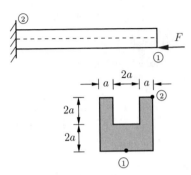

Lösung Da die neutrale Faser durch den Schwerpunkt der Querschnittsfläche geht, muss dieser zunächst ermittelt werden:

$$\xi_S = \frac{\Sigma A_i \xi_i}{\Sigma A_i} = \frac{\overbrace{8a^2 \cdot a}^{I} + 2\overbrace{\{2a^2 \cdot 3a\}}^{II}}{8a^2 + 4a^2} = \frac{5}{3}a.$$

Das Trägheitsmoment um die y-Achse (Schwerachse) wird durch Addition der Trägheitsmomente der Teilflächen ermittelt:

$$I_y = \left[\frac{4a(2a)^3}{12} + \left(\frac{2}{3}a\right)^2 8a^2 \right] +$$

$$+ 2\left[\frac{a(2a)^3}{12} + \left(\frac{4}{3}a\right)^2 2a^2 \right] = \frac{44}{3}a^4.$$

Im Einspannquerschnitt wirken die Schnittgrößen

$$N = -F \qquad \text{und} \qquad M_y = -\frac{5}{3}aF.$$

Hierzu gehören die Spannungen (σ_N infolge Normalkraft, σ_M infolge Biegemoment)

$$\sigma_N = \frac{N}{A} = -\frac{F}{12a^2} \qquad \text{und} \qquad \sigma_M = \frac{M_y}{I_y}z = -\frac{5}{3}\frac{aFz}{\frac{44}{3}a^4} = -\frac{5}{44}\frac{Fz}{a^3}.$$

Im Querschnittspunkt ② folgt mit $z_2 = -\frac{7}{3}a$ durch Superposition

$$\underline{\underline{\sigma}} = \sigma_N + \sigma_M(z_2) = -\frac{F}{12a^2} + \frac{5}{44}\frac{F}{a^3}\frac{7}{3}a = \underline{\underline{\frac{2}{11}\frac{F}{a^2}}}.$$

Aufgabe 3.3 Eine Stütze mit sternförmigem Querschnitt ($t \ll a$) wird durch eine Kraft F außermittig belastet.

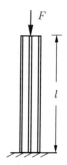
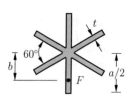

Gesucht sind:
a) die betragsmäßig größte Spannung,
b) der Größtwert von b, damit an keiner Stelle des Querschnitts Zugspannungen auftreten.

Lösung **zu a)** Wir legen durch den bekannten Schwerpunkt in der Mitte des Sternes ein der Belastung angepasstes y, z-Koordinatensystem. Dann ist

$$I_{yI} = \frac{ta^3}{12}.$$

Die Trägheitsmomente der Flächen II und III um die y-Achse folgen aus der Transformationsformel (vgl. Band 1) mit

$$I_\eta = \frac{at^3}{12}, \quad I_\zeta = \frac{ta^3}{12}, \quad I_{\eta\zeta} = 0, \quad \varphi = -30°$$

unter Beachtung von $t \ll a$ zu

$$I_{yII} = I_{yIII} = \frac{I_\eta + I_\zeta}{2} + \frac{I_\eta - I_\zeta}{2}\cos 2\varphi + I_{\eta\zeta}\sin 2\varphi = \frac{ta^3}{24} - \frac{ta^3}{24}\frac{1}{2} = \frac{ta^3}{48}.$$

Damit wird

$$I_y = I_{yI} + 2I_{yII} = \frac{ta^3}{12} + 2\frac{ta^3}{48} = \frac{ta^3}{8}.$$

Mit den Schnittgrößen $N = -F$ und $M_y = -bF$ gilt

$$\sigma = \frac{N}{A} + \frac{M_y}{I_y}z = -\frac{F}{3at} - \frac{8bF}{ta^3}z.$$

Die größte Spannung (Druck) tritt bei $z = a/2$ auf:

$$\sigma_{\max} = -\frac{F}{at}\left(\frac{1}{3} + 4\frac{b}{a}\right).$$

zu b) Zugspannungen können zuerst bei $z = -a/2$ auftreten:

$$\sigma\left(-\frac{a}{2}\right) = 0 \quad \rightsquigarrow \quad -\frac{F}{3at} + 4\frac{Fb}{ta^2} = 0 \quad \rightsquigarrow \quad b = \frac{a}{12}.$$

A3.4

Aufgabe 3.4   Eine eingespannte Säule trägt im Mittelpunkt des Querschnittes eine vertikale Last F_1 und eine horizontale Last F_2 in der Mitte der Seite b. Die Säule besteht aus 3 Schichten mit verschiedenen Elastizitätsmodulen.

Gesucht ist die Normalspannungsverteilung im Einspannquerschnitt.

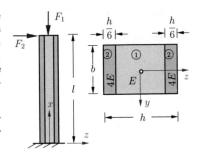

Lösung Wir betrachten die Lastfälle getrennt.

a) Unter der vertikalen Last F_1 folgt aus dem

Gleichgewicht $\sigma_1 A_1 + \sigma_2 A_2 = -F_1$,

dem Elastizitätsgesetz $\sigma_i = E_i \varepsilon_i$

und der Geometrie $\varepsilon_1 = \varepsilon_2 = \varepsilon$
durch Einsetzen

$$E_1 \varepsilon_1 A_1 + E_2 \varepsilon_2 A_2 = E\varepsilon\frac{2}{3}bh + 4E\varepsilon\frac{1}{3}bh = -F_1 \quad \rightsquigarrow \quad \varepsilon = -\frac{F_1}{2Ebh}$$

und damit
$$\sigma_1 = -\frac{F_1}{2bh}, \qquad \sigma_2 = -2\frac{F_1}{bh} .$$

b) F_2 erzeugt ein Einspannmoment $M_E = -F_2 l$. Aus der Geometrie (Annahme: Ebenbleiben der Querschnitte)

$$u = \psi \cdot z \quad \rightsquigarrow \quad \varepsilon = \psi' \cdot z ,$$

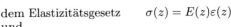

dem Elastizitätsgesetz $\sigma(z) = E(z)\varepsilon(z)$
und

$$M = \int \sigma z\, dA = 2b\psi'[E_1 \int_0^{h/3} z^2 dz + E_2 \int_{h/3}^{h/2} z^2 dz]$$

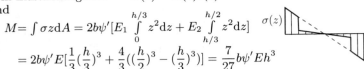

$$= 2b\psi' E[\frac{1}{3}(\frac{h}{3})^3 + \frac{4}{3}((\frac{h}{2})^3 - (\frac{h}{3})^3)] = \frac{7}{27}b\psi' Eh^3$$

ergibt sich mit $M = M_E$

$$\psi' = -\frac{27}{7}\frac{F_2 l}{Ebh^3} .$$

Damit wird
$$\sigma_1 = E_1 \psi' z = E\frac{27}{7}\frac{M}{Ebh^3}z \quad \rightsquigarrow \quad \sigma_1(\frac{h}{3}) = -\frac{9F_2 l}{7bh^2} ,$$

$$\sigma_2 = E_2 \psi' z = 4E\frac{27}{7}\frac{M}{Ebh^3}z \quad \rightsquigarrow \quad \sigma_2(\frac{h}{2}) = -\frac{54F_2 l}{7bh^2} .$$

Aufgabe 3.5   Ein Holzträger kann aus 3 Balken (Querschnittsabmessungen jeweils $b = a$, $h = 2a$) unterschiedlich zusammengeleimt werden.

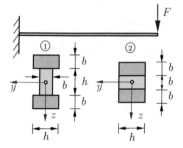

Wie groß ist für die beiden Varianten ① und ② die maximal zulässige Belastung F eines Kragträgers, wenn die zulässige Schubspannung τ_{zul} in der Leimschicht in beiden Fällen gleich ist?

Lösung   Mit $Q = F$ gilt für die Schubspannung in der Leimschicht ($z = z_l$) allgemein

$$\tau(z_l) = \frac{F S(z_l)}{I\, b(z_l)}\,.$$

Daraus folgt für $\tau(z_l) = \tau_{\text{zul}}$ die maximale Belastung F_{max} zu

$$F_{\text{max}} = \frac{\tau_{\text{zul}} I\, b(z_l)}{S(z_l)}\,.$$

Für die Variante ①   ergeben sich

$$I = \frac{bh^3}{12} + 2\left[\frac{hb^3}{12} + \left(\frac{h}{2} + \frac{b}{2}\right)^2 bh\right] = 10\,a^4\,,$$
$$b(z_l) = b = a\,,$$
$$S(z_l) = \int_{A^*} z\mathrm{d}A = \frac{1}{2}(h+b)bh = 3\,a^3\,.$$

Damit wird

$$\underline{\underline{F_{1\text{max}}}} = \tau_{\text{zul}}\frac{10a^4 \cdot a}{3a^3} = \frac{10}{3}\,\tau_{\text{zul}}\,a^2\,.$$

Analog erhält man für die Variante ②

$$I = \frac{h(3b)^3}{12} = \frac{9}{2}a^4\,,\quad b(z_l) = h = 2a\,,$$
$$S(z_l) = \int_{A^*} z\mathrm{d}A = b \cdot bh = 2a^3$$

und damit

$$\underline{\underline{F_{2\text{max}}}} = \tau_{\text{zul}}\frac{9a^4 \cdot 2a}{2 \cdot 2a^3} = \frac{9}{2}\,\tau_{\text{zul}}\,a^2\,.$$

Anmerkung: Die Schubspannungen im Querschnitt bei $z = z_l$ und im dazu senkrechten Schnitt in der Leimschicht sind gleich (*zugeordnete Schubspannungen!*).

Aufgabe 3.6 Man berechne die Schubspannungen unter Querkraft im dargestellten **I**-Träger mit dünnwandigen Gurten und dünnwandigem Steg.

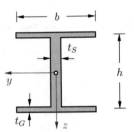

Lösung Zur Ermittlung der Schubspannungen aus

$$\tau = \frac{Q\,S(s)}{I\,t(s)}$$

benötigen wir zunächst das Trägheitsmoment I um die y-Achse. Mit $t_G \ll b$ und $t_S \ll h$ erhalten wir

$$I = I_G + I_S = 2\,t_G b \left(\frac{h}{2}\right)^2 + t_S \frac{h^3}{12}$$

$$= \frac{h^2}{12}(t_S h + 6 t_G b) = \frac{h^2}{12}(A_S + 6 A_G).$$

Das statische Moment der Teilfläche A^* für eine Schnittstelle s im unteren Gurt wird

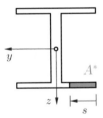

$$S(s) = \frac{h}{2}\,t_G s$$

und für eine Schnittstelle z im Steg

$$S(z) = 2\left(\frac{h}{2}\,t_G\,\frac{b}{2}\right) + \frac{\frac{h}{2}+z}{2}\left(\frac{h}{2}-z\right)t_S$$

$$= A_G \frac{h}{2} + \frac{t_S}{8}(h^2 - 4z^2).$$

Damit wird die Schubspannung im Gurt

$$\tau_G(s) = \frac{Q\,\dfrac{h}{2}\,t_G s}{\dfrac{h^2}{12}(A_S + 6A_G)t_G} = \frac{Q}{A_S}\,\frac{\dfrac{A_S}{A_G}}{1 + \dfrac{A_S}{6A_G}}\,\frac{s}{h}$$

und im Steg

$$\tau_S(z) = \frac{Q\left[A_G\dfrac{h}{2} + \dfrac{t_S}{8}(h^2 - 4z^2)\right]}{\dfrac{h^2}{12}(A_S + 6A_G)\,t_S} = \frac{Q}{A_S}\,\frac{1 + \dfrac{A_S}{4A_G}\left[1 - \left(\dfrac{2z}{h}\right)^2\right]}{1 + \dfrac{A_S}{6A_G}}.$$

Der Größtwert der Schubspannungen im Steg,

$$\tau_{S\,\text{max}} = \tau_S(z = 0) = \frac{Q}{A_S}\,\frac{1 + \dfrac{A_S}{4A_G}}{1 + \dfrac{A_S}{6A_G}},$$

ist je nach den Flächenverhältnissen A_S/A_G größer als der Größtwert im Gurt

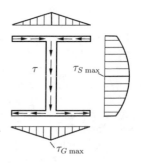

$$\tau_{G\,\text{max}} = \tau_G(s = b/2) = \frac{Q}{A_S}\,\frac{\dfrac{A_S}{A_G}}{1 + \dfrac{A_S}{6A_G}}\,\frac{b}{2h}.$$

Für das Beispiel $A_S = A_G$ und $b = h$ wird $\tau_{S\,\text{max}} = \dfrac{15}{14}\dfrac{Q}{A_S}$ und $\tau_{G\,\text{max}} = \dfrac{6}{14}\dfrac{Q}{A_S}$. Der Kleinstwert im Steg,

$$\tau_{S\,\text{min}} = \tau_S(z = h/2) = \frac{Q}{A_S}\,\frac{1}{1 + \dfrac{A_S}{6A_G}} = \frac{12}{14}\frac{Q}{A_S},$$

ist dann nur um 20% kleiner als $\tau_{S\,\text{max}}$. In grober Näherung wirkt dann im Steg die mittlere Schubspannung $\tau_{\text{mittel}} = Q/A_S$.

Aufgabe 3.7 Ein Verbundträger besteht aus einem obenliegenden Betonbalken und einem damit schubfest verbundenen Stahlträger. Er wird durch ein Biegemoment M beansprucht.

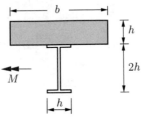

a) Wie groß muss die Breite b des Betonbalkens gewählt werden, wenn im Beton nur Druckspannungen und im Stahl nur Zugspannungen auftreten sollen?

b) Wie groß sind dann die Spannungen in den Randfasern der Teilquerschnitte?

Geg. :$M = 2000$ kNm

$E_B = 3,5 \cdot 10^4$ N/mm^2

$E_S = 2,1 \cdot 10^5$ N/mm^2

$h = 50$ cm

$A_S = h^2 / 6$

$I_S = h^4 / 18$

Lösung zu a) Damit im Beton nur Druck und im Stahl nur Zug auftritt, muss die Verbundfuge dehnungsfrei sein (=neutrale Faser). Mit dem gewählten Koordinatensystem gilt dann

$$\varepsilon = az,$$

wobei a noch unbekannt ist. Für die Spannungen im Stahl und Beton gilt damit

$$\sigma_S = E_S\,\varepsilon = a\,E_S\,z\,, \qquad \sigma_B = E_B\,\varepsilon = a\,E_B\,z\,.$$

Da der Balken nur durch ein Moment beansprucht wird, muss die Normalkraft N verschwinden:

$$N = \int\limits_{A_S} \sigma_S\,\mathrm{d}A + \int\limits_{A_B} \sigma_B\,\mathrm{d}A = 0 \quad \rightsquigarrow \quad E_S \int\limits_{A_S} z\,\mathrm{d}A + E_B \int\limits_{A_B} z\,\mathrm{d}A = 0\,.$$

Mit

$$\int\limits_{A_S} z\,\mathrm{d}A = z_S A_S = h\,\frac{h^2}{6} = \frac{h^3}{6}\,, \qquad \int\limits_{A_B} z\,\mathrm{d}A = z_B A_B = -\frac{h}{2}\,hb = -\frac{h^2 b}{2}$$

und $E_S/E_B = 6$ erhält man daraus die gesuchte Breite b:

$$6\,\frac{h^3}{6} - \frac{h^2 b}{2} = 0 \quad \rightsquigarrow \quad \underline{\underline{b = 2h = 100\,\text{cm}}}\,.$$

zu b) Die Unbekannte a bestimmen wir aus dem gegebenen Biegemoment.

Es gilt zunächst

$$M = \int\limits_{A_S} z\,\sigma_S\,\mathrm{d}A + \int\limits_{A_B} z\,\sigma_B\,\mathrm{d}A = a\,E_S \int\limits_{A_S} z^2\mathrm{d}A + a\,E_B \int\limits_{A_B} z^2\mathrm{d}A\,.$$

Einsetzen von

$$\int\limits_{A_S} z^2\mathrm{d}A = I_S + h^2 A_S = \frac{h^4}{18} + \frac{h^4}{6} = \frac{2}{9}\,h^4$$

$$\int\limits_{A_B} z^2\mathrm{d}A = \frac{bh^3}{3} = \frac{2}{3}\,h^4$$

liefert schließlich

$$M = \frac{ah^4 E_B}{9}\left[2\,\frac{E_S}{E_B} + 6\right] = 2ah^4 E_B \quad \rightsquigarrow \quad a = \frac{M}{2h^4 E_B}\,.$$

Damit ergeben sich die Spannungen im Stahl und Beton zu

$$\sigma_S = \frac{E_S M}{2E_B h^4}\,z = 3\,\frac{M}{h^4}\,z\,, \qquad \sigma_B = \frac{M}{2h^4}\,z\,.$$

Für die obere Randfaser im Beton ($z^o = -h$) und die untere Randfaser im Stahl ($z^u = 2h$) folgen daraus

$$\underline{\underline{\sigma_B^o}} = -\frac{M}{2h^3} = \underline{\underline{-8\,\text{N/mm}^2}}\,,$$

$$\underline{\underline{\sigma_S^u}} = 6\,\frac{M}{h^3} = \underline{\underline{96\,\text{N/mm}^2}}\,,$$

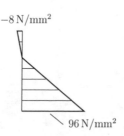

$-8\,\text{N/mm}^2$

$96\,\text{N/mm}^2$

A3.8   Aufgabe 3.8   Man bestimme die Schubspannungen infolge Querkraft für den dargestellten dünnwandigen Balkenquerschnitt ($t \ll a$).

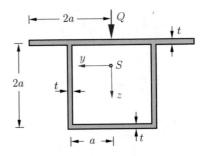

Lösung Wir bestimmen zunächst die Querschnittsfläche, den Schwerpunktsabstand und das Flächenträgheitsmoment:

$$A = 4at + 2 \cdot 2at + 2at = 10\,at\,,$$

$$bA = 2a \cdot 2at + 2a \cdot 2at \quad \leadsto \quad b = \frac{4}{5}\,a\,,$$

$$I_{\bar{y}} = (2a)^2 2at + 2\,\frac{t(2a)^3}{3} = \frac{40}{3}ta^3\,,$$

$$I = I_y = I_{\bar{y}} - b^2 A = \frac{104}{15}ta^3\,.$$

Da der Querschnitt symmetrisch ist, ist auch der Schubspannungsverlauf symmetrisch zur z-Achse.
Wir betrachten daher nur den halben Querschnitt. Mit den Koooordinaten s_1 bis s_3 erhält man für die statischen Momente in den Bereichen I bis III

$$S_I = b\,s_1 t = \frac{4}{5}\,at\,s_1\,,$$

$$S_{II} = b\,2at + \left(s_2 + \frac{b - s_2}{2}\right)(b - s_2)\,t = \frac{48}{25}a^2 t - \frac{1}{2}t\,s_2^2\,,$$

$$S_{III} = (2a - b)t\,s_3 = \frac{6}{5}\,at\,s_3\,.$$

Damit werden die Schubspannungen

$$\underline{\underline{\tau_I}} = \frac{Q\,S_I}{I\,t} = \frac{3}{26}\frac{Q}{at}\frac{s_1}{a}\,,$$

$$\underline{\underline{\tau_{II}}} = \frac{Q\,S_{II}}{I\,t} = \frac{Q}{at}\left(\frac{18}{65} - \frac{15}{208}\frac{s_2^2}{a^2}\right),$$

$$\underline{\underline{\tau_{III}}} = \frac{Q\,S_{III}}{I\,t} = \frac{9}{52}\frac{Q}{at}\frac{s_3}{a}\,.$$

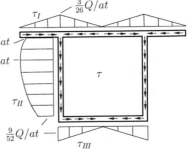

Aufgabe 3.9 Wo liegt der Schubmittelpunkt für das dargestellte, geschlitzte
Kastenprofil? $(t \ll b, h)$

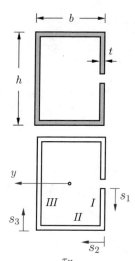

Lösung   Wir ermitteln zunächst für
die Teilflächen die statischen Momente
bezüglich y:

$$S_I = t\frac{s_1^2}{2}, \quad S_{II} = t\frac{h^2}{8} + \frac{h}{2}ts_2 ,$$

$$S_{III} = t\frac{h^2}{8} + \frac{h}{2}bt + s_3 t\left(\frac{h}{2} - \frac{s_3}{2}\right) .$$

Damit werden die Schubspannungen

$$\tau_I = \frac{Q}{I}\frac{s_1^2}{2} ,$$

$$\tau_{II} = \frac{Q}{I}\left(\frac{h^2}{8} + \frac{h}{2}s_2\right) ,$$

$$\tau_{III} = \frac{Q}{I}\left(\frac{h^2}{8} + \frac{h}{2}b + \frac{s_3}{2}(h - s_3)\right) .$$

Aus der Äquivalenz der Momente um 0
folgt

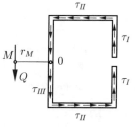

$$Q\,r_M = 2\int_0^{h/2} \tau_I bt \, ds_1 + 2\int_0^b \tau_{II}\frac{h}{2}t \, ds_2 = \frac{Qt}{I}\left(b\frac{h^3}{24} + \frac{1}{8}bh^3 + \frac{1}{4}h^2b^2\right)$$

$$= \frac{Qtbh^2}{I}\left(\frac{1}{6}h + \frac{1}{4}b\right) .$$

Mit dem Trägheitsmoment

$$I = 2\left[\frac{th^3}{12} + bt\left(\frac{h}{2}\right)^2\right] = th^2\left(\frac{h}{6} + \frac{b}{2}\right)$$

für das dünnwandige Profil erhält man für den Abstand r_M des Schub-
mittelpunktes M vom Bezugspunkt 0

$$\underline{\underline{r_M}} = \frac{tbh^2}{th^2}\frac{\frac{1}{6}h + \frac{1}{4}b}{\frac{1}{6}h + \frac{1}{2}b} = b\,\underline{\underline{\frac{2h + 3b}{2h + 6b}}} .$$

A3.10   Aufgabe 3.10 Ein Kragträger mit dünnwandigem Rechteckquerschnitt wird durch die Momente $M_y = Fl$ und $M_z = 2Fl$ belastet.

Man ermittle die Normalspannungsverteilung über den Querschnitt für $b = 2h$.

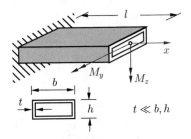

Lösung Wegen der Symmetrie sind y und z Hauptachsen. Die Spannungsverteilung folgt daher aus

$$\sigma = \frac{M_y}{I_y} z - \frac{M_z}{I_z} y \; .$$

Mit

$$I_y = 2 \cdot \frac{th^3}{12} + 2 \cdot \left(\frac{h}{2}\right)^2 tb = \frac{1}{6} th^2 (h + 3b) \; ,$$

$$I_z = 2 \cdot \frac{tb^3}{12} + 2 \cdot \left(\frac{b}{2}\right)^2 ht = \frac{1}{6} tb^2 (b + 3h)$$

und den gegebenen Momenten findet man daraus

$$\underline{\underline{\sigma = \frac{Fl}{\frac{1}{6}th^2 \cdot 7h} z - \frac{2Fl}{\frac{1}{6}t\,4h^2 \cdot 5h} y = \frac{6Fl}{th^3}\left(\frac{z}{7} - \frac{y}{10}\right).}}$$

Die Gleichung der neutralen Faser (Nulllinie) folgt aus $\sigma = 0$ zu

$$z = \frac{7}{10}\, y \; .$$

Zum besseren Verständnis sind die Spannungen für beide Belastungen getrennt aufgetragen:

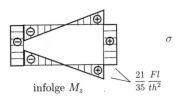

infolge M_z $\dfrac{21}{35}\dfrac{Fl}{th^2}$

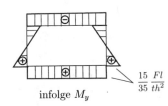

infolge M_y $\dfrac{15}{35}\dfrac{Fl}{th^2}$

Aufgabe 3.11   Ein beiderseits gelenkig gelagerter Balken mit dünnwandigem Profil ($t \ll b$) ist in der
Mitte durch die Kraft F belastet.

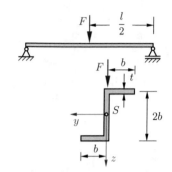

Man ermittle die Spannungsverteilung unter der Last sowie Ort und
Größe der Maximalspannung.

Lösung Beim unsymmetrischen Profil sind die Hauptachsen nicht bekannt. Wir müssen deshalb die Formeln der schiefen Biegung anwenden.
Danach errechnet sich für $M_z = 0$ die Spannung aus

$$\sigma = \frac{M_y}{\Delta}(I_z z + I_{yz} y).$$

Mit dem Moment unter der Last

$$M_y = M_{\max} = \frac{Fl}{4}$$

und den Querschnittswerten

$$I_y = \frac{t(2b)^3}{12} + 2 \cdot b^2(bt) = \frac{8}{3}tb^3, \quad I_z = 2\left[\frac{tb^3}{12} + \left(\frac{b}{2}\right)^2 bt\right] = \frac{2}{3}t\,b^3,$$

$$I_{yz} = -2 \cdot b \cdot \frac{b}{2} \cdot bt = -tb^3,$$

$$\Delta = I_y I_z - I_{yz}^2 = \frac{16}{9}t^2b^6 - t^2b^6 = \frac{7}{9}t^2b^6$$

ergibt sich

$$\underline{\underline{\sigma}} = \frac{Fl}{4 \cdot \frac{7}{9}t^2b^6}\left(\frac{2}{3}t\,b^3 z - t\,b^3 y\right) = \frac{3}{28}\frac{Fl}{t\,b^3}(2z - 3y).$$

Die neutrale Faser folgt aus der Bedingung

$$\sigma = 0 \quad \rightsquigarrow \quad z = \frac{3}{2}y.$$

Die maximalen Spannungen liegen in den Punkten, die den größten Abstand von der neutralen
Faser haben ($y = 0$, $z = \pm b$):

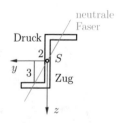

$$\underline{\underline{\sigma_{\max} = \pm\frac{3}{14}\frac{Fl}{t\,b^2}}}.$$

A3.12

Aufgabe 3.12 Ein Kragträger mit dünnwandigem Profil ($t \ll a$) ist durch eine Gleichstreckenlast q_0 und eine Einzelkraft F belastet.

Gesucht ist die Normalspannungsverteilung im Einspannquerschnitt.

Geg.: $F = 2q_0 l$.

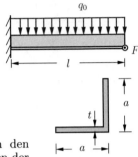

Lösung Wir legen ein y, z-System durch den noch unbekannten Schwerpunkt, wobei wegen der Symmetrie zur $45°$-Achse die Abstände ξ_S von beiden Schenkeln gleich sind. Da das statische Moment um die Schwerachse verschwindet, gilt

$$\xi_S \, at = \left(\frac{a}{2} - \xi_S\right) a \, t \quad \rightsquigarrow \quad \xi_S = \frac{a}{4} \, .$$

In Bezug auf die Schwerachsen findet man

$$I_y = I_z = \frac{ta^3}{12} + \left(\frac{a}{4}\right)^2 a \, t + \left(\frac{a}{4}\right)^2 a \, t = \frac{5}{24} ta^3 \, ,$$

$$I_{yz} = -\frac{a}{4} \frac{a}{4} a \, t - \left(-\frac{a}{4}\right)\left(-\frac{a}{4}\right) a \, t = -\frac{1}{8} ta^3 \, .$$

Damit wird

$$\Delta = I_y I_z - I_{yz}^2 = \left(\frac{5}{24}\right)^2 t^2 a^6 - \frac{1}{64} t^2 a^6 = \frac{1}{36} t^2 a^6 \, .$$

Die Schnittmomente im Einspannquerschnitt (Rechtsschraube positiv!) lauten

$$M_y = -\frac{q_0 l^2}{2} \quad \text{und} \quad M_z = Fl = +2q_0 l^2 \, .$$

Damit folgt für die Spannung

$$\underline{\sigma} = \frac{1}{\Delta} \left\{ [M_y I_z - M_z I_{yz}] z - [M_z I_y - M_y I_{yz}] y \right\}$$

$$= \frac{36}{t^2 a^6} \left\{ \left[-\frac{q_0 l^2}{2} \frac{5}{24} ta^3 - 2q_0 l^2 \left(-\frac{ta^3}{8} \right) \right] z \right.$$

$$\left. - \left[2q_0 l^2 \frac{5}{24} ta^3 + \frac{q_0 l^2}{2} \left(-\frac{ta^3}{8} \right) \right] y \right\}$$

$$= \underline{\underline{\frac{3}{4} \frac{q_0 l^2}{ta^3} (7z - 17y)}} \, .$$

Man kann die Spannungsverteilung auch bezüglich der Hauptachsen y^*, z^* beschreiben, deren Lage wegen der Symmetrie bekannt ist. Die Hauptträgheitsmomente sind mit $I_y = I_z$ und $\varphi = 45°$

$$I_y^* = \frac{I_y + I_z}{2} + I_{yz} = \frac{5}{24}ta^3 - \frac{1}{8}ta^3 = \frac{1}{12}ta^3\,,$$

$$I_z^* = \frac{I_y + I_z}{2} - I_{yz} = \frac{5}{24}ta^3 + \frac{1}{8}ta^3 = \frac{1}{3}ta^3\,.$$

Zerlegen wir die Belastung nach den Hauptrichtungen, so wird

$$M_y^* = -\frac{q_0 l^2}{2}\cos\varphi + Fl\sin\varphi$$

$$= q_0 l^2\left(2 - \frac{1}{2}\right)\frac{1}{2}\sqrt{2}\,,$$

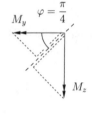

$$M_z^* = \frac{q_0 l^2}{2}\sin\varphi + Fl\cos\varphi$$

$$= q_0 l^2\left(\frac{1}{2} + 2\right)\frac{1}{2}\sqrt{2}\,,$$

und damit folgt für die Spannungen im Hauptachsensystem

$$\sigma = \frac{M_y^*}{I_y^*}z^* - \frac{M_z^*}{I_z^*}y^* = \frac{3\sqrt{2}}{4}\frac{q_0 l^2}{ta^3}(12z^* - 5y^*)\,.$$

Zur Kontrolle transformieren wir mit

$$z^* = -y\sin\varphi + z\cos\varphi = (z - y)\frac{1}{2}\sqrt{2}\,,$$

$$y^* = y\cos\varphi + z\sin\varphi = (z + y)\frac{1}{2}\sqrt{2}$$

zurück und finden nach Einsetzen

$$\sigma = \frac{3}{4}\frac{q_0 l^2}{ta^3}[12(z - y) - 5(z + y)] = \frac{3}{4}\frac{q_0 l^2}{ta^3}(7z - 17y)\,.$$

Die neutrale Faser genügt der Gleichung

$$z = \frac{17}{7}y\,.$$

A3.13 Aufgabe 3.13 Für den beiderseits gelenkig gelagerten Balken ermittle man:
a) Ort und Betrag des größten Moments,
b) Ort und Betrag der größten Durchbiegung,
c) die Neigung der Biegelinie an den Lagern.

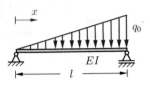

Lösung Da der Balken statisch bestimmt gelagert ist, können Biegemoment und Durchbiegung getrennt berechnet werden.

zu a) Aus der gegebenen Belastung

$$q = q_0 \frac{x}{l}$$

folgt durch zweimalige Integration

$$Q = -q_0 \frac{x^2}{2l} + C_1 \,,$$

$$M = -q_0 \frac{x^3}{6l} + C_1 x + C_2 \,.$$

Mit den *statischen* Randbedingungen

$$M(0) = 0 \quad \rightsquigarrow \quad C_2 = 0 \,, \qquad M(l) = 0 \quad \rightsquigarrow \quad C_1 = \frac{q_0 l}{6}$$

wird

$$Q = \frac{q_0 l}{6}\left[1 - 3\left(\tfrac{x}{l}\right)^2\right], \qquad M = \frac{q_0 l^2}{6}\left[\frac{x}{l} - \left(\tfrac{x}{l}\right)^3\right].$$

Der Ort und die Größe des maximalen Biegemoments folgen aus der Bedingung $M' = 0$:

$$M' = Q = 0 \quad \rightsquigarrow \quad 1 - 3\left(\frac{x^*}{l}\right)^2 = 0 \quad \rightsquigarrow \quad \underline{\underline{x^* = \frac{1}{3}\sqrt{3}\,l = 0,577\,l}}\,,$$

$$\underline{\underline{M_{\max}}} = M(x^*) = \frac{1}{18}\sqrt{3}\,q_0 l^2 \left(1 - \frac{1}{3}\right) = \frac{1}{27}\sqrt{3}\,q_0 l^2\,.$$

zu b) Mit dem nun bekannten Momentenverlauf

$$M = \frac{q_0 l^2}{6}\left[\frac{x}{l} - \left(\frac{x}{l}\right)^3\right]$$

folgt aus $EI\,w'' = -M$ durch zweimalige Integration

$$EI\,w' = -\frac{q_0 l^2}{6}\left(\frac{x^2}{2l} - \frac{1}{4}\frac{x^4}{l^3}\right) + C_3\,,$$

$$EI\,w = -\frac{q_0 l^2}{6}\left(\frac{x^3}{6l} - \frac{1}{20}\frac{x^5}{l^3}\right) + C_3 x + C_4\,.$$

Die neuen Integrationskonstanten ergeben sich jetzt aus den *geometrischen* Randbedingungen

$$w(0) = 0 \quad \leadsto \quad C_4 = 0 \,,$$

$$w(l) = 0 \quad \leadsto \quad C_3 = \frac{q_0 l^3}{6} \left(\frac{1}{6} - \frac{1}{20} \right) = \frac{7}{360} q_0 l^3 \,.$$

Damit erhält man (vgl. auch Biegelinientafel auf Seite 70, Lastfall Nr. 3)

$$EI\,w = \frac{q_0 l^4}{360} \left[7 \frac{x}{l} - 10 \left(\frac{x}{l} \right)^3 + 3 \left(\frac{x}{l} \right)^5 \right] \,.$$

Der Maximalwert folgt aus der Bedingung $w' = 0$:

$$EI\,w' = 0 \quad \leadsto \quad 7 - 30 \left(\frac{x^{**}}{l} \right)^2 + 15 \left(\frac{x^{**}}{l} \right)^4 = 0$$

$$\leadsto \quad \left(\frac{x^{**}}{l} \right)^4 - 2 \left(\frac{x^{**}}{l} \right)^2 + \frac{7}{15} = 0 \,,$$

$$\leadsto \quad \underline{\underline{x^{**} = \sqrt{1 {(+) \atop -} \sqrt{\frac{8}{15}}}\, l = 0,519\, l}} \,.$$

(Das $(+)$-Vorzeichen liefert einen x-Wert außerhalb des Gültigkeitsbereiches.) Damit wird

$$\underline{\underline{w_{\max}}} = w(x^{**}) = \frac{q_0 l^4}{360 EI} \sqrt{1 - \sqrt{\frac{8}{15}}} \left[7 - 10 \left(1 - \sqrt{\frac{8}{15}} \right) + 3 \left(1 - \sqrt{\frac{8}{15}} \right)^2 \right]$$

$$= \underline{\underline{0,0065 \, \frac{q_0 l^4}{EI}}} \,.$$

zu c) Die Neigung der Biegelinie an den Lagern folgt aus

$$\underline{\underline{w'(0)}} = \frac{C_3}{EI} = \underline{\underline{\frac{7}{360} \frac{q_0 l^3}{EI}}} \,,$$

$$\underline{\underline{w'(l)}} = -\frac{q_0 l^2}{6EI} \left(\frac{l}{2} - \frac{l}{4} \right) + \frac{7}{360} \frac{q_0 l^3}{EI} = \underline{\underline{-\frac{8}{360} \frac{q_0 l^3}{EI}}} \,.$$

Anmerkung: Das größte Moment und die größte Durchbiegung liegen an verschiedenen Stellen: $x^* \neq x^{**}$.

A3.14   Aufgabe 3.14 Für den beiderseits
eingespannten Balken ermittle man
die Momentenlinie.

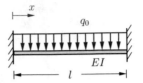

Lösung Der Balken ist statisch *unbestimmt* gelagert. Die Momentenlinie kann daher über die Ermittlung der Biegelinie gefunden werden.
Aus der Grundgleichung folgt durch vierfache Integration

$$EI\,w^{IV} = q = q_0\,,$$

$$-EI\,w''' = Q = -q_0 x + C_1\,,$$

$$-EI\,w'' = M = -q_0 \frac{x^2}{2} + C_1 x + C_2\,,$$

$$EI\,w' = q_0 \frac{x^3}{6} - C_1 \frac{x^2}{2} - C_2 x + C_3\,,$$

$$EI\,w = q_0 \frac{x^4}{24} - C_1 \frac{x^3}{6} - C_2 \frac{x^2}{2} + C_3 x + C_4\,.$$

Für die 4 Randbedingungen stehen in dieser Aufgabe 4 geometrische
Aussagen zu Verfügung:

$$w'(0) = 0 \;\rightsquigarrow\; C_3 = 0\,,$$

$$w(0) = 0 \;\rightsquigarrow\; C_4 = 0\,,$$

$$\left. \begin{aligned} w'(l) = 0 \;\rightsquigarrow\; \frac{q_0 l^3}{6} - C_1 \frac{l^2}{2} - C_2 l = 0 \\ w(l) = 0 \;\rightsquigarrow\; \frac{q_0 l^4}{24} - C_1 \frac{l^3}{6} - C_2 \frac{l^2}{2} = 0 \end{aligned} \right\} \;\rightsquigarrow\; \begin{aligned} C_1 &= \frac{q_0 l}{2} \\ C_2 &= -\frac{q_0 l^2}{12}\,. \end{aligned}$$

Damit wird

$$M = -\frac{q_0 l^2}{12} \left[1 - 6\,\frac{x}{l} + 6 \left(\frac{x}{l}\right)^2 \right]\,.$$

Aufgabe 3.15 Gesucht ist die Durchbiegung des links elastisch gestützten,
rechts eingespannten Balkens unter einer Belastung in Form einer quadratischen Parabel.

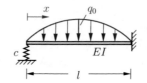

Lösung Wir stellen zunächst die Gleichung der Belastung auf. Aus der
allgemeinen Parabelgleichung $q = A + Bx + Cx^2$ und

$$q(0) = 0 \quad \rightsquigarrow \quad A = 0 \,,$$
$$\left.\begin{aligned} q(l) = 0 &\quad \rightsquigarrow \quad Bl + Cl^2 = 0, \\ q\left(\frac{l}{2}\right) = q_0 &\quad \rightsquigarrow \quad B\frac{l}{2} + C\frac{l^2}{4} = q_0, \end{aligned}\right\} \quad \rightsquigarrow \quad C = -\frac{B}{l}\,, \quad B = 4\frac{q_0}{l}$$

erhält man $\quad q(x) = 4q_0\left[\frac{x}{l} - \left(\frac{x}{l}\right)^2\right]$.

Vierfache Integration von $EI\, w^{IV} = q$ ergibt

$$-EI\,w''' = Q = -4q_0\left(\frac{x^2}{2l} - \frac{x^3}{3l^2}\right) + C_1\,,$$
$$-EI\,w'' = M = -4q_0\left(\frac{x^3}{6l} - \frac{x^4}{12l^2}\right) + C_1 x + C_2\,,$$
$$EI\,w' = 4q_0\left(\frac{x^4}{24l} - \frac{x^5}{60l^2}\right) - C_1\frac{x^2}{2} - C_2 x + C_3\,,$$
$$EI\,w = 4q_0\left(\frac{x^5}{120l} - \frac{x^6}{360l^2}\right) - C_1\frac{x^3}{6} - C_2\frac{x^2}{2} + C_3 x + C_4\,.$$

Die Randbedingungen liefern

$$M(0) = 0 \quad \rightsquigarrow C_2 = 0\,,$$
$$Q(0) = c \cdot w(0) \rightsquigarrow C_1 = c\,\frac{C_4}{EI}\,,$$
$$w'(l) = 0 \quad\quad \rightsquigarrow \frac{q_0 l^3}{10} - C_1\frac{l^2}{2} + C_3 = 0\,,$$
$$w(l) = 0 \quad\quad \rightsquigarrow \frac{q_0 l^4}{45} - C_1\frac{l^3}{6} + C_3 l + C_4 = 0\,.$$

Aus den 3 Gleichungen für C_1, C_3 und C_4 folgen mit der Abkürzung
$\Delta = 1 + cl^3/3EI$

$$C_1 = \frac{7}{90}\frac{c}{\Delta}\frac{q_0 l^4}{EI}\,, \quad C_3 = -\frac{q_0 l^3}{10\Delta}\left(1 - \frac{1}{18}\frac{cl^3}{EI}\right)\,, \quad C_4 = \frac{7}{90}\frac{q_0 l^4}{\Delta}$$

und damit

$$w = \frac{q_0 l^4}{10EI}\left[\frac{1}{3}\left(\frac{x}{l}\right)^5 - \frac{1}{9}\left(\frac{x}{l}\right)^6 - \frac{7}{54}\frac{cl^3}{\Delta EI}\left(\frac{x}{l}\right)^3 - \left(1 - \frac{1}{18}\frac{cl^3}{EI}\right)\frac{1}{\Delta}\left(\frac{x}{l}\right) + \frac{7}{9\Delta}\right].$$

A3.16

Aufgabe 3.16 Ein überkragender Balken ist durch eine Gleichstreckenlast q_0 belastet.

Gesucht ist die Absenkung am freien Ende.

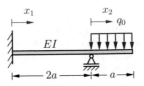

Lösung Wir lösen die Aufgabe auf zwei verschiedenen Wegen.

1. Lösungsweg: Wegen der Unstetigkeit von $q(x)$ müssen wir zwei Bereiche betrachten:

$$0 \leq x_1 < 2a \qquad q_1 = 0 \,,$$

$$Q_1 = C_1 \,,$$

$$M_1 = C_1 x_1 + C_2 \,,$$

$$EI\,w_1' = -C_1 \frac{x_1^2}{2} - C_2 x_1 + C_3 \,,$$

$$EI\,w_1 = -C_1 \frac{x_1^3}{6} - C_2 \frac{x_1^2}{2} + C_3 x_1 + C_4 \,,$$

$$0 < x_2 \leq a \qquad q_2 = q_0 \,,$$

$$Q_2 = -q_0 x_2 + C_5 \,,$$

$$M_2 = -q_0 \frac{x_2^2}{2} + C_5 x_2 + C_6 \,,$$

$$EI\,w_2' = q_0 \frac{x_2^3}{6} - C_5 \frac{x_2^2}{2} - C_6 x_2 + C_7 \,,$$

$$EI\,w_2 = q_0 \frac{x_2^4}{24} - C_5 \frac{x_2^3}{6} - C_6 \frac{x_2^2}{2} + C_7 x_2 + C_8 \,.$$

Die 8 Integrationskonstanten C_i folgen aus:

4 Rand−bedin−gungen
$$\begin{cases} w_1'(0) = 0 \rightsquigarrow C_3 = 0 \,, \quad w_1(0) = 0 \rightsquigarrow C_4 = 0 \,, \\[2mm] Q_2(a) = 0 \rightsquigarrow C_5 = q_0 a \,, \; M_2(a) = 0 \rightsquigarrow C_6 = -\dfrac{q_0 a^2}{2} \end{cases}$$

und 4 Über−gangs−bedin−gungen
$$\begin{cases} M_1(2a) = M_2(0) \quad \rightsquigarrow C_1 2a + C_2 = C_6 \,, \\[2mm] w_1'(2a) = w_2'(0) \quad \rightsquigarrow -C_1 \dfrac{(2a)^2}{2} - C_2 2a + C_3 = C_7 \,, \\[2mm] w_1(2a) = w_2(0) = 0 \rightsquigarrow -C_1 \dfrac{(2a)^3}{6} - C_2 \dfrac{(2a)^2}{2} \\[2mm] \qquad\qquad\qquad\qquad + C_3 2a + C_4 = C_8 = 0 \end{cases}$$

$$\rightsquigarrow \quad C_1 = -\frac{3}{8} q_0 a \,, \quad C_2 = \frac{1}{4} q_0 a^2 \,, \quad C_7 = \frac{1}{4} q_0 a^3 \,, \quad C_8 = 0 \,.$$

(Für die Querkraft lässt sich keine Übergangsbedingung angeben, da sie um den Betrag der unbekannten Lagerkraft B springt). Damit wird die Absenkung am freien Ende

$$\underline{\underline{w_2(a)}} = \frac{q_0}{EI} \left\{ \frac{a^4}{24} - \frac{a^4}{6} + \frac{a^4}{4} + \frac{a^4}{4} \right\} = \underline{\underline{\frac{3}{8} \frac{q_0 a^4}{EI}}} \, .$$

2. Lösungsweg: Mit Hilfe des FÖPPL-Symbols können wir beide Bereiche in *einer* Gleichung erfassen. Wir zählen x von links und müssen den Querkraftsprung bei B beachten (B wird nach oben positiv angenommen):

$$q = q_0 <x - 2a>^0 \, ,$$

$$Q = -q_0 <x - 2a>^1 + B <x - 2a>^0 + C_1 \, ,$$

$$M = -\frac{1}{2} q_0 <x - 2a>^2 + B <x - 2a>^1 + C_1 x + C_2 \, ,$$

$$EI \, w' = \frac{1}{6} q_0 <x - 2a>^3 - \frac{1}{2} B <x - 2a>^2 - \frac{1}{2} C_1 x^2 - C_2 x + C_3 \, ,$$

$$EI \, w = \frac{1}{24} q_0 <x - 2a>^4 - \frac{1}{6} B <x - 2a>^3 - \frac{1}{6} C_1 x^3 - \frac{1}{2} C_2 x^2 + C_3 x + C_4 .$$

Die 5 Unbekannten C_i und B folgen aus

4 Randbe-
dingungen
und

$$\begin{cases} w'(0) = 0 \quad \rightsquigarrow C_3 = 0 \, , \\[2mm] w(0) = 0 \quad \rightsquigarrow C_4 = 0 \, , \\[2mm] Q(3a) = 0 \quad \rightsquigarrow -q_0 a + B + C_1 = 0 \, , \\[2mm] M(3a) = 0 \rightsquigarrow -q_0 \dfrac{a^2}{2} + Ba + C_1 3a + C_2 = 0 \end{cases}$$

1 Lager-
bedingung

$$\begin{cases} w(2a) = 0 \rightsquigarrow -C_1 \dfrac{(2a)^3}{6} - C_2 \dfrac{(2a)^2}{2} + C_3 2a + C_4 = 0 \, . \end{cases}$$

Auflösen ergibt:

$$C_1 = -\frac{3}{8} q_0 a \, , \quad C_2 = \frac{1}{4} q_0 a^2 \, , \quad C_3 = 0 \, , \quad C_4 = 0 \, , \quad B = \frac{11}{8} q_0 a \, .$$

Damit wird die Absenkung am freien Ende

$$\underline{\underline{w(3a)}} = \frac{q_0}{EI} \left[\frac{a^4}{24} - \frac{11}{8} a \frac{a^3}{6} + \frac{3}{8} a \frac{(3a)^3}{6} - \frac{1}{4} a^2 \frac{(3a)^2}{2} \right] = \underline{\underline{\frac{3}{8} \frac{q_0 a^4}{EI}}} \, .$$

Anmerkung: Die Ermittlung der Verschiebung an einer ausgezeichneten Stelle erfolgt meist leichter mit Methoden nach Kapitel 5.

Aufgabe 3.17 Ein GERBER-Balken trägt auf seinem Kragarm eine Gleichstreckenlast.

Wie groß ist die Absenkung des Gelenks und welche Winkeldifferenz tritt am Gelenk auf?

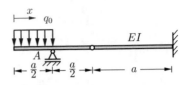

Lösung Mit Hilfe des FÖPPL-Symbols kann der gesamte Bereich in *einer* Gleichung erfasst werden. Bei der Integration muss der Winkelsprung $\Delta\varphi$ am Gelenk beachtet werden.

$$q = q_0 - q_0 < x - \frac{a}{2} >^0 \,,$$

$$Q = -q_0 x + q_0 < x - \frac{a}{2} >^1 + A < x - \frac{a}{2} >^0 + C_1 \,,$$

$$M = -q_0\frac{x^2}{2} + \frac{q_0}{2} < x - \frac{a}{2} >^2 + A < x - \frac{a}{2} >^1 + C_1 x + C_2 \,,$$

$$EI\,w' = q_0\frac{x^3}{6} - \frac{q_0}{6} < x - \frac{a}{2} >^3 - \frac{A}{2} < x - \frac{a}{2} >^2 - C_1\frac{x^2}{2} - C_2 x$$
$$+ EI\Delta\varphi < x - a >^0 + C_3 \,,$$

$$EI\,w = q_0\frac{x^4}{24} - \frac{q_0}{24} < x - \frac{a}{2} >^4 - \frac{A}{6} < x - \frac{a}{2} >^3 - C_1\frac{x^3}{6} - C_2\frac{x^2}{2}$$
$$+ EI\Delta\varphi < x - a >^1 + C_3 x + C_4 \,.$$

Die 4 Integrationskonstanten C_i, die unbekannte Lagerkraft A und die unbekannte Winkeldifferenz $\Delta\varphi$ am Gelenk folgen aus den 6 Bedingungen

$$Q(0) = 0 \;\leadsto\; C_1 = 0\,, \qquad M(0) = 0 \;\leadsto\; C_2 = 0\,,$$

$$M(a) = 0 \;\leadsto\; A = \frac{3}{4}q_0 a\,, \qquad w(\frac{a}{2}) = 0 \;\leadsto\; \frac{1}{384}q_0 a^4 + C_3\frac{a}{2} + C_4 = 0\,,$$

$$w'(2a) = 0 \leadsto \frac{4}{3}q_0 a^3 - \frac{27}{48}q_0 a^3 - \frac{27}{32}q_0 a^3 + EI\Delta\varphi + C_3 = 0\,,$$

$$w(2a) = 0 \;\leadsto\; \frac{2}{3}q_0 a^4 - \frac{81}{384}q_0 a^4 - \frac{81}{192}q_0 a^4 + EI\Delta\varphi\, a + C_3 2a + C_4 = 0\,.$$

Auflösung ergibt

$$C_3 = -\frac{5}{24}q_0 a^3\,, \qquad C_4 = \frac{39}{384}q_0 a^4\,, \qquad EI\Delta\varphi = \frac{9}{32}q_0 a^3\,.$$

Damit erhält man für die Absenkung des Gelenks

$$\underline{\underline{w_G = w(a) = -\frac{1}{12}\frac{q_0 a^4}{EI}}}$$

und für die Winkeldifferenz

$$\underline{\underline{\Delta\varphi = \frac{9}{32}\frac{q_0 a^3}{EI}}}\,.$$

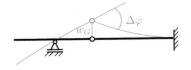

Aufgabe 3.18 Eine einseitig eingespannte Blattfeder mit der konstanten Dicke t und der veränderlichen
Breite $b = b_0 l/(l + x)$ ist am freien
Rand mit $F = q_0 b_0/2$ belastet.

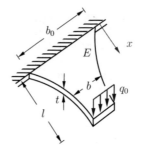

Wie groß ist die Absenkung unter
der Last?

Lösung Da das System statisch bestimmt ist, ermitteln wir zunächst
den Momentenverlauf:

$$Q = F = \text{const}, \qquad M = Fx + C.$$

Mit $M(l) = 0$ folgt $C = -Fl$ und daher

$$M = -F(l - x).$$

Einsetzen in die DGL der Biegelinie $EI\,w'' = -M$ liefert mit

$$I(x) = b(x)\frac{t^3}{12} = \frac{b_0 t^3}{12}\frac{l}{l+x}$$

und der Abkürzung $I_0 = b_0 t^3/12$:

$$w'' = \frac{F(l-x)(l+x)}{EI_0 l} = \frac{F}{EI_0 l}(l^2 - x^2).$$

Integration ergibt

$$w' = \frac{F}{EI_0 l}\left(l^2 x - \frac{x^3}{3} + C_1\right),$$

$$w = \frac{F}{EI_0 l}\left(l^2 \frac{x^2}{2} - \frac{x^4}{12} + C_1 x + C_2\right).$$

Mit

$$w'(0) = 0 \quad \rightsquigarrow \quad C_1 = 0, \qquad w(0) = 0 \quad \rightsquigarrow \quad C_2 = 0$$

wird

$$w(l) = w_{\text{max}} = \frac{5}{12}\frac{Fl^3}{EI_0}.$$

Anmerkung: Für einen Träger der *konstanten* Breite b_0 ergibt sich unter
gleicher Last eine kleinere Absenkung

$$w(l) = \frac{Fl^3}{3EI_0} = \frac{4}{12}\frac{Fl^3}{EI_0}.$$

A3.19   Aufgabe 3.19 Ein Kragträger mit Rechteckquerschnitt (Breite b, Höhe $h(x)$) unter Dreieckslast soll in den Außenfasern
die konstante Spannung σ_0 haben.

Gesucht ist die Enddurchbiegung.

Lösung Wir müssen zunächst die noch unbekannte Querschnittshöhe
ermitteln. Aus

$$\sigma_{\max} = \frac{|M|}{W} = \sigma_0$$

folgt mit

$$M = -\frac{q_0 x^3}{6l}\,, \quad I = \frac{b\,h^3(x)}{12}\,, \quad W(x) = \frac{I}{h/2} = \frac{b\,h^2(x)}{6}$$

für $h(x)$

$$h(x) = \sqrt{\frac{q_0}{\sigma_0 bl}}\, x^{3/2}\,.$$

Damit wird

$$I(x) = \frac{q_0}{12\sigma_0 l}\sqrt{\frac{q_0}{b\sigma_0 l}}\, x^{9/2}\,.$$

Integration von $EI\,w'' = -M$ liefert unter Einarbeitung der Randbedingungen $w'(l) = w(l) = 0$:

$$w'' = -\frac{M}{EI} = \frac{q_0 x^3 12\sigma_0 l}{6lEq_0}\sqrt{\frac{b\sigma_0 l}{q_0}}\, x^{-9/2} = 2\frac{\sigma_0}{E}\sqrt{\frac{b\sigma_0 l}{q_0}}\, x^{-3/2}\,,$$

$$w' = 2\frac{\sigma_0}{E}\sqrt{\frac{b\sigma_0 l}{q_0}}\left(-2x^{-1/2} + 2l^{-1/2}\right)\,,$$

$$w = 2\frac{\sigma_0}{E}\sqrt{\frac{b\sigma_0 l}{q_0}}\left(-4x^{1/2} + 2l^{-1/2}x + 2l^{1/2}\right)\,.$$

Für die Enddurchbiegung erhält man hieraus

$$w(0) = 4\frac{\sigma_0}{E}\sqrt{\frac{b\sigma_0 l^2}{q_0}}\,.$$

Zur Probe führen wir eine Dimensionskontrolle durch ($K \,\hat{=}\, $Kraft, $L \,\hat{=}\, $Länge):

$$[w] = \frac{KL^{-2}}{KL^{-2}}\sqrt{\frac{LKL^{-2}L^2}{KL^{-1}}} = L\,.$$

Aufgabe 3.20 Der dargestellte Träger
besteht aus 2 Teilen unterschiedlicher
Biegesteifigkeit.

Wie groß ist die Absenkung f am frei-
en Ende?

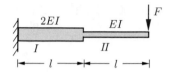

A3.20

Lösung Wir superponieren mit Hilfe der Biegelinientafel auf Seite 70.
Hierzu denken wir uns den Balken II zunächst bei B eingespannt und
berechnen seine Eigendurchbiegung w_{II}. Dazu kommt die Eigendurchbiegung w_I des linken Balkens I infolge F und $M = Fl$. Schließlich
müssen wir beachten, dass am Ende des linken Balkens eine Neigung
w'_I auftritt, die sich – multipliziert mit dem Hebelarm l – am Ende als
zusätzliche Absenkung äußert:

$$f = w_{II} + w_I + w'_I l = w_{II} + (w_{I_F} + w_{I_M}) + (w'_{I_F} + w'_{I_M})l .$$

Dabei wird nach Lastfall Nr. 5

$$w_{II} = \frac{Fl^3}{3EI}, \qquad w_{I_F} = \frac{Fl^3}{3(2EI)}, \qquad w'_{I_F} = \frac{Fl^2}{2(2EI)}$$

und nach Lastfall Nr. 8

$$w_{I_M} = \frac{(Fl)l^2}{2(2EI)}, \qquad w'_{I_M} = \frac{(Fl)l}{(2EI)} .$$

Addition ergibt

$$\underline{\underline{f}} = \frac{Fl^3}{3EI} \left\{ 1 + \frac{1}{2} + \frac{3}{4} + \frac{3}{4} + \frac{3}{2} \right\} = \underline{\underline{\frac{3}{2} \frac{Fl^3}{EI}}} .$$

A3.21   Aufgabe 3.21   Für den nebenstehenden Balken ermitt-
le man die Biegelinie.

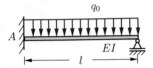

Lösung   Der Balken ist statisch unbestimmt gelagert. Wir lösen das
Einspannmoment als statisch Überzählige X aus:

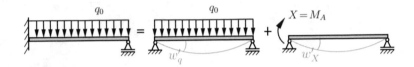

Aus der Biegelinientafel auf Seite 70 liest man für die Winkel ab:

Lastfall Nr. 2
$$w'_q = \frac{q_0 l^3}{24EI} \, ,$$

Lastfall Nr. 4 (mit $\beta = 1$) $w'_X = \dfrac{Xl}{3EI} \, .$

Da der Gesamtwinkel an der Einspannung verschwinden muss, liefert
die Verträglichkeitsbedingung

$$w'_q + w'_X = 0 \quad \rightsquigarrow \quad X = M_A = -\frac{1}{8} q_0 l^2 \, .$$

Damit erhält man aus der gleichen Tafel durch Überlagerung die Biegelinie

$$\underline{EI \, w} = EI(w_q + w_X)$$

$$= \frac{q_0 l^4}{24}(\xi - 2\xi^3 + \xi^4) - \frac{1}{8} q_0 l^2 \frac{l^2}{6}(2\xi + \xi^3 - 3\xi^2)$$

$$= \underline{\underline{\frac{q_0 l^4}{48}(3\xi^2 - 5\xi^3 + 2\xi^4)}} \, .$$

Aufgabe 3.22 Ein in A eingespannter und in B durch ein elastisches
Seil gehaltener vertikaler Pfosten wird
durch eine horizontale Dreieckslast beansprucht.

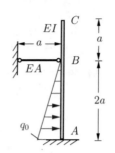

Wie groß ist die horizontale Verschie-
bung v von C für $\dfrac{EI}{a^2EA} = \dfrac{1}{3}$?

Lösung Wir trennen Seil und Balken:

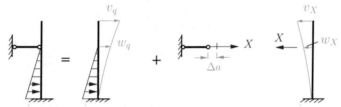

Die Verträglichkeit am Seilanschluss fordert

$$w_q - w_X = \Delta a\,, \qquad \text{wobei} \qquad \Delta a = \frac{Xa}{EA} \qquad \text{(vgl. Kapitel 2)}\,.$$

Mit der Biegelinientafel auf Seite 70 finden wir:

Lastfall Nr. 7 $w_q = \dfrac{q_0(2a)^4}{30EI} = \dfrac{8}{15}\dfrac{q_0a^4}{EI}\,,$

Lastfall Nr. 5 $w_X = \dfrac{X(2a)^3}{3EI} = \dfrac{8}{3}\dfrac{Xa^3}{EI}\,.$

Einsetzen liefert

$$\frac{8}{15}\frac{q_0a^4}{EI} - \frac{8}{3}\frac{Xa^3}{EI} = \frac{Xa}{EA} \qquad \rightsquigarrow \qquad X = \frac{\dfrac{1}{5}q_0a}{1 + \dfrac{3}{8}\dfrac{EI}{a^2EA}} = \frac{8}{45}q_0a\,.$$

Die Verschiebung v ergibt sich damit durch Superposition zu (für die
Dreieckslast müssen Absenkung w_q und Winkel w_q' beachtet werden:
$v_q = w_q + w_q'a$):

$$\underline{EI\,v} = EI(v_q + v_X) = \frac{q_0(2a)^4}{30} + \frac{q_0(2a)^3}{24}\,a - \underbrace{\frac{X(3a)^3}{6}\left[3\cdot\frac{2}{3} - 1 + \left(\frac{1}{3}\right)^3\right]}_{\text{Lastfall Nr. 5 mit } \alpha = 2/3}$$

$$= \frac{13}{15}q_0a^4 - \frac{14}{3}Xa^3 = \underline{\underline{\frac{q_0a^4}{27}}}\,.$$

A3.23

Aufgabe 3.23 Zwei parallele Balken (Biegesteifigkeit EI, Länge a) sind im Abstand l voneinander einseitig eingespannt. Ein elastischer Stab (Dehnsteifigkeit EA) der Länge $l + \delta$ wird bei $a/2$ zwischen die Balken gezwängt.

a) Wie groß ist die Stabkraft?

b) Um welchen Betrag e ändert sich der Abstand l der Balkenenden?

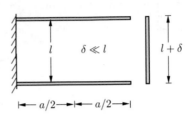

Lösung **zu a)** Aus der Geometrie (Verträglichkeit)

$$l + 2w_X = (l + \delta) - \Delta l$$

$$\rightsquigarrow \quad 2w_X + \Delta l = \delta$$

folgt mit (vgl. Biegelinientafel auf Seite 70, Lastfall Nr. 5)

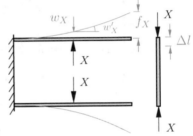

$$w_X = \frac{X \left(\dfrac{a}{2}\right)^3}{3EI} \quad \text{und} \quad \Delta l = \frac{Xl}{EA}$$

die Stabkraft (Druck)

$$\underline{\underline{S}} = X = \frac{\delta}{\dfrac{l}{EA} + \dfrac{a^3}{12EI}} = \delta \, \frac{EA}{l} \, \frac{1}{1 + \dfrac{a^3 EA}{12 \, l \, EI}} \,.$$

zu b) Die Spreizung e erhält man mit Hilfe der Biegelinientafel auf Seite 70 aus Lastfall Nr. 5 zu

$$\underline{\underline{e}} = 2 f_X = 2 \frac{Xa^3}{6 \, EI} \left[3 \cdot 1 \cdot \frac{1}{2} - 1 + \left(\frac{1}{2}\right)^3 \right] = \frac{5}{24} \frac{a^3 EA}{l \, EI} \, \frac{\delta}{1 + \dfrac{a^3 EA}{12 \, l \, EI}} \,.$$

Anmerkung: Im Grenzfall $EI \to \infty$ ergeben sich $S = \delta \, \dfrac{EA}{l}$ und $e = 0$.

Aufgabe 3.24 Für den skizzierten Balken sind die Lagerreaktionen zu bestimmen

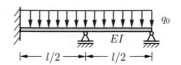

A3.24

Lösung Das System ist *zweifach* statisch unbestimmt. Wir fassen das
Einspannmoment $M_A = X_1$ und die Lagerkraft $B = X_2$ als statisch
Überzählige auf und superponieren:

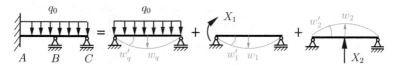

Unter Beachtung der (willkürlich) gewählten Vorzeichen lauten die 2
Verträglichkeitsbedingungen

$$w_q' + w_1' - w_2' = 0,$$

$$w_q + w_1 - w_2 = 0.$$

Mit der Biegelinientafel auf Seite 70 (Nr. 2, 4 und 1) finden wir

$$\frac{q_0 l^3}{24} + \frac{X_1 l}{3} - \frac{X_2 l^2}{16} = 0,$$

$$\frac{5}{384} q_0 l^4 + \frac{1}{16} X_1 l^2 - \frac{X_2 l^3}{48} = 0$$

und hieraus

$$X_1 = -\frac{1}{56} q_0 l^2, \qquad X_2 = \frac{4}{7} q_0 l.$$

Damit erhält man die Lagerkräfte durch Superposition der 3 Lastfälle
zu

$$\underline{\underline{A}} = \frac{q_0}{2} - \frac{X_1}{l} - \frac{X_2}{2} = \underline{\underline{\frac{13}{56} q_0 l}},$$

$$\underline{\underline{B}} = X_2 = \underline{\underline{\frac{4}{7} q_0 l}},$$

$$\underline{\underline{C}} = \frac{q_0 l}{2} + \frac{X_1}{l} - \frac{X_2}{2} = \underline{\underline{\frac{11}{56} q_0 l}},$$

$$\underline{\underline{M_A}} = X_1 = \underline{\underline{-\frac{1}{56} q_0 l^2}}.$$

A3.25   **Aufgabe 3.25** Für den Balken
unter Trapezlast ermittle man
die Biegelinie.

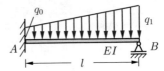

Lösung Der Balken ist einfach statisch unbestimmt gelagert. Wir wählen
B als statisch Überzählige und superponieren die 3 folgenden Lastfälle
(die Trapezlast wird durch Dreieck- und Rechtecklast ersetzt)

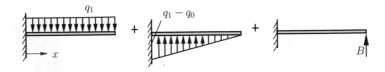

und finden (Seite 70, Nr. 6, 7 und 5)

$$EI\, w(x) = \frac{q_1 l^4}{24}(6\xi^2 - 4\xi^3 + \xi^4)$$

$$-\frac{(q_1 - q_0)l^4}{120}(10\xi^2 - 10\xi^3 + 5\xi^4 - \xi^5) - \frac{B l^3}{6}(3\xi^2 - \xi^3)\,.$$

Aus der Verträglichkeit (Balken ist in B gelagert!) folgt die Lagerkraft
B:

$$w(l) = 0 \qquad \leadsto \qquad B = \frac{3}{8}q_1 l - \frac{(q_1 - q_0)l}{10}\,.$$

Mit der Umformung

$$\frac{q_1 l^4}{24} = \frac{(q_1 - q_0)l^4}{24} + \frac{q_0 l^4}{24}$$

wird endgültig

$$EI\, w(x) = \frac{q_0 l^4}{24}\left\{\xi^4 - \frac{5}{2}\xi^3 + \frac{3}{2}\xi^2\right\} + \frac{(q_1 - q_0)l^4}{120}\left\{\xi^5 - \frac{9}{2}\xi^3 + \frac{7}{2}\xi^2\right\}\,.$$

Aufgabe 3.26 Für den Zweifeldträger
sollen die Lagerreaktionen sowie die
Durchbiegungen in den Feldmitten bestimmt werden.

Gegeben: $F = 2q_0l$.

Lösung Wir teilen den Träger in 2 (beiderseits gelenkig gelagerte) Balken und führen das Biegemoment über dem mittleren Lager als statisch
Unbestimmte ein:

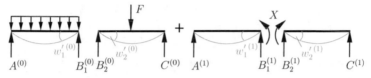

Aus den Gleichgewichtsbedingungen folgt

$$A^{(0)} = B_1^{(0)} = \frac{1}{2}q_0l\,, \qquad B_2^{(0)} = C^{(0)} = \frac{F}{2}\,,$$

$$A^{(1)} = C^{(1)} = -B_1^{(1)} = -B_2^{(1)} = \frac{X}{l}\,.$$

Die Biegelinientafel auf Seite 70 liefert

$$w_1'^{(0)} = -\frac{q_0l^3}{24EI}\,, \quad w_2'^{(0)} = \frac{Fl^2}{16EI}\,, \quad w_1'^{(1)} = -w_2'^{(1)} = -\frac{Xl}{3EI}\,.$$

Durch Einsetzen in die Verträglichkeitsbedingung

$$w_1'^{(0)} + w_1'^{(1)} = w_2'^{(0)} + w_2'^{(1)}$$

erhält man

$$X = -\frac{1}{16}q_0l^2 - \frac{3}{32}Fl = -\frac{1}{4}q_0l^2 = M_B\,.$$

Damit wird durch Superposition

$$\underline{A} = A^{(0)} + A^{(1)} = \frac{1}{2}q_0l - \frac{1}{4}q_0l = \underline{\underline{\frac{1}{4}q_0l}}\,,$$

$$\underline{B} = B_1^{(0)} + B_1^{(1)} + B_2^{(0)} + B_2^{(1)} = \underline{\underline{2q_0l}}\,,$$

$$\underline{C} = C^{(0)} + C^{(1)} = \frac{F}{2} - \frac{1}{4}q_0l = \underline{\underline{\frac{3}{4}q_0l}}\,.$$

Die Durchbiegungen in den Mitten der Felder ergeben sich zu

$$\underline{\underline{f_1}} = f_1^{(0)} + f_1^{(1)} = \frac{5}{384}\frac{q_0l^4}{EI} + \frac{Xl^2}{6EI}\left(\frac{1}{2} - \frac{1}{8}\right) = -\underline{\underline{\frac{q_0l^4}{384\,EI}}}\,,$$

$$\underline{\underline{f_2}} = f_2^{(0)} + f_2^{(1)} = \frac{Fl^3}{48\,EI} + \frac{Xl^2}{6\,EI}\left(\frac{1}{2} - \frac{1}{8}\right) = \underline{\underline{\frac{5\,q_0l^4}{192\,EI}}}\,.$$

A3.27   Aufgabe 3.27   Auf einem beiderseits eingespannten Balken mit rechteckigem Querschnitt (Breite b, Höhe h) herrscht über die
gesamte Länge eine konstante Temperaturdifferenz $T_u - T_o$.

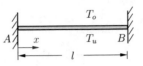

Wie groß sind die Verformung des Balkens und welche maximalen Spannungen treten auf?

Lösung   Der Balken ist zweifach statisch unbestimmt. Wir wählen als
Überzählige das Einspannmoment $X_1 = M_B$ und die Lagerkraft $X_2 = B$ und superponieren die drei (statisch bestimmten) Systeme:

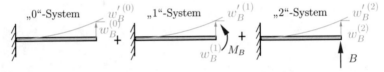

Die Verformung im „0"-System folgt mit dem Temperaturmoment

$$M_{\Delta T} = EI \alpha_T (T_u - T_o)/h$$

aus der Grundgleichung $w''^{(0)} = -M_{\Delta T}/EI$ unter Beachtung der Randbedingungen $w^{(0)}(0) = 0$, $w'^{(0)}(0) = 0$ zu

$$w'^{(0)}(x) = -\frac{M_{\Delta T}}{EI}\, x\,, \qquad w^{(0)}(x) = -\frac{M_{\Delta T}}{EI}\, \frac{x^2}{2}\,.$$

Wegen der Einspannung in B gelten die Kompatibilitätsbedingungen

$$w_B = w_B^{(0)} + w_B^{(1)} + w_B^{(2)} = 0\,, \qquad w'_B = w_B'^{(0)} + w_B'^{(1)} + w_B'^{(2)} = 0\,.$$

Mit der Biegelinientafel auf Seite 70 erhält man

$$-\frac{M_{\Delta T}}{EI}\, l - \frac{M_B l}{EI} - \frac{B l^2}{2EI} = 0\,, \qquad -\frac{M_{\Delta T}}{EI}\, \frac{l^2}{2} - \frac{M_B l^2}{2EI} - \frac{B l^3}{3EI} = 0\,.$$

Auflösung ergibt

$$B = 0\,, \qquad M_B = -M_{\Delta T}\,.$$

Da $M_B = M = \text{const}$ über die gesamte Balkenlänge, folgt die Verformung aus

$$w'' = -\frac{M + M_{\Delta T}}{EI} = 0 \qquad \text{zu} \qquad \underline{w \equiv 0}\,.$$

Die maximale Spannung wird mit dem Widerstandsmoment $W = bh^2/6$

$$\underline{\underline{|\sigma_{\max}| = \frac{|M|}{W} = 6\,\frac{M_{\Delta T}}{bh^2}}}\,.$$

Aufgabe 3.28   Für den
dargestellten Rahmen er-
mittle man die Lagerreak-
tionen.

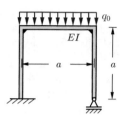

A3.28

Lösung   Wir lösen das rechte Lager aus und wählen B als statisch
Überzählige.

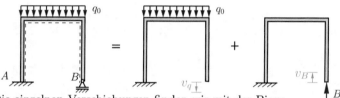

Die einzelnen Verschiebungen finden wir mit der Biegelinientafel durch Superposition:

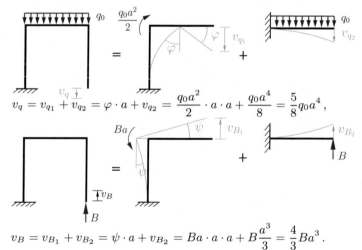

$$v_q = v_{q_1} + v_{q_2} = \varphi \cdot a + v_{q_2} = \frac{q_0 a^2}{2} \cdot a \cdot a + \frac{q_0 a^4}{8} = \frac{5}{8} q_0 a^4 \,,$$

$$v_B = v_{B_1} + v_{B_2} = \psi \cdot a + v_{B_2} = Ba \cdot a \cdot a + B \frac{a^3}{3} = \frac{4}{3} Ba^3 \,.$$

Einsetzen in die Verträglichkeit (Lager bei B) liefert die Lagerkraft B:

$$v_q = v_B \qquad \rightsquigarrow \qquad \underline{\underline{B = \frac{15}{32} q_0 a}} \,.$$

Damit folgt aus den Gleichgewichtsbedingungen

$$\underline{\underline{A = \frac{17}{32} q_0 a}} \qquad \text{und} \qquad \underline{\underline{M_A = -\frac{1}{32} q_0 a^2}} \,.$$

A3.29   **Aufgabe 3.29**   Eine Behelfsbrücke, die auf beiden Ufern gelagert ist, stützt sich in der Mitte zusätzlich auf einen Ponton (Quader mit Querschnitt A in der Wasserfläche). Die Brücke wird durch eine konstante Gleichstreckenlast q_0 belastet.

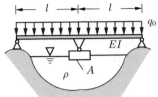

Geg.: Dichte des Wassers ρ, $EI/Al^3\rho g = 1/12$.

Gesucht ist die Eintauchtiefe f des Pontons infolge q_0.

Lösung   Das System ist statisch *unbestimmt* gelagert. Wir fassen die Pontonkraft als statisch Überzählige auf und superponieren:

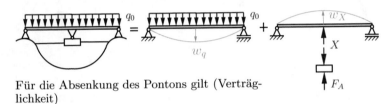

Für die Absenkung des Pontons gilt (Verträglichkeit)

$$f = w_q - w_x\,.$$

Nach dem Prinzip des ARCHIMEDES ist die Auftriebskraft F_A gleich dem Gewicht der verdrängten Flüssigkeit (siehe auch Kapitel 7), d. h. es gilt

$$X = F_A = \rho g f A \quad\rightsquigarrow\quad f = \frac{X}{\rho g A}\,.$$

Die Biegelinientafel auf Seite. 70 liefert

$$\text{Nr. 2}: \quad w_q = \frac{5}{384}\frac{q_0(2l)^4}{EI}\,, \qquad \text{Nr. 1}: \quad w_x = \frac{X(2l)^3}{48EI}\,.$$

Durch Einsetzen folgt

$$\frac{X}{\rho g A} = \frac{5}{384}\frac{q_0 16 l^4}{EI} - \frac{X 8 l^3}{48 EI} \quad\rightsquigarrow\quad X = \frac{\dfrac{5}{24}\dfrac{q_0 l^4}{EI}}{\dfrac{1}{6}\dfrac{l^3}{EI} + \dfrac{1}{\rho g A}} = \frac{5}{6}q_0 l\,.$$

Die Eintauchtiefe beträgt damit

$$\underline{\underline{f}} = \frac{X}{\rho g A} = \frac{\dfrac{5}{6}q_0 l}{\rho g A}\frac{EI}{EI}\frac{l^3}{l^3} = \underline{\underline{\frac{5}{72}\frac{q_0 l^4}{EI}}}\,.$$

Aufgabe 3.30 Ein elastisches
Seil (Gesamtlänge s) ist an einer Wand befestigt und in C reibungsfrei über eine kleine Rolle
geführt. Die Rolle sitzt am Ende eines dehnstarren Balkens.

Wie weit senkt sich die Last Q
ab?

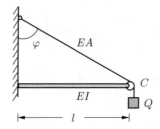

Lösung Die Absenkung von Q ergibt sich aus der Längenänderung

$$\Delta s = \frac{Q\,s}{EA}$$

des Seils und einem Anteil δ der Geometrieänderung infolge der Absenkung der Rolle. Letztere ermittelt sich aus der Vertikalbelastung des
Balkens

$$V = Q - S\cos\varphi = Q(1 - \cos\varphi)$$

zu

$$w = \frac{Vl^3}{3EI} = \frac{Q(1 - \cos\varphi)l^3}{3EI}\,.$$

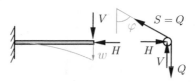

Die daraus resultierende Absenkung δ der Last Q folgt aus

$$\delta = w + a_n - a_v$$

$$= w + (s - b_n) - (s - b_v)$$

$$= w + b_v - b_n$$

mit

$$b_n - b_v = w\cos\varphi \qquad (\text{für } w \ll b_v)\,.$$

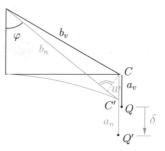

Damit wird die Absenkung von Q

$$\underline{\underline{v_Q}} = \delta + \Delta s = w(1 - \cos\varphi) + \frac{Qs}{EA} = Q\left[\frac{s}{EA} + \frac{l^3(1 - \cos\varphi)^2}{3EI}\right]\,.$$

A3.31

Aufgabe 3.31 Nebenstehendes Tragwerk mit dem Steifigkeitsverhältnis $\alpha = EI/a^2EA$ ist durch die Kraft F belastet.

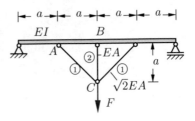

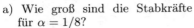

a) Wie groß sind die Stabkräfte für $\alpha = 1/8$?
b) Wie groß muss α sein, damit $S_2 = 0$ wird?
c) Für welches α wird $M_B = 0$?

Lösung Das System ist innerlich statisch unbestimmt. Wir trennen zunächst den mittleren Stab heraus (Grundsystem):

Aus dem Gleichgewicht in C folgt $S_1^{(0)} = \sqrt{2}F/2$. Damit wird der Balken durch die Komponenten $F/2$ belastet. Mit der Biegelinientafel (Lastfall Nr. 1) erhalten wir die Durchbiegung an der Stelle A zu

$$EI\, w_A^{(0)} = \frac{F}{2}\frac{(4a)^3}{6}\left[\frac{3}{4}\cdot\frac{1}{4}\left(1 - \frac{9}{16} - \frac{1}{16}\right) + \frac{1}{4}\cdot\frac{1}{4}\left(1 - \frac{1}{16} - \frac{1}{16}\right)\right] = \frac{2}{3}Fa^3$$

und an der Stelle B zu

$$EI\, w_B^{(0)} = 2\cdot\frac{F}{2}\frac{(4a)^3}{6}\frac{1}{4}\cdot\frac{1}{2}\left(1 - \frac{1}{16} - \frac{1}{4}\right) = \frac{11}{12}Fa^3.$$

Infolge der Stabverlängerungen Δl_1 erfährt der Punkt C zusätzlich eine Absenkung

$$w_C^{(0)} = \Delta l_1\sqrt{2} = \frac{S_1 l_1}{\sqrt{2}EA}\sqrt{2} = \frac{\frac{1}{2}\sqrt{2}\,Fa\sqrt{2}}{\sqrt{2}\,EA}\sqrt{2} = \frac{Fa}{EA}.$$

Insgesamt verschiebt sich daher C um

$$v_C^{(0)} = w_B^{(0)} + w_C^{(0)} = \frac{2}{3}\frac{Fa^3}{EI} + \frac{Fa}{EA}.$$

Nun belasten wir das System durch die noch unbekannte Stabkraft $S_2 = X$ und betrachten die Lastfälle einzeln:

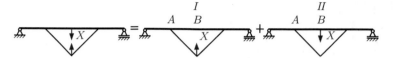

Im Teilsystem I verschieben sich die Punkte wie im Grundsystem, wenn man F durch $-X$ ersetzt, d.h.

$$v_C^{(I)} = -\frac{2}{3}\frac{Xa^3}{EI} - \frac{Xa}{EA}, \qquad w_B^{(I)} = -\frac{11}{12}\frac{Xa^3}{EI}.$$

Die Verschiebungen im Teilsystem II folgen wieder mit der Biegelinientafel zu

$$w_B^{(II)} = \frac{X(4a)^3}{48EI} = \frac{4}{3}\frac{Xa^3}{EI},$$

$$v_C^{(II)} = w_A^{(II)} = \frac{X(4a)^3}{6EI}\left\{\frac{1}{2}\frac{1}{4}\left(1 - \frac{1}{4} - \frac{1}{16}\right)\right\} = \frac{11}{12}\frac{Xa^3}{EI}.$$

Die Verträglichkeit verlangt, dass die Differenz der Gesamtverschiebung der Punkte C und B gleich der Verlängerung des Stabes 2 ist:

$$v_C^{(0)} + v_C^{(I)} + v_C^{(II)} - \left[w_B^{(0)} + w_B^{(I)} + w_B^{(II)}\right] = \frac{Xa}{EA}$$

oder

$$\frac{2Fa^3}{3EI} + \frac{Fa}{EA} - \frac{2Xa^3}{3EI} - \frac{Xa}{EA} + \frac{11Xa^3}{12EI} - \left(\frac{11Fa^3}{12EI} - \frac{11Xa^3}{12EI} + \frac{4Xa^3}{3EI}\right) = \frac{Xa}{EA}$$

$$\leadsto \quad \underline{\underline{X = \frac{\alpha - \frac{1}{4}}{2\alpha + \frac{1}{6}}\,F.}}$$

Damit lauten die Antworten auf die Fragen:

zu a) $\quad X = \underline{\underline{S_2}} = \frac{\frac{1}{8} - \frac{1}{4}}{\frac{1}{4} + \frac{1}{6}}F = \underline{-\frac{3}{10}\,F}, \quad \underline{\underline{S_1}} = \frac{1}{2}\sqrt{2}\,(F - X) = \underline{\frac{13}{20}\sqrt{2}\,F},$

zu b) $\quad S_2 = X = 0 \quad \leadsto \quad \underline{\underline{\alpha = \frac{1}{4}}},$

zu c) $\quad M_B = \frac{F}{2}2a - \left(\frac{F}{2} - \frac{X}{2}\right)a = 0 \quad \leadsto \quad X = -F,$

$$\leadsto \quad \frac{\alpha - \frac{1}{4}}{2\alpha + \frac{1}{6}}F = -F \quad \leadsto \quad \underline{\underline{\alpha = \frac{1}{36}}}.$$

Aufgabe 3.32 Über zwei eingespannte Pfosten soll ein
Stahlseil der Länge l geführt
und in den Punkten A und B
befestigt werden. Das Seil ist
um die Länge Δl zu kurz.

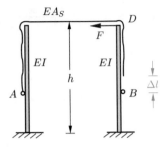

a) Welche horizontale Kraft
  F muss am rechten Pfosten in D angreifen, damit das Seil spannungs-
  frei befestigt werden
  kann?

b) Nach der Montage wird F entfernt. Wie groß sind dann
die Seilkraft und die Einspannmomente?

Lösung zu a) Die Kraft F muss den Pfosten um Δl nach links auslen-
ken. Mit der Biegelinientafel (Lastfall 5) folgt

$$\Delta l = \frac{Fh^3}{3EI} \quad \rightsquigarrow \quad \underline{\underline{F = \frac{3EI}{h^3}\,\Delta l}}\,.$$

zu b) Die Länge Δl muss von der Verlängerung Δl_S des Seils infolge einer noch unbekannten Seilkraft S und der Enddurchbiegung f_S
beider Pfosten infolge derselben Kräfte S aufgebracht werden. Aus der
Verträglichkeitsbedingung

$$\Delta l = \Delta l_S + f_S + f_S$$

ergibt sich danach

$$\Delta l = \frac{Sl}{EA_S} + \frac{Sh^3}{3EI} + \frac{Sh^3}{3EI} \quad \rightsquigarrow \quad \underline{\underline{S = \frac{\Delta l}{l}EA_S\frac{1}{1+\dfrac{2}{3}\dfrac{h^3 EA_S}{lEI}}}}\,.$$

Die Einspannmomente werden dann

$$\underline{\underline{M = hS = \frac{\Delta l}{l}EA_S h\frac{1}{1+\dfrac{2}{3}\dfrac{h^3 EA_S}{lEI}}}}\,.$$

Aufgabe 3.33   Ein ebener Rahmen ist durch 2 Kräfte in C und D belastet.

Man ermittle die gegenseitige Horizontalverschiebung Δu von C und D.

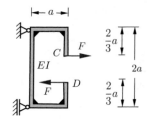

Lösung Um die Biegelinientafel anwenden zu können, müssen wir die Verformungen der einzelnen Balken getrennt betrachten und dann überlagern.

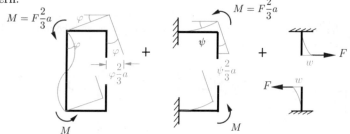

C verschiebt sich um $\varphi \cdot \dfrac{2}{3} a + \psi \cdot \dfrac{2}{3} a + w$ nach rechts,

D verschiebt sich um $\varphi \cdot \dfrac{2}{3} a + \psi \cdot \dfrac{2}{3} a + w$ nach links.

Damit wird die gegenseitige Verschiebung

$$\Delta u = 2 \left[\varphi \cdot \frac{2}{3} a + \psi \cdot \frac{2}{3} a + w \right] .$$

Mit der Biegelinientafel auf Seite 70 folgt:

Lastfall Nr. 2 $EI \, \varphi = \left(\dfrac{2}{3} Fa \right) \dfrac{2a}{3} - \left(\dfrac{2}{3} Fa \right) \dfrac{2a}{6} = \dfrac{2}{9} Fa^2 \, ,$

Lastfall Nr. 8 $EI \, \psi = \left(\dfrac{2}{3} Fa \right) a = \dfrac{2}{3} Fa^2 \, ,$

Lastfall Nr. 5 $EI \, w = \dfrac{F \left(\dfrac{2}{3} a \right)^3}{3} = \dfrac{8}{81} Fa^3 \, .$

Damit erhält man

$$\underline{\underline{\Delta u}} = 2 \left(\frac{4}{27} + \frac{4}{9} + \frac{8}{81} \right) \frac{Fa^3}{EI} = \underline{\underline{\frac{112}{81} \frac{Fa^3}{EI}}} \, .$$

Anmerkung: Wegen der Antimetrie des Systems sind die *Vertikalverschiebungen* von C und D gleich.

A3.34   Aufgabe 3.34   Nebenstehender Dreigelenkbogen ist durch ein Einzelmoment M_0 belastet.

Man berechne die gegenseitige Verdrehung $\Delta\varphi_G$ am Gelenk.

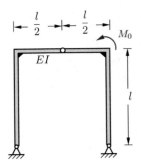

Lösung   Zweckmäßig zerlegt man die Belastung in einen symmetrischen und einen antimetrischen Anteil:

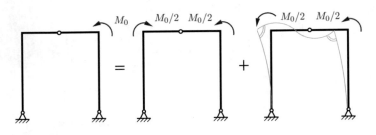

Unter *anti*metrischer Last tritt am Gelenk *keine* Winkeldifferenz auf. Beim *symmetrisch* belasteten Rahmen genügt es, eine Hälfte zu betrachten. Die Winkeländerung ψ resultiert alleine aus der Biegung des Pfostens (im Querriegel wirkt nur eine Längskraft). Damit folgt aus der Biegelinientafel auf Seite 70 (Lastfall Nr. 4 mit $\beta = 1$ und $\alpha = 0$)

$$\psi = \frac{\dfrac{M_0}{2}l}{3EI} = \frac{M_0 l}{6EI}.$$

Für die gegenseitige Verdrehung erhält man schließlich

$$\underline{\underline{\Delta\varphi_G = 2\psi = \frac{M_0 l}{3EI}}}.$$

Aufgabe 3.35 Für den Träger mit
dünnwandigem Profil berechne man
die Verschiebungen des Kraftangriffspunktes.

A3.35

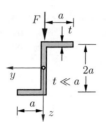

Lösung Bei unsymmetrischem Querschnitt tritt schiefe Biegung auf.
Die Verschiebungen errechnen sich daher aus den zwei Verschiebungsdifferentialgleichungen. Mit den Schnittmomenten

$$M_y = -F(l-x)\,, \qquad M_z = 0$$

und den Flächenmomenten für den dünnwandigen Querschnitt

$$I_y = \frac{t(2a)^3}{12} + 2(at)a^2 = \frac{8}{3}ta^3\,, \qquad I_z = \frac{2}{3}ta^3\,,$$
$$I_{yz} = -2(ta)a\frac{a}{2} = -ta^3\,, \qquad \Delta = I_y I_z - I_{yz}^2 = \frac{7}{9}t^2a^6$$

folgen

$$Ew'' = -\frac{M_y I_z}{\Delta} = \frac{6}{7}\frac{F}{ta^3}(l-x)\,,$$
$$Ew' = -\frac{3}{7}\frac{F}{ta^3}(l-x)^2 + C_1\,,$$
$$Ew = \frac{1}{7}\frac{F}{ta^3}(l-x)^3 + C_1 x + C_2$$

und

$$Ev'' = -\frac{M_y I_{yz}}{\Delta} = -\frac{9}{7}\frac{F}{ta^3}(l-x)\,,$$
$$Ev' = \frac{9}{14}\frac{F}{ta^3}(l-x)^2 + C_3\,,$$
$$Ev = -\frac{3}{14}\frac{F}{ta^3}(l-x)^3 + C_3 x + C_4\,.$$

Aus den Randbedingungen erhält man

$$v'(0) = 0 \rightsquigarrow \quad C_3 = -\frac{9}{14}\frac{Fl^2}{ta^3}\,, \quad w'(0) = 0 \rightsquigarrow \quad C_1 = \frac{3}{7}\frac{Fl^2}{ta^3}\,,$$
$$v(0) = 0 \rightsquigarrow \quad C_4 = \frac{3}{14}\frac{Fl^3}{ta^3}\,, \quad w(0) = 0 \rightsquigarrow \quad C_2 = -\frac{1}{7}\frac{Fl^3}{ta^3}\,.$$

Damit werden die Verschiebungen am Lastangriffspunkt $x = l$

$$\underline{\underline{w(l) = \frac{2}{7}\frac{Fl^3}{Eta^3}}} \quad, \qquad \underline{\underline{v(l) = -\frac{3}{7}\frac{Fl^3}{Eta^3}}}\,.$$

Anmerkung: Man beachte, dass trotz *vertikaler* Last die *horizontale* Verschiebung größer ist. Das Profil weicht bevorzugt zur Seite des klei-
neren Trägheitsmomentes aus!

Aufgabe 3.36   Der Balken auf zwei Stützen ist durch eine Gleichstreckenlast beansprucht.

Gesucht ist die Verschiebung des Schwerpunktes der Querschnittsfläche in Balkenmitte infolge Biegung.

Geg.: $l = 2$ m ,

$\qquad E = 2,1 \cdot 10^5$ MPa ,

$\qquad q_0 = 10^4$ N/m .

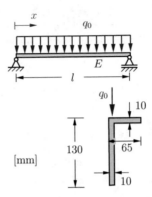

[mm]

Lösung Zunächst berechnen wir die Querschnittswerte:

$$A = 65 \cdot 10 + 120 \cdot 10 = 1850 \text{ mm} ,$$

$$\zeta_S = \frac{(65 \cdot 10) \cdot 5 + (120 \cdot 10) \cdot 70}{1850} = 47,16 \text{ mm} ,$$

$$\eta_S = \frac{(65 \cdot 10) \cdot 32,5 + (120 \cdot 10) \cdot 5}{1850} = 14,66 \text{ mm} ,$$

$$I_y = \frac{65 \cdot 10^3}{12} + (42,16)^2(65 \cdot 10) + \frac{10 \cdot 120^3}{12} + (22,84)^2(10 \cdot 120)$$

$$= 322,7 \text{ cm}^4 ,$$

$$I_z = \frac{10 \cdot 65^3}{12} + (17,84)^2(65 \cdot 10) + \frac{120 \cdot 10^3}{12} + (9,66)^2(10 \cdot 120)$$

$$= 55,8 \text{ cm}^4 ,$$

$$I_{yz} = -(-17,84)(-42,16)(65 \cdot 10) - (22,84)(9,66)(10 \cdot 120)$$

$$= -75,4 \text{ cm}^4 ,$$

$$\Delta = I_y I_z - I_{yz}^2 = 12321,5 \text{ cm}^8 .$$

Die Belastung verursacht nur ein Moment um die y-Achse:

$$M_y(x) = \frac{q_0 l}{2}x - q_0\frac{x^2}{2} .$$

Damit vereinfachen sich die Grundgleichungen zu

$$Ew'' = -\frac{M_y I_z}{\Delta}, \qquad Ev'' = -\frac{M_y I_{yz}}{\Delta}.$$

Zweifache Integration führt auf

$$Ew' = -\frac{I_z}{\Delta}\,\frac{q_0}{2}\left(l\frac{x^2}{2} - \frac{x^3}{3} + C_1\right),$$

$$Ew = -\frac{I_z}{\Delta}\,\frac{q_0}{2}\left(l\frac{x^3}{6} - \frac{x^4}{12} + C_1 x + C_2\right),$$

$$Ev' = -\frac{I_{yz}}{\Delta}\,\frac{q_0}{2}\left(l\frac{x^2}{2} - \frac{x^3}{3} + C_3\right),$$

$$Ev = -\frac{I_{yz}}{\Delta}\,\frac{q_0}{2}\left(l\frac{x^3}{6} - \frac{x^4}{12} + C_3 x + C_4\right).$$

Mit den Randbedingungen

$$w(0) = 0 \quad \rightsquigarrow \quad C_2 = 0, \qquad v(0) = 0 \quad \rightsquigarrow \quad C_4 = 0,$$

$$w(l) = 0 \quad \rightsquigarrow \quad C_1 = -\frac{l^3}{12}, \quad v(l) = 0 \quad \rightsquigarrow \quad C_3 = -\frac{l^3}{12}$$

und der Abkürzung $\xi = \dfrac{x}{l}$ ergibt sich

$$Ew = \frac{q_0 l^4}{24}\left\{\xi^4 - 2\xi^3 + \xi\right\}\frac{I_z}{\Delta},$$

$$Ev = \frac{q_0 l^4}{24}\left\{\xi^4 - 2\xi^3 + \xi\right\}\frac{I_{yz}}{\Delta}.$$

In der Balkenmitte ($\xi = 1/2$) nimmt die geschweifte Klammer den Wert
5/16 an und wir finden mit den Zahlenwerten (umgerechnet in cm)

$$\underline{\underline{w}} = 10^2 \cdot 200^4\,\frac{5}{384}\,\frac{55,8}{12321,5}\cdot\frac{1}{2,1\cdot 10^7} = \underline{\underline{0,45\text{ cm}}},$$

$$\underline{\underline{v}} = 10^2 \cdot 200^4\,\frac{5}{384}\,\frac{-75,4}{12321,5}\cdot\frac{1}{2,1\cdot 10^7} = \underline{\underline{-0,61\text{ cm}}},$$

$$\underline{\underline{f}} = \sqrt{w^2 + v^2} = \underline{\underline{0,76\text{ cm}}}.$$

A3.37

Aufgabe 3.37 In der Mitte eines Trägers greift eine Last F an. Der dünnwandige Querschnitt wurde durch Abkanten von 2 mm dickem Aluminiumblech hergestellt.

Gesucht ist die Verschiebung unter der Last.

Geg.: $l = 2$ m ,

$\quad\quad E = 7 \cdot 10^4$ MPa ,

$\quad\quad F = 1200$ N .

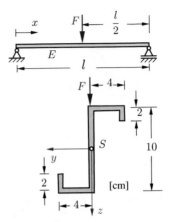

Lösung Die Verschiebungen kann man bezüglich des y, z-Achsensystems oder bezüglich der Hauptachsen bestimmen. Wir wollen beide Möglichkeiten betrachten.

1. Weg: Die Schwerpunktslage ist bekannt. In Bezug auf das y, z-Achsensystem findet man

$$I_y = \frac{0,2 \cdot 10^3}{12} + \left(\frac{0,2 \cdot 10^3}{12} - \frac{0,2 \cdot 6^3}{12}\right) + 2 \cdot 5^2 \cdot 0,2 \cdot 4 = 69,73 \text{ cm}^4 ,$$

$$I_z = \frac{0,2 \cdot 8^3}{12} + 2 \cdot 4^2 \cdot 0,2 \cdot 2 = 21,33 \text{ cm}^4 ,$$

$$I_{yz} = -2\{5 \cdot 2 \cdot 0,2 \cdot 4 + 4 \cdot 4 \cdot 0,2 \cdot 2\} = -28,8 \text{ cm}^4 ,$$

$$\Delta = I_y I_z - I_{yz}^2 = 657,9 \text{ cm}^8 .$$

Mit den Momenten $\quad M_y = \dfrac{F}{2}x, \quad M_z = 0 \quad$ für $0 \le x \le l/2$ (Symmetrie!) folgen die Verschiebungsdifferentialgleichungen

$$E w'' = -\frac{F I_z}{2 \Delta} x , \qquad E v'' = -\frac{F I_{yz}}{2 \Delta} x .$$

Nach Integration und Einarbeiten der Randbedingungen erhält man für die Durchbiegung in der Mitte (vgl. auch Biegelinientafel)

$$\underline{\underline{w}} = \frac{F l^3}{48 E} \frac{I_z}{\Delta} = \frac{1200 \cdot 200^3}{48 \cdot 7 \cdot 10^6} \cdot \frac{21,33}{657,9} = \underline{\underline{0,93 \text{ cm}}} ,$$

$$\underline{\underline{v}} = \frac{F l^3}{48 E} \frac{I_{yz}}{\Delta} = \frac{1200 \cdot 200^3}{48 \cdot 7 \cdot 10^6} \cdot \frac{(-28,8)}{657,9} = \underline{\underline{-1,25 \text{ cm}}} ,$$

$$\underline{\underline{f}} = \sqrt{w^2 + v^2} = \underline{\underline{1,56 \text{ cm}}} .$$

2. Weg: Wir beziehen uns auf ein Hauptachsensystem. Nach Band 1 folgen die Hauptrichtungen und die Hauptträgheitsmomente aus

$$\tan 2\varphi^* = \frac{2I_{yz}}{I_y - I_z} = -1,19 \quad \leadsto \quad \varphi^* = -24,98°$$

$$I_{1,2} = \frac{91,06}{2} \pm \sqrt{24,2^2 + 28,8^2}$$

$$\leadsto \quad I_1 = I_\eta = 83,15 \text{ cm}^4 \, , \quad I_2 = I_\zeta = 7,91 \text{ cm}^4 \, .$$

Zerlegen wir die Last in Richtung der Hauptachsen,

$$F_\zeta = F\cos\psi^* = 0,906\, F \, , \qquad F_\eta = -F\sin\psi^* = 0,422\, F \, ,$$

so folgen die gesuchten Verschiebungen nach der Biegelinientafel (Lastfall Nr. 1) zu

$$f_\eta = \frac{F_\eta l^3}{48EI_\zeta} = -\frac{1200 \cdot 0,422 \cdot 200^3}{48 \cdot 7 \cdot 10^6 \cdot 7,91} = -1,52 \text{ cm} \, ,$$

$$f_\zeta = \frac{F_\zeta l^3}{48EI_\eta} = \frac{1200 \cdot 0,906 \cdot 200^3}{48 \cdot 7 \cdot 10^6 \cdot 83,15} = 0,31 \text{ cm} \, ,$$

$$\underline{\underline{f}} = \sqrt{f_\eta^2 + f_\zeta^2} = 1,55 \text{ cm} \, .$$

Zum Vergleich mit der Lösung nach dem 1. Weg rechnen wir diese Verschiebungen noch ins y, z-Koordinatensystem um:

$$\underline{\underline{|v|}} = |f_\eta|\cos\psi^* - f_\zeta\sin\psi^* = 1,25 \text{ cm} \, ,$$

$$\underline{\underline{w}} = |f_\eta|\sin\psi^* + f_\zeta\cos\psi^* = 0,93 \text{ cm} \, .$$

Anmerkung: Da wir bei der Zahlenrechnung nur 2 Dezimalen berücksichtigt haben, weichen die Ergebnisse für f in der 2. Dezimalen voneinander ab.

A3.38 Aufgabe 3.38 Ein aus zwei verschiedenen Materialien zusam-
mengesetzter Balken (z. B. Bi-
metallstreifen zur Messung von
Temperaturen) wird gleichmäßig
um ΔT erwärmt.

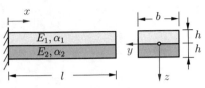

Gesucht ist die Durchbiegung am freien Ende.

Lösung Wir nehmen an, dass die Spannungen in jedem Streifen linear
verteilt sind und ersetzen sie jeweils durch eine resultierende Kraft F_i
und ein Moment M_i. Wenn wir $\alpha_2 > \alpha_1$ voraussetzen, möchte sich der
untere Streifen stärker ausdeh-
nen als der obere. Da dies durch
die Verbindung verhindert
wird, muss unten eine Druckkraft F_2 und oben eine Zug-

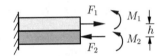

kraft F_1 auftreten. F_1 und F_2 bewirken im zusammengesetzten Balken
ein Moment, dem durch die Biegemomente M_1 und M_2 das Gleichgewicht gehalten wird (es wirkt keine äußere Last!). Es müssen daher
folgende Gleichungen erfüllt werden:

Statik $\qquad\qquad N = 0 \quad \leadsto \quad F_1 = F_2 = F$,

$\qquad\qquad\qquad M = 0 \quad \leadsto \quad Fh = M_1 + M_2$,

Elastizitätsgesetze $\quad w_1'' = -\dfrac{M_1}{E_1}\dfrac{12}{bh^3}$, $\quad w_2'' = -\dfrac{M_2}{E_2}\dfrac{12}{bh^3}$.

Die kinematische Verträglichkeit verlangt

$$w_1'' = w_2'' = w'' .$$

Außerdem müssen an der Nahtstelle die Dehnungen übereinstimmen.
Sie bestehen jeweils aus den 3 Anteilen infolge Temperatur $\alpha_1 \Delta T$,
Längskraft F/EA und Biegemoment M/EW. Unter Beachtung der
Vorzeichen gilt daher

$$\alpha_1 \Delta T + \frac{F}{bhE_1} + \frac{M_1 6}{E_1 bh^2} = \alpha_2 \Delta T - \frac{F}{bhE_2} - \frac{M_2 6}{E_2 bh^2} .$$

Eliminieren von M_i und Auflösen nach w'' ergibt

$$w'' = -\frac{12 E_1 E_2 (\alpha_2 - \alpha_1) \Delta T}{h(E_1^2 + 14 E_1 E_2 + E_2^2)} = -C .$$

Integration liefert unter Einarbeitung
der Randbedingungen (Einspannung)
die Enddurchbiegung

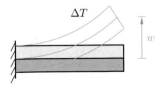

$$\underline{\underline{w = -C \frac{l^2}{2} .}}$$

Aufgabe 3.39   An einem Verbundträger, bestehend aus einer Betonplatte (B) und einem
Stahlprofil (S), wurden mit Hilfe
von Dehnmessstreifen die Verzerrungen an der Ober- und Unterseite gemessen.

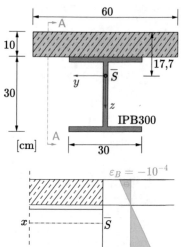

A3.39

Gesucht sind die Schnittgrößen
M_y und N, welche die gemessenen Dehnungen hervorrufen sowie die Verteilung der wahren
und der ideellen Spannungen.

Geg.: $E_B = 3000 \text{ kN/cm}^2$,

$\quad E_S = 21000 \text{ kN/cm}^2$,

$\quad A_S = 149 \text{ cm}^2$,

$\quad I_{y,S} = 25170 \text{ cm}^4$.

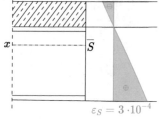

Lösung Die wahren Spannungen ergeben sich aus dem Elastizitätsgesetz:

$$\sigma(z = -17{,}7 \text{ cm}) = E_B\,\varepsilon_B = 3000 \text{ kN/cm}^2 \cdot (-10^{-4}) = -0{,}3 \text{ kN/cm}^2,$$

$$\sigma(z = -7{,}7 \text{ cm}) = 0 \text{ kN/cm}^2,$$

$$\sigma(z = 22{,}3 \text{ cm}) = E_S\,\varepsilon_S = 21000 \text{ kN/cm}^2 \cdot (3 \cdot 10^{-4}) = 6{,}3 \text{ kN/cm}^2.$$

Mit dem Bezugswert E_B für den Beton ergeben sich die Wichtungen

$$n_B = \frac{E_B}{E_B} = 1 \quad \text{und} \quad n_S = \frac{E_S}{E_B} = 7.$$

Für die ideellen Spannungen folgt somit

$$\bar{\sigma}(z = -17{,}7 \text{ cm}) = \frac{1}{n_B}\sigma(z = -17{,}7 \text{ cm}) = -0{,}3 \text{ kN/cm}^2,$$

$$\bar{\sigma}(z = 22{,}3 \text{ cm}) = \frac{1}{n_S}\sigma(z = 22{,}3 \text{ cm}) = 0{,}9 \text{ kN/cm}^2.$$

Die Ergebnisse sind in der folgenden Abbildung grafisch dargestellt.

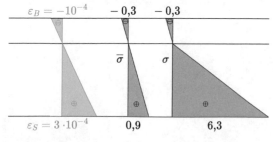

Die ideellen Querschnittswerte $\bar{A}$ und $\bar{I}_y$ ergeben sich zu:

$$\bar{A} = n_B\,A_B + n_S\,A_S = (1 \cdot 60 \cdot 10 + 7 \cdot 149)\,\mathrm{cm}^2\,,$$

$$\bar{A} = 1643\,\mathrm{cm}^2\,,$$

$$\bar{I}_y = n_S I_{y,S} + n_B I_{y,B} + \sum\nolimits_{I=B,S} n_I \cdot \text{Steiner-Anteile}\,,$$

$$= \left(7 \cdot 25170 + 1 \cdot \frac{60 \cdot 10^3}{12} + 7 \cdot 149 \cdot (15 + 10 - 17{,}7)^2 \right.$$
$$\left. + 1 \cdot 60 \cdot 10 \cdot (17{,}7 - 5)^2 \right)\,\mathrm{cm}^4,$$

$$\bar{I}_y = 333545{,}47\,\mathrm{cm}^4\,.$$

Die ideellen Spannungen ergeben sich aus

$$\bar{\sigma}\,(z) = \frac{N}{\bar{A}} + \frac{M_y}{\bar{I}_y}z\,.$$

Werten wir diese an der Oberkante ($z = -17{,}7$ cm) und der Unterkante ($z = 22{,}3$ cm) des Profils aus, folgen die Gleichungen

(i) $\bar{\sigma}(-17{,}7\ \mathrm{cm}) = -0{,}3\ \mathrm{kN/cm}^2 = \dfrac{N}{1643} + \dfrac{M_y}{333545{,}47} \cdot (-17{,}7)$

(ii) $\bar{\sigma}(22{,}3\ \mathrm{cm}) = 0{,}9\ \mathrm{kN/cm}^2 = \dfrac{N}{1643} + \dfrac{M_y}{333545{,}47} \cdot 22{,}3\,.$

Im nächsten Schritt subtrahieren wir Gleichung (i) von Gleichung (ii), um N zu eliminieren:

$$1{,}2 = \frac{M_y}{333545{,}47} \cdot [22{,}3 - (-17{,}7)]\,,$$

und es folgt

$$\underline{\underline{M_y}} = \frac{1{,}2 \cdot 333545{,}47}{40} = 10006{,}364\ \mathrm{kNcm} \approx \underline{\underline{100\ \mathrm{kNm}}}\,.$$

Nun setzen wir M_y in Gleichung (i) ein und lösen nach N auf:

$$\underline{\underline{N}} = 1643 \cdot \left(-0{,}3 + \frac{1000{,}634}{333545{,}47} \cdot 17{,}7\right) = \underline{\underline{379{,}5\ \mathrm{kN}}}\,.$$

Aufgabe 3.40 Der skizzierte dünnwandige Querschnitt wird durch ein Moment $M_y = 10$ kNm und eine Druckkraft $F = 6$ kN beansprucht.

A3.40

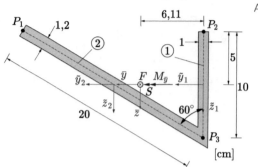

Gesucht ist die Spannungsverteilung $\sigma(y,z)$ über den Querschnitt sowie Ort und Betrag der maximalen Zugspannung.

Lösung Die Spannungsformel im Hauptachsensystem lautet:

$$\sigma(y,z) = \frac{N}{A} + \frac{M_y}{I_y}z - \frac{M_z}{I_z}y$$

Flächeninhalt des Gesamtquerschnittes $A = 1{,}2 \cdot 20 + 1 \cdot 10 = 34$ cm^2.
Fläche, Flächenträgheitsmomente des Querschnittteils 1 bzgl. $\tilde{y}_1 - \tilde{z}_1$:

$$A_1 = 10\,\text{cm}^2,\ I_{1,\tilde{y}_1} = \frac{1 \cdot 10^3}{12} = 83{,}333\,\text{cm}^4,\ I_{1,\tilde{z}_1} \approx 0,\ I_{1,\tilde{y}_1-\tilde{z}_1} = 0$$

Fläche, Flächenträgheitsmomente des Querschnittteils 2 bzgl. $\tilde{y}_2^* - \tilde{z}_2^*$:

$$A_2 = 24\,\text{cm}^2,\ I_{2,\tilde{y}_2^*} \approx 0,\ I_{2,\tilde{z}_2^*} = \frac{1{,}2 \cdot 20^3}{12} = 800\,\text{cm}^4,\ I_{2,\tilde{y}_2^*-\tilde{z}_2^*} = 0$$

Die Trägheitsmomente des Querschnittsteils 2 müssen in das $\tilde{y}_2 - \tilde{z}_2$ Koordinatensystem transformiert werden. Drehung um $30°$ gegen den Uhrzeigersinn:

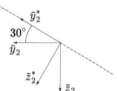

$$I_{2,\tilde{y}_2} = \tfrac{1}{2} \cdot 800 + \tfrac{1}{2} \cdot (-800) \cdot \cos(2 \cdot 30°) = 200\,\text{cm}^4,$$

$$I_{2,\tilde{z}_2} = \tfrac{1}{2} \cdot 800 - \tfrac{1}{2} \cdot (-800) \cdot \cos(2 \cdot 30°) = 600\,\text{cm}^4,$$

$$I_{2,\tilde{y}_2-\tilde{z}_2} = -\tfrac{1}{2} \cdot (-800) \cdot \sin(2 \cdot 30°) = 346{,}410\,\text{cm}^4.$$

Flächenträgheitsmomente, Deviationsmoment des gesamten Querschnitts:

$$I_{\tilde{y}} = I_{1,\tilde{y}_1} + I_{2,\tilde{y}_2} = 83{,}333 + 200 = 283{,}333\,\text{cm}^4,$$

$$I_{\tilde{z}} = I_{1,\tilde{z}_1} + I_{2,\tilde{z}_2} + \text{Steineranteile}$$

$$= 600 + (-6{,}11)^2 \cdot 10 + \left(\tfrac{20}{2} \cdot \cos(30°) - 6{,}11\right)^2 \cdot 24 = 1129{,}412\,\text{cm}^4,$$

$$I_{\tilde{y}\tilde{z}} = I_{2,\tilde{y}_2-\tilde{z}_2} = 346{,}41\,\text{cm}^4.$$

Zur Bestimmung des Hauptachsensystems berechnen wir den Winkel

$$2\varphi_0 = \arctan\left(\frac{2\,I_{\bar{y}\bar{z}}}{I_{\bar{y}} - I_{\bar{z}}}\right) = \arctan\left(\frac{2\cdot 346{,}41}{283{,}333 - 1129{,}412}\right) = -39{,}31°.$$

Daraus folgt für die Hauptträgheitsmomente

$$I_y = \tfrac{1}{2}\cdot(I_{\bar{y}} + I_{\bar{z}}) + \tfrac{1}{2}\cdot(I_{\bar{y}} - I_{\bar{z}})\cdot\cos(-39{,}31°) + I_{\bar{y}\bar{z}}\cdot\sin(-39{,}31°)$$
$$= 159{,}598 \text{ cm}^4,$$
$$I_z = \tfrac{1}{2}\cdot(I_{\bar{y}} + I_{\bar{z}}) - \tfrac{1}{2}\cdot(I_{\bar{y}} - I_{\bar{z}})\cdot\cos(-39{,}31°) - I_{\bar{y}\bar{z}}\cdot\sin(-39{,}31°)$$
$$= 1253{,}147 \text{ cm}^4.$$

Zerlegung des angreifenden Moments $M_{\bar{y}}$ ins Hauptsystem:

$$M_y = M_{\bar{y}}\cdot\cos(19{,}66°) = 941{,}706 \text{ kNcm},$$
$$M_z = M_{\bar{y}}\cdot\sin(19{,}66°) = 336{,}438 \text{ kNcm}.$$

Mit $N = F = -6\text{ kN}$ liefert die Spannungsformel

$$\sigma(y,z) = -\frac{6}{34} + \frac{941{,}706}{159{,}598}\,z - \frac{336{,}438}{1253{,}147}\,y.$$

Nun werten wir die Spannungen an den Eckpunkten P_1, P_2 und P_3 aus.

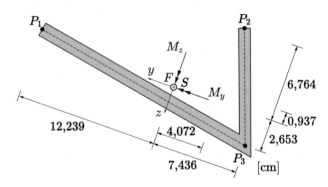

Es berechnen sich die Spannungen zu

$$\sigma(12{,}239; -0{,}937) = -8{,}991 \text{ kN/cm}^2,$$
$$\sigma(-4{,}072; -6{,}764) = -38{,}997 \text{ kN/cm}^2,$$
$$\sigma(-7{,}436; +2{,}653) = +17{,}475 \text{ kN/cm}^2.$$

Die maximale Zugspannung tritt im Punkt $P_3(-7{,}436;\ 2{,}653)$ auf.

Aufgabe 3.41 Das aus drei Rundhölzern gleichen Querschnitts und glei-   A3.41
cher Länge zusammengesetzte System ist so zu bemessen, dass

a) die zulässigen Biegespannungen von $\sigma_{\text{zul.}} = 10 \text{ N/mm}^2$ an keiner
Stelle überschritten werden und

b) die größte Durchbiegung w des Systems kleiner als $l/100$ bleibt.

Geg.: $E_{\text{Holz}} = 10^4 \text{ N/mm}^2$, $\sigma_{\text{zul.}} = 10 \text{ N/mm}^2$, $w_{\text{zul.}} = \frac{l}{100}$, $l = 3$ m.

System: Querschnitt:

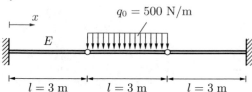

Lösung **zu a)** Zur Bemessung der Rundhölzer für die gegebene zulässige
Biegespannung $\sigma_{\text{zul.}}$ bestimmen wir zunächst den Momentenverlauf.
Das betragsmäßig größte Moment
tritt in den Einspannungen auf:

$$M_{\text{max}} = -\frac{q_0\, l^2}{2}.$$

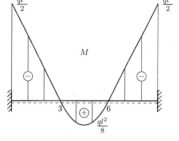

Aus $\sigma = \frac{M}{W}$ bestimmen wir das
erforderliche Widerstandsmoment

$$W_{\text{erf.}} = \frac{|M_{\text{max}}|}{\sigma_{\text{zul.}}} = \frac{q_0\, l^2}{2 \cdot \sigma_{\text{zul.}}}.$$

Wir setzen das Widerstandsmo-
ment des Kreisquerschnitts W_{Kreis}
gleich mit $W_{\text{erf.}}$, so erhalten wir eine Bedingung zur Bestimmung des
erforderlichen Radius $r_{\text{erf.}}$ des Querschnitts:

$$W_{\text{Kreis}} = \frac{\pi\, r^3}{4} = \frac{q_0\, l^2}{2 \cdot \sigma_{\text{zul.}}} \rightsquigarrow r = \sqrt[3]{\frac{4 \cdot 0{,}5 \cdot 3000^2}{2 \cdot 10\,\pi}} \rightarrow \underline{\underline{r_{\text{erf.}} \approx 66 \text{ mm}}}$$

zu b) Die maximale Durchbiegung des Systems w_{max} tritt in System-
mitte auf. Wir berechnen diese aus der Durchbiegung w_I am Momentengelenk ($x = l$) und der Durchbiegung w_{II} des mittleren Felds an der
Stelle $x = 1{,}5\,l$.

I: Die Durchbiegung am Momentengelenk $w_I(x = l)$ erhalten wir aus der Momentenlinie des linken Trägers $(0 \leq x \leq l)$

$$M_I(x) = \frac{q_0\,l}{2}x - \frac{q_0\,l^2}{2}$$

durch zweifache Integration von $w_I''(x) = -M_I(x)/EI_y$:

$$EI_y\,w_I(x) = -\frac{q_0\,l}{12}x^3 + \frac{q_0\,l^2}{4}x^2 + c_1 x + c_2\,.$$

Mit $w_I'(0) = 0$ und $w_I(0) = 0$ folgt $c_1 = c_2 = 0$ und

$$w_I(x = l) = \frac{1}{6}\frac{q_0\,l^4}{EI_y}\,.$$

II: Die relative Durchbiegung im mittleren Feld erhalten wir aus der Idealisierung des Feldes als Einfeldträger, mit dem Momentenverlauf

$$M_{II}(\hat{x}) = -\frac{q_0}{2}\hat{x}^2 + \frac{q_0\,l}{2}\hat{x} \quad \text{für } \hat{x} \in [0, l]\,.$$

Aus $w_{II}''(\hat{x}) = -M_{II}(\hat{x})/EI_y$ folgt durch Integration

$$EI_y\,w_{II}(\hat{x}) = \frac{q_0}{24}\hat{x}^4 - \frac{q_0\,l}{12}\hat{x}^3 + c_1\hat{x} + c_2\,.$$

Die Integrationskonstanten ergeben sich aus den relativen Durchbiegungen des Einfeldträgers $w_{II}(\hat{x} = 0) = 0$ und $w_{II}(\hat{x} = l) = 0$ zu $c_2 = 0$ und $c_1 = q_0 l^3/24$. Die relative Durchbiegung in Feldmitte ist

$$w_{II}(\hat{x} = l/2) = \frac{5}{384}\frac{q_0\,l^4}{EI_y}\,.$$

Die maximale Verschiebung $w_{max} = w_I(x = l) + w_{II}(\hat{x} = \frac{l}{2})$ gilt

$$w_{max} = \frac{q_0\,l^4}{EI_y}\left(\frac{1}{6} + \frac{5}{384}\right) = \frac{q_0\,l^4}{EI_y}\left(\frac{69}{384}\right) \leq \frac{l}{100}\,.$$

Werten wir $w_{max} = l/100$ mit $I_y = \pi r^4/4$ aus, so erhalten wir

$$I_{y,\text{erf.}} = \frac{6900}{384}\frac{q_0\,l^3}{E} = \frac{\pi r^4}{4} \rightsquigarrow \underline{r_{\text{erf.}}} = \sqrt[4]{\frac{4}{\pi}\frac{6900}{384}\frac{q_0\,l^3}{E}} \approx \underline{\underline{74,6\,\text{mm}}}\,.$$

Der Radius des Querschnitt wird aus aus praktischen Erwägungen zu $r = 7,5\,\text{cm}$ gewählt.

Aufgabe 3.42 Ermitteln Sie bereichsweise die Funktionen der Biegelinie   A3.42
des Systems für ein Einzelmoment am rechten Auflager.
Das rechte Auflager ist
durch eine linear elastische
Feder $(F = c \cdot w)$ gekenn-
zeichnet.

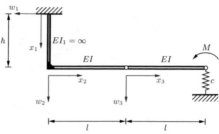

Gegeben: EI, M, l, h, c.
Für alle Bereiche gilt:
$EA = \infty, GA = \infty$.

Lösung Zur Bestimmung
der Biegelinienverläufe bestimmen wir zunächst den
Momentenverlauf und werten die Differentialgleichung

$$w''(x) = -M(x)/EI$$

aus.

Bereich 1: Da $EI_1 = \infty$
folgt

$$\underline{\underline{w_1(x_1) = 0}}.$$

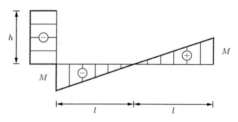

Bereich 2: Der Momenten-
verlauf für diesen Bereich
ist

$$M(x_2) = -M + \frac{M}{l}x_2\,.$$

Hieraus ergibt sich durch zweifache Integration

$$w_2 = \frac{1}{EI}\left(M\frac{x_2^2}{2} - \frac{M}{l}\frac{x_2^3}{6} + c_1 x_2 + c_2\right).$$

Die Integrationskonstanten erhalten wir aus den Randbedingungen

$$w_2(x_2 = 0) = 0, \quad \text{da } EA_1 = \infty \to c_2 = 0,$$
$$w_2'(x_2 = 0) = 0, \quad \text{da } EI_1 = \infty \to c_1 = 0,$$

so ergibt sich die Biegelinie für den Abschnitt 2 zu

$$\underline{\underline{w_2(x_2) = \frac{M}{EI}\left(\frac{x_2^2}{2} - \frac{x_2^3}{6\,l}\right)}}.$$

Bereich 3: Aus der Momentenfunktion

$$M(x_3) = \frac{M}{l}x_3$$

erhalten wir

$$w_3(x_3) = \frac{1}{EI}\left(-\frac{M}{6\,l}x_3^3 + c_3 x_3 + c_4\right).$$

Die Integrationskonstante c_4 erhalten wir aus der Übergangsbedingung

$$w_3(x_3 = 0) = w_2(x_2 = l) \rightarrow c_4 = \frac{Ml^2}{3}.$$

Die Durchbiegung $w_3(x_3 = l)$ wird mit Hilfe des Federgesetzes berechnet. Die Federkraft $F = M/l$ führt zu einer Verlängerung u der Feder um

$$u = \frac{F}{c} = \frac{M}{l\,c}.$$

Entsprechend des gewählten Koordinatensystems liefert eine Streckung der Feder eine negative Durchbiegung $w_3(x_3 = l)$, somit gilt

$$w_3(x_3 = l) = -u = -\frac{M}{l\,c}.$$

Daraus folgt

$$\frac{1}{EI}\left(\frac{M\,l^2}{6} + c_3\,l\right) = -\frac{M}{l\,c}$$

$$\rightarrow \quad c_3 = -\frac{EI\,M}{l^2\,c} - \frac{M\,l}{6}.$$

So ergibt sich die Biegelinie für Abschnitt 3 zu

$$w_3(x_3) = \frac{M}{EI}\left[-\frac{1}{6\,l}x_3^3 - \left(\frac{EI}{c\,l^2} + \frac{l}{6}\right)x_3 + \frac{l^2}{3}\right].$$

Kapitel 4

Torsion

Torsion

Wenn eine äußere Belastung ein Schnittmoment M_x um die Längsachse hervorruft, so wird der Stab auf *Torsion* (Drillung) beansprucht. Das Moment M_x bezeichnen wir im Weiteren als *Torsionsmoment* M_T.

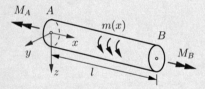

Voraussetzungen, Annahmen:

- Die Verwölbung der Querschnitte ist nicht behindert (*reine Torsion*),
- Die Querschnittsform bleibt bei der Verdrehung erhalten.

Gleichgewichtsbedingung

$$\frac{\mathrm{d}M_T}{\mathrm{d}x} = -m(x)\,, \qquad m(x) = \text{äußeres Moment pro Längeneinheit.}$$

Differentialgleichung für den Verdrehwinkel

$$GI_T \frac{\mathrm{d}\vartheta}{\mathrm{d}x} = M_T \, ,$$

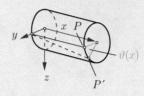

$\vartheta = $ Verdrehwinkel,

$GI_T = $ Torsionssteifigkeit,

$G = $ Schubmodul,

$I_T = $ Torsionsträgheitsmoment.

Verdrehung der Endquerschnitte

$$\Delta\vartheta = \vartheta(l) - \vartheta(0) = \int\limits_0^l \vartheta'(x)\mathrm{d}x = \int\limits_0^l \frac{M_T}{GI_T}\mathrm{d}x \, .$$

Sonderfall: $GI_T = $ const, $M_T = $ const

$$\Delta\vartheta = \frac{M_T l}{GI_T} \, .$$

Maximale Schubspannung

$$\tau_{\max} = \frac{M_T}{W_T} \, , \qquad W_T = \text{Torsionswiderstandsmoment.}$$

Der Ort der maximalen Schubspannung ist der nachfolgenden Tabelle zu entnehmen.

Querschnitt	I_T
	$I_T = I_p = \dfrac{\pi}{2}(r_a^4 - r_i^4)$
$r_i = 0$ (Vollkreis)	$I_T = \dfrac{\pi}{2}r_a^4$
Dünnwandiges, geschlossenes Profil 	$I_T = \dfrac{4A_T^2}{\displaystyle\oint \dfrac{\mathrm{d}s}{t(s)}}$
$\quad a = \text{const}$ $t = \text{const}$	$I_T = 2\pi a^3 t$
Dünnwandiges, offenes Profil 	$I_T = \dfrac{1}{3}\displaystyle\int\limits_0^h t^3(s)\mathrm{d}s$
$\quad t = \text{const}$	$I_T = \dfrac{1}{3}ht^3$
$\quad t_i = \text{const}$	$I_T = \dfrac{1}{3}\sum h_i t_i^3$
Quadrat 	$I_T = 0{,}141 a^4$
Ellipse 	$I_T = \pi\dfrac{a^3 b^3}{a^2 + b^2}$

W_T	Bemerkungen
$W_T = \dfrac{I_T}{r_a} = \dfrac{\pi}{2}\dfrac{r_a^4 - r_i^4}{r_a}$	Die Schubspannungen sind über den Querschnitt linear verteilt: $$\tau(r) = \frac{M_T}{I_T}r\ .$$
$W_T = \dfrac{\pi}{2}r_a^3$	Querschnittsflächen bleiben bei der Deformation eben.
$W_T = 2A_T\,t_{\min}$	τ ist über die Wandstärke t konstant. Der Schubfluss $$T = \tau t = \frac{M_T}{2A_T}$$ ist konstant. $\tau_{\max}$ tritt an der dünnsten Stelle $t_{\min}$ auf.
$W_T = 2\pi a^2 t$	A_T ist die von der Profilmittellinie eingeschlossene Fläche.
$W_T = \dfrac{I_T}{t_{\max}}$	τ ist über die Wandstärke t linear verteilt.
$W_T = \dfrac{1}{3}ht^2$	$\tau_{\max}$ tritt an der dicksten Stelle $t_{\max}$ auf.
$W_T = \dfrac{I_T}{t_{\max}}$	
$W_T = 0,208\,a^3$	$\tau_{\max}$ tritt in der Mitte der Seitenlängen auf.
$W_T = \dfrac{\pi}{2}\,ab^2$	$\tau_{\max}$ tritt an den Enden der kleinen Halbachse auf.

A4.1

Aufgabe 4.1 Ein einseitig eingespannter Stab mit Vollkreisquerschnitt wird durch ein Kräftepaar beansprucht.

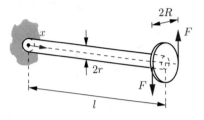

Wie groß darf F höchstens sein, damit die zulässige Schubspannung τ_{zul} nicht überschritten wird? Wie groß ist in diesem Fall die Verdrehung des Endquerschnitts?

Geg.: $R = 200$ mm, $r = 20$ mm, $l = 5$ m, $\tau_{\text{zul}} = 150$ MPa, $G = 0,8 \cdot 10^5$ MPa.

Lösung Das Torsionsmoment (Schnittmoment)

$$M_T = 2RF$$

ist über die Länge des Stabes konstant. Die maximale Schubspannung im Querschnitt folgt mit

$$W_T = \frac{\pi}{2}r^3$$

zu

$$\tau_{\text{max}} = \frac{M_T}{W_T} = \frac{4RF}{\pi r^3}\ .$$

Damit die zulässige Spannung nicht überschritten wird, muss gelten

$$\tau_{\text{max}} \leq \tau_{\text{zul}} \quad \leadsto \quad F \leq \frac{\pi r^3}{4R}\tau_{\text{zul}}\ .$$

Daraus erhält man

$$\underline{\underline{F_{\text{max}}}} = \frac{\pi r^3}{4R}\tau_{\text{zul}} = \frac{\pi \cdot 8000 \cdot 150}{4 \cdot 200} = \underline{\underline{4712\text{ N}}}\ .$$

Die Verdrehung (im Bogenmaß) an der Einspannstelle ergibt sich bei dieser Belastung mit

$$I_T = \frac{\pi}{2}r^4 \qquad \text{und} \qquad M_T = 2RF_{\text{max}}$$

zu

$$\underline{\underline{\Delta\vartheta}} = \frac{M_T l}{G I_T} = \frac{\tau_{\text{zul}} l}{G r} = \frac{150 \cdot 5000}{0,8 \cdot 10^5 \cdot 20} = \underline{\underline{0,47}}\ .$$

Dies entspricht einem Winkel von ca. 27°.

Aufgabe 4.2 Für einen Stab, der das Torsionsmoment $M_T = 12 \cdot 10^3$ Nm aufnehmen soll, stehen vier verschiedene Querschnitte zur Auswahl.

Wie müssen die Querschnitte dimensioniert werden, damit die zulässige Schubspannung $\tau_{zul} = 50$ MPa nicht überschritten wird? Welcher Querschnitt ist vom Materialaufwand am günstigsten?

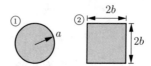

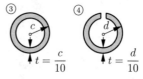

A4.2

Lösung Damit die zulässige Spannung gerade erreicht wird, muss gelten

$$\tau_{max} = \frac{M_T}{W_T} = \tau_{zul} \; .$$

Mit den Torsionswiderstandsmomenten

$$W_{T_1} = \frac{\pi}{2}\, a^3 \, , \qquad\qquad W_{T_2} = 0,208 \cdot 8\, b^3 = 1,664\, b^3 \, ,$$

$$W_{T_3} = 2\pi c^2 t = \frac{\pi}{5}\, c^3 \, , \qquad W_{T_4} = \frac{2\pi}{3}\, d\, t^2 = \frac{\pi}{150}\, d^3$$

erhält man durch Einsetzen

$$\underline{\underline{a}} = \sqrt[3]{\frac{2 M_T}{\pi \tau_{zul}}} = \underline{\underline{53,5 \text{ mm}}} \, , \qquad \underline{\underline{b}} = \sqrt[3]{\frac{M_T}{1,664\, \tau_{zul}}} = \underline{\underline{52,4 \text{ mm}}} \, ,$$

$$\underline{\underline{c}} = \sqrt[3]{\frac{5\, M_T}{\pi\, \tau_{zul}}} = \underline{\underline{72,6 \text{ mm}}} \, , \qquad \underline{\underline{d}} = \sqrt[3]{\frac{150\, M_T}{\pi\, \tau_{zul}}} = \underline{\underline{225,5 \text{ mm}}} \, .$$

Daraus ergibt sich für die Querschnittsflächen

$$A_1 = \pi a^2 = 89,8 \text{ cm}^2 \, , \qquad A_2 = 4b^2 = 110,0 \text{ cm}^2 \, ,$$

$$\underline{\underline{A_3}} = \frac{\pi}{5} c^2 = \underline{\underline{33,1 \text{ cm}^2}} \, , \qquad A_4 = \frac{\pi}{5} d^2 = 319,4 \text{ cm}^2 \, .$$

Der dritte Querschnitt, (d. h. das dünnwandige, *geschlossene* Profil) ist demnach vom Materialaufwand her am günstigsten.

A4.3

Aufgabe 4.3   Wie groß sind das zulässige Torsionsmoment und die zulässige Verdrehung im Fall des geschlossenen bzw. des bei A geschlitzten Profils?

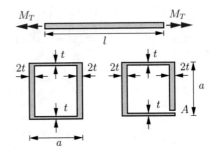

Geg.: $a = 20$ cm, $t = 2$ mm,
$\quad\quad \tau_{zul} = 40$ MPa,
$\quad\quad l = 5$ m,
$\quad\quad G = 0,8 \cdot 10^5$ MPa.

Lösung   Das zulässige Torsionsmoment und die zulässige Verdrehung errechnen sich in beiden Fällen aus

$$M_{T_{zul}} = \tau_{zul} W_T , \qquad \Delta\vartheta_{zul} = \frac{M_{T_{zul}}l}{GI_T} = \frac{\tau_{zul}W_T l}{GI_T} .$$

Im Fall des *geschlossenen* Profils gilt wegen $t \ll a$

$$A_T = a^2 , \qquad\qquad \oint \frac{ds}{t(s)} = 2\left(\frac{a}{2t} + \frac{a}{t}\right) = 3\frac{a}{t} ,$$

$$I_T = \frac{4A_T^2}{\oint \dfrac{ds}{t(s)}} = \frac{4}{3}ta^3 , \qquad W_T = 2A_T t_{min} = 2a^2 t$$

und es folgen

$$\underline{M_{T_{zul}}} = \tau_{zul} 2a^2 t = \underline{\underline{6400 \text{ Nm}}} ,$$

$$\underline{\Delta\vartheta_{zul}} = \frac{3\tau_{zul}l}{2Ga} = \underline{\underline{0,0188}} \quad (\widehat{=} 1,07°) .$$

Ist das Profil *offen* (bei A geschlitzt), so ergeben sich mit

$$I_T = \frac{1}{3}\sum_i t_i^3 h_i = 6t^3 a , \qquad W_T = \frac{I_T}{t_{max}} = 3t^2 a$$

Torsionsmoment und Verdrehung zu

$$\underline{M_{T_{zul}}} = \tau_{zul} 3t^2 a = \underline{\underline{96 \text{ Nm}}} , \qquad \underline{\Delta\vartheta_{zul}} = \frac{\tau_{zul}l}{2Gt} = \underline{\underline{0,625}} \quad (\widehat{=} 35,8°) .$$

Anmerkung: Das geschlossene Profil ist wesentlich torsionssteifer als das offene Profil.

Aufgabe 4.4 Für den durch ein Kräftepaar belasteten Stab sind zwei verschiedene Profile mit gleichen Wandstärken ($t \ll a$) aus gleichem Material (Schubmodul G) vorgesehen.

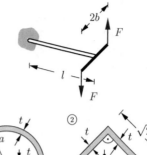

Wie groß sind in beiden Fällen die zulässigen Kräfte und die zulässigen Verdrehungen, so dass die Schubspannung τ_{zul} nicht überschritten wird?

Lösung Das Torsionsmoment $M_T = 2bF$ ist über die Länge des Stabes konstant. Spannung und Verdrehung errechnen sich somit aus

$$\tau = \frac{M_T}{W_T} = \frac{2bF}{W_T} \quad , \qquad \Delta\vartheta = \frac{M_T l}{GI_T} = \frac{2bFl}{GI_T} \, .$$

Damit die zulässige Schubspannung nicht überschritten wird, muss gelten

$$\tau \leq \tau_{\text{zul}} \quad \rightsquigarrow \quad F \leq \frac{W_T \tau_{\text{zul}}}{2b} \quad \rightsquigarrow \quad F_{\text{zul}} = \frac{W_T \tau_{\text{zul}}}{2b} \, ,$$

$$\Delta\vartheta_{\text{zul}} = \frac{2bl F_{\text{zul}}}{GI_T} = \frac{\tau_{\text{zul}} W_T l}{GI_T} \, .$$

Mit den Querschnittswerten für beide Profile

① $A_T = \dfrac{\pi}{2}a^2 \, , \quad \oint \dfrac{ds}{t} = \dfrac{a}{t}(2 + \pi) \, , \qquad W_T = \pi a^2 t \, , \quad I_T = \dfrac{\pi^2}{2 + \pi}a^3 t \, ,$

② $A_T = a^2 \, , \quad \oint \dfrac{ds}{t} = \dfrac{a}{t}(2 + 2\sqrt{2}) \, , \qquad W_T = 2a^2 t \, , \quad I_T = \dfrac{2}{1 + \sqrt{2}}a^3 t$

erhält man

$$\underline{\underline{F_{\text{zul}_1} = \frac{\pi}{2}\frac{a^2 t}{b}\tau_{\text{zul}}}} \, , \qquad \underline{\underline{F_{\text{zul}_2} = \frac{a^2 t}{b}\tau_{\text{zul}}}} \quad ,$$

$$\underline{\underline{\Delta\vartheta_{\text{zul}_1} = \frac{2 + \pi}{\pi}\frac{l\tau_{\text{zul}}}{aG}}} \, , \qquad \underline{\underline{\Delta\vartheta_{\text{zul}_2} = (1 + \sqrt{2})\frac{l\tau_{\text{zul}}}{aG}}} \quad .$$

Anmerkung: Die zulässige Kraft ist beim ersten Profil, die zulässige Verdrehung beim zweiten Profil größer.

A4.5

Aufgabe 4.5   Der dünnwandige, quadratische Kastenträger wird durch das Torsionsmoment M_T belastet.

Es ist die Verwölbung des Querschnitts zu bestimmen.

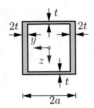

Lösung   Die Verwölbung $u(s)$ (Verschiebung in Balkenlängsrichtung) wird aus der Winkelverzerrung

$$\gamma = \frac{\partial u}{\partial s} + \frac{\partial v}{\partial x}$$

der Wandelemente ermittelt. Mit

$$\gamma = \frac{\tau}{G} = \frac{M_T}{G 2 A_T t(s)} ,$$

$$\frac{\partial v}{\partial x} = r_\perp \frac{d\vartheta}{dx} = r_\perp(s) \frac{M_T}{GI_T} ,$$

$$A_T = 4a^2 , \quad I_T = \frac{4 \cdot 16a^4}{\frac{4a}{t} + \frac{4a}{2t}} = \frac{32}{3} a^3 t$$

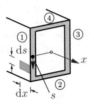

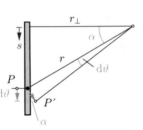

ergibt sich daraus

$$\frac{\partial u}{\partial s} = \frac{M_T}{8Ga^2 t} \left[\frac{t}{t(s)} - \frac{3r_\perp(s)}{4a} \right] .$$

Integration liefert im Bereich ① ($t(s) = 2t$, $r = a$) mit $u(s=0)=0$ (dann ist u im Mittel Null!)

$$\underline{\underline{u_1(s)}} = \frac{M_T}{8Ga^2 t} \left[\frac{1}{2} - \frac{3}{4} \right] s = \underline{\underline{-\frac{M_T}{32Ga^2 t} s}} .$$

Analog folgt in den Bereichen ②, ③, ④

$$\underline{\underline{u_2(s)}} = \frac{M_T}{32Ga^2 t} [s - 2a] ,$$

$$\underline{\underline{u_3(s)}} = -\frac{M_T}{32Ga^2 t} [s - 4a] ,$$

$$\underline{\underline{u_4(s)}} = \frac{M_T}{32Ga^2 t} [s - 6a] .$$

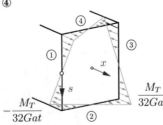

Aufgabe 4.6 Auf die Welle ① mit Vollkreisquerschnitt ist das Rohr ② aus einem anderen Material aufgeschrumpft.

A4.6

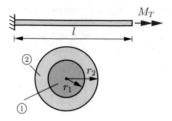

Wie groß sind die maximalen Schubspannungen in ① und ② sowie die Verdrehung unter dem Torsionsmoment M_T?

Lösung Wir betrachten die Welle ① und das Rohr ② zunächst getrennt. Für Verdrehwinkel und Spannung gelten dann

$$\vartheta_1 = \frac{M_{T_1} l}{G_1 I_{p_1}} , \qquad \tau_{\max_1} = \frac{M_{T_1}}{W_{T_1}} ,$$

$$\vartheta_2 = \frac{M_{T_2} l}{G_2 I_{p_2}} , \qquad \tau_{\max_2} = \frac{M_{T_2}}{W_{T_2}}$$

mit

$$I_{p_1} = \frac{\pi}{2} r_1^4 , \quad I_{p_2} = \frac{\pi}{2} \left(r_2^4 - r_1^4 \right) , \quad W_{T_1} = \frac{I_{p_1}}{r_1} , \quad W_{T_2} = \frac{I_{p_2}}{r_2} .$$

Mit der Gleichgewichtsbedingung

$$M_T = M_{T_1} + M_{T_2}$$

und der geometrischen Verträglichkeitsbedingung

$$\vartheta_1 = \vartheta_2 = \vartheta$$

erhält man

$$M_{T_1} = M_T \frac{G_1 I_{p_1}}{G_1 I_{p_1} + G_2 I_{p_2}} , \qquad M_{T_2} = M_T \frac{G_2 I_{p_2}}{G_1 I_{p_1} + G_2 I_{p_2}}$$

und damit

$$\underline{\underline{\tau_{\max_1} = \frac{M_T G_1 r_1}{G_1 I_{p_1} + G_2 I_{p_2}}}} , \qquad \underline{\underline{\tau_{\max_2} = \frac{M_T G_2 r_2}{G_1 I_{p_1} + G_2 I_{p_2}}}} ,$$

$$\underline{\underline{\vartheta = \frac{M_T l}{G_1 I_{p_1} + G_2 I_{p_2}}}} .$$

A4.7   Aufgabe 4.7 Ein konischer Stab
mit linear veränderlichem Ra-
dius wird durch das Torsionsmoment M_T belastet.

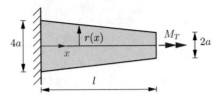

Zu bestimmen sind die Verdrehung und die Randspannung
als Funktionen von x.

Lösung Die Differentialgleichung für den Verdrehwinkel ergibt sich mit

$$r(x) = a\left(2 - \frac{x}{l}\right) , \qquad I_p(x) = \frac{\pi}{2}r^4 = \frac{\pi}{2}a^4\left(2 - \frac{x}{l}\right)^4$$

zu

$$\vartheta' = \frac{M_T}{GI_p} = \frac{2M_T}{\pi Ga^4}\frac{1}{\left(2 - \frac{x}{l}\right)^4} .$$

Einmalige Integration liefert

$$\vartheta(x) = \frac{2M_T l}{3\pi Ga^4}\frac{1}{\left(2 - \frac{x}{l}\right)^3} + C .$$

Die Integrationskonstante erhält man aus der Randbedingung

$$\vartheta(0) = 0 \quad \leadsto \quad C = -\frac{2M_T l}{3\pi Ga^4}\frac{1}{8} .$$

Damit lautet die Verdrehung

$$\underline{\underline{\vartheta(x) = \frac{M_T l}{12\pi Ga^4}\left\{\frac{1}{\left(1 - \frac{x}{2l}\right)^3} - 1\right\} .}}$$

Die Randschubspannung folgt mit

$$W_T(x) = \frac{I_p}{r} = \frac{\pi}{2}a^3\left(1 - \frac{x}{l}\right)^3$$

zu

$$\underline{\underline{\tau_R(x) = \frac{M_T}{W_T} = \frac{2M_T}{\pi a^3\left(2 - \frac{x}{l}\right)^3} .}}$$

Verdrehung und Spannung sind bei $x = l$ am größten:

$$\vartheta(l) = \frac{7M_T l}{12\pi Ga^4} , \qquad \tau_R(l) = \frac{2M_T}{\pi a^3} .$$

Aufgabe 4.8 Das dargestellte Ge-
triebe besteht aus zwei Vollwellen
(Längen l_1, l_2) gleichen Materials,
die über Zahnräder (Radien R_1,
R_2) verbunden sind. Die Welle
① wird durch das Moment M_1
belastet.

A4.8

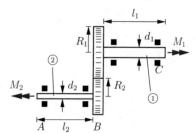

a) Wie groß muss M_2 sein, damit
Gleichgewicht herrscht?

b) Wie müssen d_1 und d_2 gewählt werden, damit die zulässige Schubspannung τ_{zul} nicht überschritten wird?

c) Wie groß ist dann die Winkelverdrehung bei C, wenn die Welle ②
bei A festgehalten wird?

Lösung **zu a)** Momentengleichgewicht

$$M_1 = R_1 F \,, \quad M_2 = -R_2 F$$

liefert

$$\underline{\underline{M_2 = -\frac{R_2}{R_1} M_1}} \,.$$

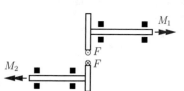

zu b) Damit die zulässige Spannung in beiden Wellen erreicht wird,
muss gelten:

$$\tau_{max_1} = \frac{|M_1|}{W_1} = \frac{16M_1}{\pi d_1^3} = \tau_{zul} \quad \rightsquigarrow \quad \underline{\underline{d_1 = \sqrt[3]{\frac{16M_1}{\pi \tau_{zul}}}}} \,,$$

$$\tau_{max_2} = \frac{|M_2|}{W_2} = \frac{R_2}{R_1}\frac{16M_1}{\pi d_2^3} = \tau_{zul} \quad \rightsquigarrow \quad \underline{\underline{d_2 = \sqrt[3]{\frac{R_2}{R_1}}\, d_1}} \,.$$

zu c) Für die Winkelverdrehungen in ① und ② gilt

$$\Delta\vartheta_1 = \frac{l_1 M_1}{G I_{T_1}} = \frac{32M_1 l_1}{\pi G d_1^4} \,, \qquad \Delta\vartheta_2 = \vartheta_{2B} = \frac{32M_2 l_2}{\pi G d_2^4} \,.$$

Mit der Abrollbedingung

$$\vartheta_{1B} R_1 = -\vartheta_{2B} R_2$$

und

$$\vartheta_C = \vartheta_{1B} + \Delta\vartheta_1$$

folgt

$$\underline{\underline{\vartheta_C = \frac{32M_1}{G\pi d_1^4}\left\{ l_1 + \left(\frac{R_2}{R_1}\right)^{\frac{2}{3}} l_2 \right\}}} \,.$$

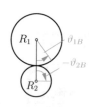

A4.9

Aufgabe 4.9   Eine homogene, abgestufte Welle mit Kreisquerschnitt ist an den Enden fest eingespannt und wird durch das Moment M_0 belastet.

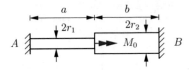

Wie groß sind die Einspannmomente und die Winkelverdrehung an der Angriffsstelle von M_0?

Lösung   Das Problem ist statisch unbestimmt, da die Einspannmomente M_A und M_B aus der Gleichgewichtsbedingung

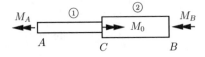

$$M_A + M_B = M_0$$

allein nicht bestimmbar sind. Wird die Welle bei C geschnitten, so erzeugen die in den Bereichen ① und ② konstanten Torsionsmomente an der Stelle C die Verdrehungen

$$\vartheta_1 = \frac{M_A a}{G I_{p_1}} , \qquad \vartheta_2 = \frac{M_B b}{G I_{p_2}} .$$

Die geometrische Verträglichkeit verlangt, dass beide Verdrehungen gleich sind:

$$\vartheta_C = \vartheta_1 = \vartheta_2 .$$

Einsetzen liefert mit

$$I_{p_1} = \frac{\pi}{2} r_1^4 , \qquad I_{p_2} = \frac{\pi}{2} r_2^4$$

die Ergebnisse

$$M_A = M_0 \frac{1}{1 + \frac{r_2^4 a}{r_1^4 b}} , \qquad M_B = M_0 \frac{1}{1 + \frac{r_1^4 b}{r_2^4 a}} ,$$

$$\vartheta_C = \frac{2 M_0 a b}{\pi G \left(b r_1^4 + a r_2^4 \right)} .$$

Aufgabe 4.10 Eine beidseitig
eingespannte Welle wird auf
dem Teil b ihrer Länge l durch
das konstante Moment m_0
pro Längeneinheit belastet.

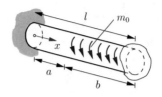

Zu bestimmen sind die
Verläufe von Verdrehung und
Torsionsmoment.

Lösung Da die äußere Belastung $m(x)$ an der Stelle $x = a$ einen Sprung
macht, bietet sich die Verwendung des FÖPPL-Symbols an. Mit

$$m(x) = m_0 < x - a >^0$$

lautet die Differentialgleichung für den Verdrehwinkel

$$GI_T \vartheta'' = -m(x) = -m_0 < x - a >^0 \ .$$

Zweimalige Integration liefert

$$GI_T \vartheta' = M_T = -m_0 < x - a >^1 + C_1$$

$$GI_T \vartheta = -\tfrac{1}{2} m_0 < x - a >^2 + C_1 x + C_2 \ .$$

Aus den Randbedingungen folgt

$$\vartheta(0) = 0 \quad \rightsquigarrow \quad C_2 = 0 \ ,$$

$$\vartheta(l) = 0 \quad \rightsquigarrow \quad C_1 = \frac{1}{2} \frac{m_0 b^2}{l} \ .$$

Damit erhält man

$$M_T(x) = m_0 b \left\{ \frac{b}{2l} - \frac{< x - a >^1}{b} \right\} ,$$

$$\vartheta(x) = \frac{1}{2} \frac{m_0 b^2}{GI_T} \left\{ \frac{x}{l} - \frac{< x - a >^2}{b^2} \right\} .$$

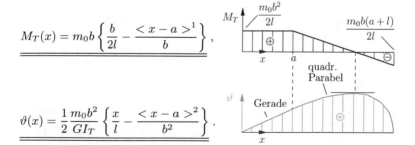

A4.11

Aufgabe 4.11 Ein Stab mit Kreis-ringquerschnitt ist wie abgebildet eingespannt. Am anderen Ende des Stabes ist ein starrer Balken angeschweißt, der durch zwei Federn abgestützt wird. Zu bestimmen sind

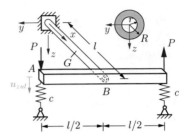

a) die maximal mögliche Kraft P_{max}, wenn im Punkt A die zulässige Verschiebung u_{zul} (in z-Richtung) vorgegeben ist,
b) Ort und Betrag der maximalen Schubspannung im Stabquerschnitt für $P = P_{max}$.

Geg. : $u_{zul} = 2$ cm, $\quad$ l $= 2$ m
$r = 5$ cm, $\quad$ R $= 10$ cm
$c = 10^6$ N/m
$G = 8 \cdot 10^{10}$ N/m^2

Lösung **zu a)** Das System ist statisch unbestimmt. Schneidet man bei B, dann gilt zunächst für die Stabverdrehung

$$\Delta\varphi = \frac{M_T\, l}{GI_p} \quad \rightsquigarrow \quad M_T = \frac{GI_p}{l}\,\Delta\varphi$$

mit (kleine Drehwinkel)

$$\Delta\varphi = \frac{u_{zul}}{l/2} = 0,2\,.$$

Das Momentengleichgewicht am Balken liefert

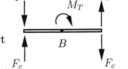

$\overset{\curvearrowleft}{B}: \; M_T = l\,P_{max} - l\,F_c\,,$ $\quad$ wobei $\quad F_c = c\,u_{zul}\,.$

Eliminieren von $\Delta\varphi$, M_T und F_c liefert

$$P_{max} = \left(2\,\frac{GI_p}{l^3} + c\right) u_{zul}\,.$$

Mit $I_p = \pi(R^4 - r^4)/2 = 1,47 \cdot 10^{-4}$ m^4 und den gegebenen Zahlenwerten ergibt sich

$$\underline{\underline{P_{max}}} = \left(\frac{2 \cdot 8 \cdot 10^{10} \cdot 1,47}{10^4 \cdot 8} + 10^6\right) 2 \cdot 10^{-2} = \underline{\underline{78,7\,\text{kN}}}$$

zu b) Die Schubspannung nimmt ihren größten Wert am äußeren Rand des Stabquerschnitts an. Der Betrag berechnet sich mit

$$M_T = P_{max}\, l - c\,u_{zul}\, l$$
$$= (78,7 - 10^3 \cdot 0,02)\,2 = 117,4\,\text{kNm}$$

zu

$$\underline{\underline{\tau_{max}}} = \frac{M_T\, R}{I_p} = \frac{117,4 \cdot 0,1}{1,47 \cdot 10^{-4}} = \underline{\underline{79,8\,\text{MN/m}^2}}\,.$$

Aufgabe 4.12 Die Hohlwelle ①
und die Vollwelle ② werden bei
A durch einen Stift miteinander
verbunden.

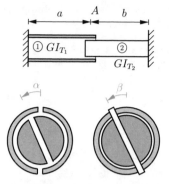

Wie groß sind das Torsionsmoment M_T und der Winkel β des
Stiftes nach der Montage, wenn
die Wellenenden im spannungs-
freien Zustand um den Winkel
α gegeneinander verdreht sind?

Lösung Im Montagezustand herrscht in beiden Wellen das Torsionsmoment M_T. Wir schneiden an der Stelle A und ermitteln die Verdrehungen der Wellenenden von ① und ② getrennt:

$$\vartheta_1 = \frac{M_T a}{G I_{T_1}} \,, \qquad \vartheta_2 = \frac{M_T b}{G I_{T_2}} \,.$$

Aus der geometrischen Verträglichkeitsbedingung im Montagezustand

$$\alpha - \vartheta_2 = \vartheta_1$$

und

$$\beta = \vartheta_1$$

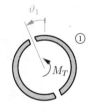

folgen für M_T und β

$$M_T = G I_{T_1} \frac{\alpha}{a} \frac{1}{1 + \frac{b}{a} \frac{I_{T_1}}{I_{T_2}}} \,,$$

$$\beta = \vartheta_1 = \frac{\alpha}{1 + \frac{b}{a} \frac{I_{T_1}}{I_{T_2}}} \,.$$

A4.13   **Aufgabe 4.13** Der dünnwandige Holm mit Kreisringquerschnitt (Länge l, Schubmodul G, Radius r, Dicke $t \ll r$) im Inneren einer Flugzeugtragfläche wird durch ein linear veränderliches Torsionsmoment pro Längeneinheit $m_T(x)$ mit $m_T(0) = 2m_0$ und $m_T(l) = m_0$ belastet. Am Rumpf ist der Holm fest eingespannt.

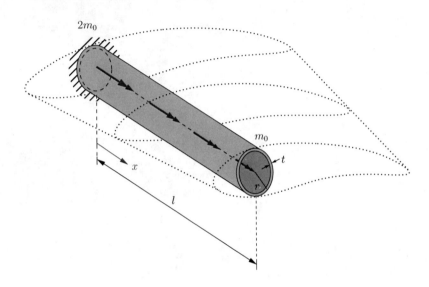

Man ermittele
a) das Torsionsmoment $M_T(x)$ im Holm,
b) den Verlauf der Schubspannung $\tau(x)$ und die maximale Schubspannung τ_{max} infolge Torsion,
c) den Drehwinkel ϑ_l, um den sich das Ende des Flügels bei $x = l$ gegenüber dem Rumpf verdreht.

Lösung zu a) Das verteilte Torsionsmoment ist durch

$$m_T(x) = \left(2 - \frac{x}{l}\right) m_0$$

gegeben. Das Torsionsmoment ergibt sich durch Integration

$$M_T(x) = -\int m_T(x)\,\mathrm{d}x + C_1 = \left(\frac{x^2}{2l} - 2x\right) m_0 + C_1$$

mit der Randbedingung

$$M_T(l) = 0$$

$$\leadsto \quad \left(\frac{l}{2} - 2l\right)m_0 + C_1 = 0 \quad \leadsto \quad C_1 = \frac{3}{2}m_0 l$$

zu

$$M_T(x) = \left(\frac{x^2}{2l^2} - 2\frac{x}{l} + \frac{3}{2}\right)m_0 l \; .$$

zu b) Für den dünnwandigen Holmquerschnitt berechnet sich die Schubspannung mit dem Torsionsträgheitsmoment $I_T = 2\pi r^3 t$ zu

$$\tau(x) = \frac{M_T}{I_T}r = \frac{m_0 l}{2\pi r^2 t}\left(\frac{x^2}{2l^2} - 2\frac{x}{l} + \frac{3}{2}\right) \; .$$

Die maximale Schubspannung tritt an der Stelle $x = 0$ auf und beträgt

$$\tau_{\max} = \frac{3}{4}\frac{m_0 l}{\pi r^2 t} \; .$$

zu c) Mit dem Torsionsträgheitsmoment I_T und dem Schubmodul G folgt für die Verwindung

$$\vartheta'(x) = \frac{M_T(x)}{GI_T} = \frac{m_0 l}{2G\pi r^3 t}\left(\frac{x^2}{2l^2} - 2\frac{x}{l} + \frac{3}{2}\right)$$

und für die Verdrehung

$$\vartheta(x) = \frac{m_0 l}{2G\pi r^3 t}\left(\frac{x^3}{6l^2} - \frac{x^2}{l} + \frac{3}{2}x\right) + C_2 \; .$$

Die Integrationskonstante folgt aus der Randbedingung $\vartheta(0) = 0$ zu $C_2 = 0$. Damit ergibt sich für die Verdrehung ϑ_l am Tragflügelende $(x = l)$

$$\vartheta_l = \vartheta(l) = \frac{m_0 l^2}{2G\pi r^3 t}\left(\frac{1}{6} - 1 + \frac{3}{2}\right) \quad \leadsto \quad \vartheta_l = \frac{m_0 l^2}{3G\pi r^3 t} \; .$$

A4.14

Aufgabe 4.14 Ein Stab mit dem dargestellten, dünnwandigen Profil wird durch das Torsionsmoment M_T beansprucht.

a) Wie groß sind die Schubspannungen in den einzelnen Bereichen?

b) Wie groß ist das zulässige Torsionsmoment, damit die zulässige Schubspannung τ_{zul} nicht überschritten wird?

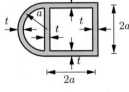

Lösung Das Profil besteht aus zwei Teilen, für die jeweils gilt:

$$T = \tau(s) \cdot t(s) = \frac{M_{T_i}}{2A_{T_i}} \; ,$$

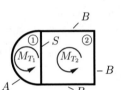

$$\vartheta_i' = \frac{M_{T_i}}{GI_{T_i}} = \frac{1}{2GA_{T_i}} \oint_i \frac{T}{t} \mathrm{d}s \; .$$

Mit den Querschnittswerten

$$A_{T_1} = \frac{\pi}{2}a^2 \; , \quad A_{T_2} = 4a^2$$

erhält man unter Beachtung, dass sich der Schubfluss im Steg S aus den Anteilen aus den Momenten M_{T_1} und M_{T_2} zusammensetzt:

$$\vartheta_1' = \frac{1}{\pi a^2 G} \left\{ \frac{M_{T_1}}{\pi a^2} \frac{\pi a}{t} + \left[\frac{M_{T_1}}{\pi a^2} - \frac{M_{T_2}}{8a^2} \right] \frac{2a}{t} \right\} \; ,$$

$$\vartheta_2' = \frac{1}{8a^2 G} \left\{ \frac{M_{T_2}}{8a^2} \frac{6a}{t} + \left[\frac{M_{T_2}}{8a^2} - \frac{M_{T_1}}{\pi a^2} \right] \frac{2a}{t} \right\} \; .$$

Einsetzen in die geometrische Verträglichkeitsbedingung

$$\vartheta' = \vartheta_1' = \vartheta_2'$$

liefert

$$\frac{M_{T_1}}{M_{T_2}} = \frac{2 + \pi}{10 + \frac{16}{\pi}}$$

bzw. mit

$$M_T = M_{T_1} + M_{T_2}$$

für die Momente

$$M_{T_1} = \frac{2 + \pi}{12 + \pi + \frac{16}{\pi}} M_T = 0,254\, M_T \ , \quad M_{T_2} = 0,746\, M_T \ .$$

Für die Spannungen in den Bereichen A, B und S erhält man damit

$$\underline{\underline{\tau_A}} = \frac{M_{T_1}}{2A_{T_1}t} = 0,081\frac{M_T}{a^2 t} \ ,$$

$$\underline{\underline{\tau_B}} = \frac{M_{T_2}}{2A_{T_2}t} = 0,093\frac{M_T}{a^2 t} \ ,$$

$$\underline{\underline{\tau_S}} = \tau_B - \tau_A = 0,012\frac{M_T}{a^2 t} \ .$$

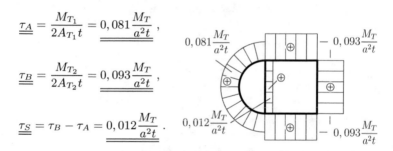

Wird die größte Schubspannung der zulässigen Spannung gleichgesetzt,

$$\tau_{\max} = \tau_B = 0,093\,\frac{M_T}{a^2 t} = \tau_{\text{zul}} \ ,$$

so folgt für das zulässige Moment

$$\underline{\underline{M_{T_{\text{zul}}} = 10,75\,\frac{\tau_{\text{zul}}a^2 t}{M_T}}} \ .$$

Anmerkung: Durch Einsetzen von M_{T_1} und M_{T_2} in ϑ' errechnet sich das Torsionsträgheitsmoment zu $I_T = 13,7a^3 t$. Vernachlässigt man den Steg S, so ergibt sich $I_T = 13,6\,a^3 t$. Der Steg trägt demnach nur gering zur Torsionssteifigkeit bei.

A4.15   Aufgabe 4.15   Die eingespannte Blattfeder $(t \ll b)$ ist durch die Kraft F exzentrisch belastet.

Wie groß ist die Absenkung des Lastangriffspunktes? Wie groß sind die maximalen Normal- und Schubspannungen?

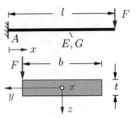

Lösung   Die Feder ist auf Biegung und Torsion beansprucht. Infolge Biegung kommt es zu einer Absenkung (vgl. Biegelinientafel auf Seite 70)

$$f_B = \frac{Fl^3}{3EI} \quad \text{mit} \quad I = \frac{bt^3}{12}.$$

Das konstante Torsionsmoment

$$M_T = Fb/2$$

bewirkt am Federende die Winkelverdrehung

$$\vartheta = \frac{M_T l}{GI_T} \quad \text{mit} \quad I_T = \frac{1}{3}bt^3$$

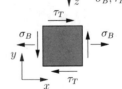

bzw. die Verschiebung $f_T = \frac{b}{2}\vartheta$. Die Gesamtverschiebung folgt damit zu

$$\underline{\underline{f}} = f_B + f_T = \frac{4Fl^3}{Ebt^3}\left(1 + \frac{3Eb^2}{16Gl^2}\right).$$

Biegung und Torsion rufen in den Randfasern des Einspannquerschnittes die Spannungen

$$\sigma_B = \frac{M}{W} = \frac{6lF}{bt^2}, \qquad \tau_T = \frac{M_T}{W_T} = \frac{3bF}{2bt^2}$$

hervor. Ein Flächenelement der Oberseite ($z = -t/2$) ist demnach entsprechend der Skizze belastet. Die größte Normal- und die maximale Schubspannung folgen daraus zu

$$\underline{\underline{\sigma_1}} = \frac{\sigma_B}{2} + \sqrt{\left(\frac{\sigma_B}{2}\right)^2 + \tau_T^2} = \frac{3Fl}{bt^2}\left\{1 + \sqrt{1 + \frac{b^2}{4l^2}}\right\},$$

$$\underline{\underline{\tau_{\max}}} = \sqrt{\left(\frac{\sigma_B}{2}\right)^2 + \tau_T^2} = \frac{3Fl}{bt^2}\sqrt{1 + \frac{b^2}{4l^2}}.$$

Aufgabe 4.16 Ein Brücken-
element mit dünnwandigem
Kastenquerschnitt ($t \ll b$)
wird im Bauzustand exzen-
trisch belastet.

Bestimmen Sie Ort und Be-
trag der maximalen Normal-
und Schubspannungen.

Lösung Die Querschnittswerte ergeben sich zu

$$z_s = \frac{2b^2t + 2 \cdot \frac{b}{2}(b \cdot t)}{8bt} = \frac{3}{8}b , \qquad S_y(z_{max}) = bt\,\frac{5}{8}b = \frac{5}{8}b^2t$$

$$I_y = 2\left(\frac{tb^3}{12} + \frac{tb^3}{64}\right) + 4bt\left(\frac{3}{8}b\right)^2 + 2bt\left(\frac{5}{8}b\right)^2$$

$$= \frac{37}{24}tb^3 ,$$

$$W = \frac{I_y}{z_{\max}} = \frac{37}{15}tb^2 ,$$

$$W_T = 2A_T t_{\min} = 4b^2t .$$

Mit dem Biege- und dem Torsionsmoment sowie der Querkraft im Einspannquerschnitt

$$M_B = -10\,b\,F , \qquad M_T = b\,F , \qquad Q_z = F$$

folgt für den Untergurt

$$\sigma_B = \frac{M_B}{W} = -\frac{150}{37}\frac{F}{bt} ,$$

$$\tau_T = \frac{M_T}{W_T} = \frac{1}{4}\frac{F}{bt} , \qquad \tau_Q = \frac{Q_z S_y}{I_y\,t} = \frac{15}{37}\frac{F}{bt} .$$

Die betragsmäßig größte Normalspannung und die maximale Schubspannung erhält man mit $\tau = \tau_T + \tau_Q$ an der Stelle C zu

$$\underline{\underline{\sigma_2}} = \frac{\sigma_B}{2} - \sqrt{\left(\frac{\sigma_B}{2}\right)^2 + \tau^2} = -4,16\,\frac{F}{bt} ,$$

$$\underline{\underline{\tau_{\max}}} = \sqrt{\left(\frac{\sigma_B}{2}\right)^2 + \tau^2} = 2,13\,\frac{F}{bt} .$$

A4.17   Aufgabe 4.17 Der beiderseits eingespannte Träger mit dünnwandigem Kreisquerschnitt ist in C exzentrisch belastet.

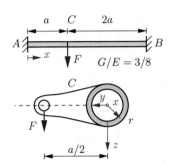

Wie groß ist die Absenkung des Kraftangriffspunktes und wie groß sind die größten Normalspannungen und die Schubspannungen infolge Torsion?

Lösung Der Träger wird bei C aufgeschnitten. Gleichgewicht liefert

$$M_2 = M_3 + \frac{1}{2}aF \ , \quad Q_1 = Q_2 + F \ .$$

Für die Verschiebungen und Biegewinkel sowie für die Verdrehungen an der Stelle C gilt (siehe Biegelinientafel auf Seite 70)

$$w_{C_1} = \frac{Q_1 a^3}{3EI} - \frac{M_1 a^2}{2EI} \ , \quad w_{C_2} = -\frac{8Q_2 a^3}{3EI} - \frac{4M_1 a^2}{2EI} \ ,$$

$$w'_{C_1} = \frac{Q_1 a^2}{2EI} - \frac{M_1 a}{EI} \ , \quad w'_{C_2} = +\frac{4Q_2 a^2}{2EI} + \frac{2M_1 a}{EI} \ ,$$

$$\vartheta_{C_1} = \frac{M_2 a}{GI_T} \ , \quad \vartheta_{C_2} = -\frac{2M_3 a}{GI_T} \ .$$

Aus den geometrischen Verträglichkeitsbedingungen

$$w_{C_1} = w_{C_2} \ , \quad w'_{C_1} = w'_{C_2} \ , \quad \vartheta_{C_1} = \vartheta_{C_2}$$

folgen durch Einsetzen

$$Q_1 = \frac{20}{27}F \ , \quad Q_2 = -\frac{7}{27}F \ , \quad M_1 = \frac{8}{27}aF \ ,$$

$$M_2 = \frac{1}{3}aF \ , \quad M_3 = -\frac{1}{6}aF \ .$$

Mit den Trägheitsmomenten

$$I_T = 2I = 2\pi r^3 t \qquad \text{und} \qquad \frac{G}{E} = \frac{3}{8}$$

ergibt sich damit für die Verschiebung des Kraftangriffspunktes

$$\underline{\underline{w_F}} = w_{C_1} + \frac{a}{2}\vartheta_{C_1} = \underline{\frac{26Fa^3}{81EI}} \ .$$

Zur Spannungsbestimmung werden die Biegemomente bei A und B benötigt:

$$M_A = M_1 - Q_1 a = -\frac{4}{9}aF \ ,$$

$$M_B = M_1 + Q_2 2a = -\frac{2}{9}aF \ .$$

Die maximalen Normalspannungen infolge Biegung in A, B und C lauten mit dem Widerstandsmoment $W = I\,/\,r$

$$\sigma_A = \frac{|M_A|}{W} = \frac{4arF}{9\,I} \ , \quad \sigma_B = \frac{2arF}{9\,I} \ ,$$

$$\sigma_C = \frac{|M_1|}{W} = \frac{8arF}{27\,I} \ .$$

Die Schubspannungen im Bereich ① bzw. ② folgen mit $W_T = 2W = \frac{2I}{r}$ zu

$$\tau_1 = \frac{M_2}{W_T} = \frac{arF}{6\,I} \ , \quad \tau_2 = \frac{M_3}{W_T} = \frac{arF}{12\,I} \ .$$

Die größten Spannungen treten am Lager A auf. Ein Flächenelement an der Oberseite (Unterseite analog) ist dort entsprechend der Skizze beansprucht. Für die größte Normalspannung und die maximale Schubspannung ergibt sich

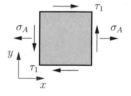

$$\underline{\underline{\sigma_1}} = \frac{\sigma_A}{2} + \sqrt{\left(\frac{\sigma_A}{2}\right)^2 + \tau_1^2} = \underline{\frac{arF}{2\,I}} \ ,$$

$$\underline{\underline{\tau_{\max}}} = \sqrt{\left(\frac{\sigma_A}{2}\right)^2 + \tau_1^2} = \underline{\frac{5arF}{18\,I}} \ .$$

A4.18

Aufgabe 4.18 Ein beidseitig eingespannter, unter 90° abgewinkelter Träger ist durch die Kraft F belastet.

Wie groß ist die Absenkung am Kraftangriffspunkt?

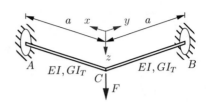

Lösung Die Lösung erfolgt zweckmäßig durch Superposition bekannter Grundlösungen. Schnitt an der Stelle C und Ausnutzung der Symmetrie liefert die dargestellte Belastung des Systems auf Biegung und Torsion. Dabei ist M zunächst noch unbekannt. Aus der Biegelinientafel (Seite 70) liest man ab

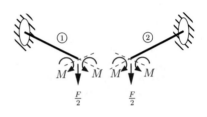

$$w'_C = \frac{Fa^2}{4EI} - \frac{Ma}{EI}, \qquad w_C = \frac{Fa^3}{6EI} - \frac{Ma^2}{2EI}.$$

Aus der Torsion folgt bei C der Verdrehwinkel

$$\vartheta_C = \frac{Ma}{GI_T}.$$

Die geometrische Verträglichkeitsbedingung

$$w'_{C1} = \vartheta_{C2}$$

liefert

$$M = \frac{Fa}{4} \frac{GI_T}{EI + GI_T}$$

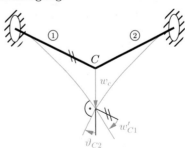

und damit

$$\underline{\underline{w_C = \frac{Fa^3}{24EI} \frac{4EI + GI_T}{EI + GI_T}}}.$$

Aufgabe 4.19 Ein halbkreisförmiger, eingespannter Träger ist in A durch die Kraft F belastet.

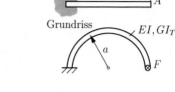

Aufriss

Wie groß ist die Absenkung des Kraftangriffspunkts?

Grundriss EI, GI_T

Lösung   Das Momentengleichgewicht liefert für das Biegemoment M_B und das Torsionsmoment M_T

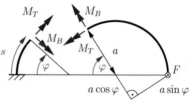

$$M_B(\varphi) = -aF\sin\varphi \;,$$

$$M_T(\varphi) = a(1 + \cos\varphi)F \;.$$

Für den Verdrehwinkel gilt

$$\frac{\mathrm{d}\vartheta}{\mathrm{d}s} = \frac{M_T}{GI_T} \qquad \text{mit} \qquad \mathrm{d}s = a\,\mathrm{d}\varphi \;.$$

Infolge der Verdrehung $\mathrm{d}\vartheta$ an der Stelle φ kommt es bei A zur Absenkung

$$\mathrm{d}w_{TA} = a\sin\varphi\,\mathrm{d}\vartheta \;.$$

Einsetzen und Integration ergibt für die Gesamtabsenkung infolge Torsion

$$w_{TA} = \int \mathrm{d}w_{TA} = \frac{Fa^3}{GI_T} \int\limits_0^\pi \sin\varphi(1 + \cos\varphi)\mathrm{d}\varphi = \frac{2Fa^3}{GI_T} \;.$$

Die Absenkung infolge Biegung erhält man aus

$$EI\frac{\mathrm{d}^2 w_B}{\mathrm{d}s^2} = -M_B \quad\leadsto\quad \frac{\mathrm{d}^2 w_B}{\mathrm{d}\varphi^2} = \frac{Fa^3}{EI}\sin\varphi \;,$$

$$\frac{\mathrm{d}w_B}{\mathrm{d}\varphi} = \frac{Fa^3}{EI}(-\cos\varphi + C_1) \;, \qquad w_B(\varphi) = \frac{Fa^3}{EI}(-\sin\varphi + C_1\varphi + C_2)$$

und den Randbedingungen

$$w_B'(0) = 0 \quad\leadsto\quad C_1 = 1 \;, \qquad w_B(0) = 0 \quad\leadsto\quad C_2 = 0 \;.$$

Einsetzen liefert

$$w_B(\varphi) = \frac{Fa^3}{EI}(\varphi - \sin\varphi) \;.$$

Für die Gesamtabsenkung von A folgt damit an der Stelle $\varphi = \pi$

$$\underline{\underline{w_A}} = w_{TA} + w_B(\pi) = \frac{Fa^3}{EI}\left(\pi + 2\frac{EI}{GI_T}\right) \;.$$

Aufgabe 4.20 Ein Kragträger mit dem dargestellten Profil ist durch eine ausmittig angreifende Streckenlast q belastet. Man ermittle an der Einspannstelle

a) die größte Schubspannung aus Querkraft und die Stelle des Querschnitts, an der sie auftritt,

b) die Schubspannung infolge Torsion.

c) Wie verteilen sich die Schubspannungen aus Querkraft und Torsion über die Wandstärke, wo tritt die größte resultierende Spannung auf und welchen Wert hat sie?

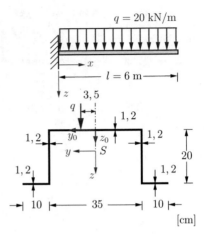

Lösung Wir bestimmen zunächst die Schnittgrößen an der Einspannstelle:

$$Q_z = \; ql \qquad\qquad = \; 20 \cdot 6 \qquad\quad = \; 120 \text{ kN} \,,$$

$$M_y = -\frac{ql^2}{2} \qquad = -20 \cdot \frac{6^2}{2} \qquad = -360 \text{ kNm} \,,$$

$$M_T = ql \cdot 3,5 \text{ cm} = 20 \cdot 6 \cdot 0,035 = \;\; 4,2 \text{ kNm} \,.$$

Aus den angegebenen Profilabmessungen ergeben sich die Lage des Schwerpunktes S und das Flächenträgheitsmoment I_y:

$$z_o = \frac{\sum z_i A_i}{\sum A_i} = \frac{2 \cdot (20 \cdot 1,2) \cdot 10 + 2 \cdot (10 \cdot 1,2) \cdot 20}{35 \cdot 1,2 + 2 \cdot 20 \cdot 1,2 + 2 \cdot 10 \cdot 1,2} = 8,42 \text{ cm} \,,$$

$$z_u = 20 - z_o = 11,58 \text{ cm} \,,$$

$$I_y = \sum \frac{b_i h_i^3}{12} + \sum A_i \bar{z}_i^2$$

$$= (35 \cdot 1,2) \cdot 8,42^2 + 2 \cdot \frac{20^3 \cdot 1,2}{12}$$

$$+ 2 \cdot (20 \cdot 1,2) \cdot 1,58^2 + 2 \cdot (10 \cdot 1,2) \cdot 11,58^2$$

$$= 7915,8 \text{ cm}^4 \,.$$

zu a) Die Schubspannung infolge Querkraft ergibt sich aus

$$\tau = \frac{Q_z\,S_y}{I_y\,h} = \frac{120}{7915,8 \cdot 1,2}\,S_y = 0,01263\,S_y\,.$$

Das statische Moment S_y hat seinen maximalen Wert an der Stelle $z = 0$:

$$S_{y\,\max} = S(z = 0) = 8,4 \cdot 1,2 \cdot \frac{35}{2} + \frac{1}{2}\,8,4^2 \cdot 1,2 = 218,7\,\text{cm}^3\,.$$

Einsetzen liefert die maximale Schubspannung aus der Querkraft

$$\tau_{Q\,\max} = 0,01263 \cdot 218,7$$

$$\rightsquigarrow \quad \underline{\underline{\tau_{Q\,\max} = 2,76\,\text{kN/cm}^2 = 27,6\,\text{N/mm}^2}}\,.$$

zu b) Die Schubspannung infolge Torsion errechnet sich mit dem Torsionsträgheitsmoment bzw. dem Torsionswiderstandsmoment des Querschnitts

$$I_T = \frac{1}{3}\sum h_i t_i^3 = \frac{1}{3}(35 + 2 \cdot 20 + 2 \cdot 10) \cdot 1,2^3 = 54,7\,\text{cm}^4,$$

$$W_T = \frac{1}{3}\frac{\sum h_i t_i^3}{t_{\max}} = \frac{54,7}{1,2} = 45,6\,\text{cm}^3$$

sowie dem schon bestimmten Torsionsmoment M_T zu

$$\tau_T = \frac{M_T}{W_T} = \frac{4,2 \cdot 10^2}{45,6}$$

$$\rightsquigarrow \quad \underline{\underline{\tau_T = 9,21\,\text{kN/cm}^2 = 92,1\,\text{N/mm}^2}}\,.$$

zu c) Die größte resultierende Schubspannung tritt an der Stelle $z = 0$ auf. Sie ist über die Wanddicke linear verteilt mit den Randwerten

$$\tau_{\text{innen}} = 27,6 - 92,1 = -64,5\,\text{N/mm}^2,$$

$$\tau_{\text{außen}} = 27,6 + 92,1 = 119,7\,\text{N/mm}^2$$

$$\rightsquigarrow \quad \underline{\underline{\tau_{\max} = 119,9\,\text{N/mm}^2}}\,.$$

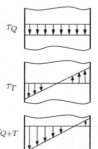

A4.21

Aufgabe 4.21 Ein dünnwandiger Hohlkastenquerschnitt wird in der gegebenen Weise belastet. Gesucht werden für den Querschnitt an der Stelle Ⓐ

a) die Spannungsverläufe (Normalspannungen und Schubspannungen aus Querkraft und Torsion),

b) der Ort der maximalen Hauptspannungen und

c) die Größe und Richtung der Hauptspannungen an der Profilecke im Punkt ⓐ.

Anmerkung: Für den Lastfall Torsion soll am linken Balkenende ein Gabellager angenommen werden.

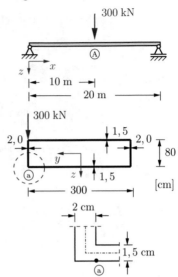

Lösung Das Flächenträgheitsmoment des Querschnitts beträgt

$$I_y = \sum_i \frac{b_i h_i^3}{12} + \sum_i A_i \bar{z}_i^2 = 2 \cdot \frac{2 \cdot 80^3}{12} + 2 \cdot (1,5 \cdot 300) \cdot 40^2 = 1,611 \cdot 10^6 \text{ cm}^4.$$

Die Schnittgrößen an der Stelle Ⓐ (bzw. unmittelbar links davon) ergeben sich zu

$$Q_z = \frac{300}{2} = 150 \text{ kN}, \quad M_y = \frac{300 \cdot 20}{4} = 1500 \text{ kNm},$$

$$M_T = 300 \cdot 1,5 = 450 \text{ kNm}.$$

zu a) Die Normalspannung verteilt sich linear über die Höhe des Querschnitts und hat im Punkt ⓐ den Wert

$$\sigma_x = \frac{M_y}{I_y} z_a = \frac{1500 \cdot 1000 \cdot 1000}{1,611 \cdot 10^6 \cdot 10^4} \cdot 40 \cdot 10 = 37,25 \text{ N/mm}^2.$$

37,25 N/mm²

Die Schubspannungen aus der Querkraft werden über die dargestellten zh-Linie und S_y-Linie bestimmt.

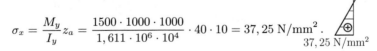

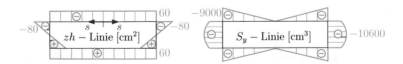

Sie ergeben sich unter Verwendung der S_y-Linie zu

$$\tau_Q = \frac{Q_z S_y}{I_y h} = \frac{150}{1,611 \cdot 10^6} \frac{S_y}{h} = 9,3 \cdot 10^{-5} \frac{S_y}{h} \text{ kN/cm}^2 .$$

An der Stelle ⓐ haben sie die Größe

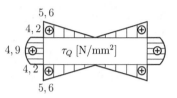

$$\tau_{Qa} = \frac{150 \cdot 9000}{1,611 \cdot 10^6 \cdot 1,5}$$

$$= 0,56 \text{ kN/cm}^2 = 5,6 \text{ N/mm}^2 .$$

Für die Schubspannungen infolge Torsion gilt

$$\tau_T = \frac{M_T}{2 A_T h} , \qquad A_T = 300 \cdot 80 = 24000 \text{ cm}^2$$

$$\rightsquigarrow \underline{\underline{\tau_{Ta}}} = \frac{450 \cdot 10^3 \cdot 10^3}{2 \cdot 24000 \cdot 1,5 \cdot 10^3} = \underline{\underline{6,25 \text{ N/mm}^2}} .$$

zu b) Die maximalen Schubspannungen liegen in den Punkten ⓐ und ⓑ, die maximalen Zugspannungen im Punkt ⓐ. Somit nehmen die Hauptspannungen in ⓐ ihren größten Wert an.

zu c) Im Punkt ⓐ betragen die Schub- und Normalspannungen:

$$\tau_a = \tau_{Qa} + \tau_{Ta} = 5,6 + 6,25 = 11,85 \text{ N/mm}^2 ,$$

$$\sigma_x = 37,25 \text{ N/mm}^2 .$$

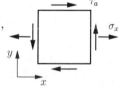

Damit ergeben sich die Hauptspannungen zu

$$\underline{\underline{\sigma_1}} = \frac{\sigma_x}{2} + \sqrt{\left(\frac{\sigma_x}{2}\right)^2 + \tau_a^2} = \underline{\underline{40,7 \text{ N/mm}^2}},$$

$$\underline{\underline{\sigma_2}} = \frac{\sigma_x}{2} - \sqrt{\left(\frac{\sigma_x}{2}\right)^2 + \tau_a^2} = \underline{\underline{-3,45 \text{ N/mm}^2}}.$$

Für die Richtung der Hauptspannung σ_1 erhält man

$$\tan 2\alpha_0 = \frac{2\tau}{\sigma_x} = 0,636 \quad \rightsquigarrow \quad \underline{\underline{\alpha_0 = 16,23°}} .$$

A4.22   **Aufgabe 4.22** Ein eingespannter Träger mit dünnwandigem T-Profil ($t \ll a$) ist durch eine exzentrische Kaft F belastet. Die Einspannung sei so gestaltet, dass eine Querschnittsverwölbung nicht behindert wird.

Wie groß sind die maximalen Spannungen aus Biegung, aus Querkraft und aus Schub und wo treten sie jeweils auf?

Geg.: $t = a/10$, $l = 20\,a$

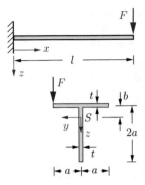

Lösung Wir bestimmen zunächst die Querschnittswerte aus den Profilabmessungen:

$$b = \frac{a}{2},$$

$$I = b^2 2at + \left[\frac{t(2a)^3}{12} + b^2 2at\right] = \frac{1}{6}\,a^4, \quad W = \frac{I}{3a/2} = \frac{1}{9}\,a^3,$$

$$S_S = b\,2at + \frac{b}{2}\frac{at}{2} = \frac{9}{80}\,a^3,$$

$$I_T = \frac{1}{3}\,2(2a)t^3 = \frac{4}{3000}\,a^4, \qquad\qquad W_T = \frac{I_T}{t} = \frac{4}{300}\,a^3.$$

Das Biegemoment ist an der Einspannung ($x = 0$) am größten, während Querkraft und Torsionsmoment über die Balkenlänge konstant sind:

$$M_{\max} = -lF = -20aF, \qquad Q = F, \qquad M_T = aF.$$

Damit erhält man für die maximale Biegespannung (Druck, an der Stegunterseite an der Einspannung), für die maximale Schubspannung aus Querkraft (am Flächenschwerpunkt S) und für die Schubspannung aus Torsion (am äußeren Rand des Querschnitts)

$$\underline{\underline{\sigma_{\max}}} = \frac{|M_{\max}|}{W} = \frac{20aF}{\frac{1}{9}a^3} = 180\,\frac{F}{a^2},$$

$$\underline{\underline{\tau_Q^S}} = \frac{Q\,S_S}{I\,t} = \frac{F\,\frac{9}{80}a^3}{\frac{1}{6}a^4\,\frac{1}{10}a} = \frac{27}{4}\,\frac{F}{a^2},$$

$$\underline{\underline{\tau_{M_T}}} = \frac{M_T}{W_T} = \frac{aF}{\frac{4}{300}a^3} = 75\,\frac{F}{a^2}.$$

Anmerkung: Die Schubspannung aus Querkraft ist klein im Vergleich zur Schubspannung aus Torsion.

Aufgabe 4.23 Ein Meßgerät, bestehend aus einem Torsionsstab (Schubmodul G) mit dem skizzierten dünnwandigen Profil und einem masselosen Zeiger (Zeigerausschlag $\alpha = 0°$ bei $M_T = 0$) wird durch das Torsionsmoment M_T belastet. Wie groß ist der Zeigerausschlag α

a) für das geschlossene Profil,

b) für das im Punkt A geschlitzte Profil?

c) Welches maximale Torsionsmoment $M_{0\text{max}}$ darf im geschlitzten Fall aufgebracht werden, damit τ_{zul} nicht überschritten wird?

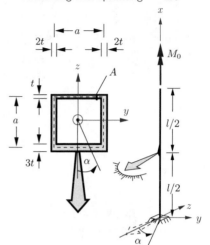

A4.23

Lösung **zu a)** Für das dünnwandig geschlossene Profil gilt mit $A_T = a^2$

$$I_T = \frac{4A_T^2}{\oint \frac{ds}{t}} = \frac{4\left(a^2\right)^2}{\frac{a}{t} + \frac{a}{2t} + \frac{a}{3t} + \frac{a}{2t}} = \frac{4a^4}{\frac{7a}{3t}} = \frac{12}{7}a^3 t \,.$$

Für den Zeigerausschlag bei $x = l/2$ ergibt sich damit

$$\underline{\underline{\alpha}} = \frac{M_T}{GI_T}\frac{l}{2} = \frac{7}{24}\frac{M_0 l}{Ga^3 t} \,.$$

zu b) Für das dünnwandig geschlitzte Profil gilt

$$I_T = \frac{1}{3}\sum_{i=1}^{4} h_i t_i^3 = \frac{1}{3}a\left(t^3 + (2t)^3 + (3t)^3 + (2t)^3\right) = \frac{44}{3}at^3 \,.$$

Der Zeigerausschlag berechnet sich daher zu

$$\underline{\underline{\alpha}} = \frac{M_T}{GI_T}\frac{l}{2} = \frac{3}{88}\frac{M_0 l}{Ga^3 t} \,.$$

zu c) Die maximale Schubspannung tritt an der Stelle mit der größten Profilstärke auf. Für das Torsionswiderstandsmoment gilt

$$W_T = \frac{I_T}{t_{\text{max}}} = \frac{44}{3}\frac{at^3}{3t} = \frac{44}{9}at^2$$

Mit $\tau_{\text{max}} = \tau_{\text{zul}}$ wird das maximale Torsionsmoment $M_{0\text{max}}$ ermittelt:

$$\tau_{\text{zul}} = \frac{M_{0\text{max}}}{W_T} \qquad \rightsquigarrow \qquad \underline{\underline{M_{0\text{max}} = \tau_{\text{zul}}\frac{44}{9}at^2}}$$

A4.24

Aufgabe 4.24 Das skizzierte Trag-werk wird durch eine Kraft F be-lastet und ist aus dem abgebilde-ten dünnwandigen Profil mit dem Schubmodul G gefertigt.

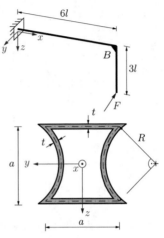

Berechnen Sie

a) die Schubspannung infolge Tor-sion am Lager,

b) die Querschnittsverdrehung im Punkt B.

Geg.: $a = t/10$, l, $R = \dfrac{\sqrt{2}}{2}a$

Lösung zu a) Das Torsionsmoment an der Einspannung beträgt

$$M_T = 3Fl.$$

Wir ermitteln nun das Torsionswiderstandsmoment $W_T = 2A_T t_{\min}$ mit der von der Profilmittellinie umschlossenen Fläche A_T.

$$A_T = a^2 - 2\left(\frac{\pi}{4}R^2 - \frac{1}{2}R^2\right) \quad (\Box - 2\;)$$

$$= a^2\left[1 - 2\left(\frac{\pi}{4}(\frac{\sqrt{2}}{2})^2 - \frac{1}{2}(\frac{\sqrt{2}}{2})^2\right)\right] = \left(\frac{3}{2} - \frac{\pi}{4}\right)a^2 = 0,715a^2$$

Die Schubspannung τ_T infolge Torsion ergibt sich damit zu

$$\underline{\underline{\tau_T}} = \frac{M_T}{W_T} = \frac{3Fl}{2(\frac{3}{2} - \frac{\pi}{4})a^2\frac{a}{10}} = \frac{60Fl}{(6-\pi)a^3} = \underline{\underline{20,991\frac{Fl}{a^3}}}.$$

zu b) Das Torsionsträgheitsmoment I_T berechnet sich nach

$$I_T = \frac{4A_T^2}{\oint \frac{ds}{t}} = \frac{4(\frac{3}{2} - \frac{\pi}{4})^2 a^4}{\frac{a}{t} + \frac{R\pi}{2}\frac{1}{t} + \frac{a}{t} + \frac{R\pi}{2}\frac{1}{t}} = \frac{(6-\pi)^2}{20(\pi\sqrt{2}+4)}a^4 = 0,0484a^4.$$

Für die Verdrehung des Querschnitts bei B erhält man damit

$$\underline{\underline{\vartheta_l}} = \frac{M_T 6l}{GI_T} = \frac{18Fl^2}{0,0484a^4 G} = \underline{\underline{371,9\frac{Fl^2}{Ga^4}}}.$$

Aufgabe 4.25 An dem in der Abbildung dargestellten Kragarm
mit dünnwandigem, offenen Querschnitt ist am freien Ende eine
Pendelstütze angeschweißt, die um
$\Delta\theta$ erwärmt wird.

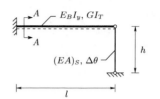

A4.25

Ermitteln Sie

a) den Schubmittelpunkt des dargestellten Querschnitts und

b) die Verdrehung des Querschnitts
an der Stelle $x = l$ infolge der
Temperatureinwirkung.

Geg.: l, h, a, t, $\Delta\theta$, α_ϑ, E_B, I_y, GI_T,
$(EA)_S = 3E_B I_y/h^2$.

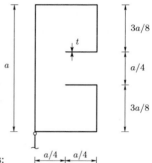

Schnitt $A - A$:

Lösung **zu a)** Bestimmung des Schwerpunkts:

$$\hat{z}_S = 0, \quad \hat{y}_S = -\tfrac{1}{4}a$$

Ermittlung statischer Momente:

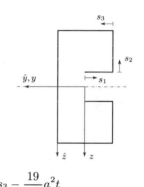

$$S_y(s_i) = \int_0^{s_i} z(s_i)t(s_i)\mathrm{d}\tilde{s}_i$$

$$S_y(s_1) = \int_0^{s_1} -\frac{a}{8}t\,\mathrm{d}\tilde{s}_1 = -\frac{a\,t s_1}{8}$$

$$S_y(s_1 = \frac{a}{4}) = -\frac{a^2 t}{32}$$

$$S_y(s_2) = \int_0^{s_2} -(\frac{a}{8} - \tilde{s}_2)t\,\mathrm{d}\tilde{s}_2 - \frac{a^2 t}{32}$$

$$= -\frac{a\,t}{8}s_2 - \frac{t}{2}s_2^2 - \frac{a^2 t}{32}$$

$$S_y(s_3) = \int_0^{s_3} -\frac{a}{2}t\mathrm{d}\tilde{s}_3 - \frac{19}{128}a^2 t = -\frac{at}{2}s_3 - \frac{19}{128}a^2 t$$

Lage des Schubmittelpunkts:

$$\hat{y}_M = -\frac{1}{I_y} \int_0^l S_y(s) r_t \mathrm{d}s \qquad (r_t \text{ läuft gegen den Uhrzeigersinn})$$

$$\hat{y}_M = \frac{2}{I_y}\left[\int_{s_1=0}^{a/4} -\frac{at}{8}\tilde{s}_1\frac{a}{8}\mathrm{d}\tilde{s}_1 + \int_{s_2=0}^{3a/8}\left(\frac{at}{8}\tilde{s}_2 + \frac{t}{2}\tilde{s}_2^2 + \frac{a^2 t}{32}\right)\frac{a}{2}\mathrm{d}\tilde{s}_2\right.$$

$$\left. + \int_{s_3=0}^{a/2}\left(\frac{at}{2}\tilde{s}_3 + \frac{19}{128}a^2 t\right)\frac{a}{2}\mathrm{d}\tilde{s}_3\right]$$

Damit ergibt sich die Lage der Schubmittelpunkts zu

$$\hat{y}_M = \frac{169}{1024}\frac{a^4 t}{I_y} \approx 0,165\frac{a^4 t}{I_y}.$$

zu b) Das System ist einfach statisch unbestimmt und wird in ein statisch bestimmtes Hauptsystem und ein X-System zerlegt:

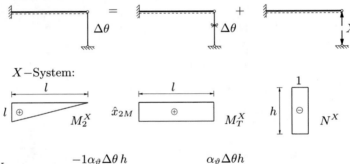

$X-$System:

$$X = -\frac{-1\alpha_\vartheta\Delta\theta\, h}{\dfrac{1 l^3}{3E_B I_y} + \dfrac{h}{(EA)_S} + \dfrac{\hat{y}_M^2 l}{GI_T}} = \frac{\alpha_\vartheta\Delta\theta h}{\dfrac{l^3 + h^3}{3E_B I_y} + \dfrac{\hat{y}_M^2 l}{GI_T}}$$

Damit können das Torsionsmoment und die Verdrehung berechnet werden. Man erhält

$$M_T = X \cdot \hat{y}_M \quad \text{und} \quad \Delta\varphi = \frac{M_T}{GI_T}l.$$

Aufgabe 4.26   Die Abbildung zeigt ein
dünnwandiges Rohr mit regelmäßigem
Sechseckquerschnitt, das zum Anziehen einer Schraube verwendet wird.

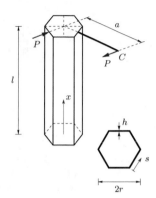

Berechnen Sie

a) den Verlauf der Schnittgrößen im Rohr,

b) das Torsionsträgheitsmoment und das
Torsionswiderstandsmoment,

c) die maximale Schubspannung im Rohr,

d) die Verschiebung u_C des Punktes C
(starrer Hebel).

e) Zeigen Sie, dass am Rohr keine Querschnittsverwölbung $u_S - u_0$ auftritt.

Geg.: P, l, r, h, a, G.

Lösung **zu a)** Für die Schnittgrößen im Rohr ermittelt man durch
Gleichgewichtsbetrachtungen

$$\underline{\underline{N = 0}}, \quad \underline{\underline{Q = 0}}, \quad \underline{\underline{M = 0}}, \quad \underline{\underline{M_T = -Pa}}.$$

zu b) Für die von der Profilmittellinie umschlossene Fläche erhalten
wir

$$A_T = \frac{1}{2} \oint r_t(s)\mathrm{d}s = \frac{1}{2}\, 3\sqrt{3}\, r^2.$$

Das Torsionsträgheitsmoment berechnet sich damit zu

$$\underline{\underline{I_T}} = \frac{4\, A_T^2}{\oint \frac{\mathrm{d}s}{t(s)}} = \underline{\underline{\frac{9}{2} hr^3}}.$$

Das Torsionswiderstandsmoment ergibt sich zu

$$\underline{\underline{W_T}} = 2A_T t_{\min} = \underline{\underline{3\sqrt{3}\, hr^2}}.$$

zu c) Mit dem Torsionsmoment und dem Torsionswiderstandsmoment
berechnet man für die maximale Schubspannung

$$\underline{\underline{\tau_{\max}}} = \frac{|M_T|}{W_T} = \underline{\underline{\frac{\sqrt{3}}{9}\frac{Pa}{hr^2}}}.$$

zu d) Die Verschiebung der Punktes C resultiert nur aus der Verdrehung des dünnwandigen Rohrs, da der Hebel als starr angenommen wird. Daher ist

$$\underline{\underline{u_C}} = a\,|\Delta\varphi| = a\frac{|M_T|l}{GJ_T} = \underline{\underline{\frac{2Pa^2l}{9Ghr^3}}}$$

zu e) Um die Wölbfreiheit zu untersuchen betrachten wir den Ausdruck

$$u_s - u_0 = \vartheta\left(2A_m\frac{\int_0^s\frac{\mathrm{d}s}{t(s)}}{\oint\frac{\mathrm{d}s}{t(s)}} - \int_0^s r_t(\tilde{s})\mathrm{d}\tilde{s}\right).$$

Bei Wölbfreiheit muss die Differenz $u_s - u_0$ an jeder Stelle der Laufkoordinate s verschwinden, z. B. auch für $s = r/2$ am Rand eines beliebigen Teildreiecks der Querschnittsmittelfläche. Das zweite Integral in der Klammer liefert dann die zweifache Fläche des Teildreiecks mit $\tilde{A} = 1/12\,A_m = 1/8\,\sqrt{3}\,r^2$. Damit folgt

$$\begin{aligned}
\underline{\underline{u_{s=1/2\,r} - u_0}} &= \vartheta\left(2A_m\frac{\int_0^s\frac{\mathrm{d}s}{t(s)}}{\oint\frac{\mathrm{d}s}{t(s)}} - \int_0^s r_t(\tilde{s})\mathrm{d}\tilde{s}\right)\\
&= \vartheta\left(3\sqrt{3}\,r^2\frac{r/(2h)}{6\,r/h} - 2\frac{1}{8}\sqrt{3}\,r^2\right)\\
&= \vartheta\left(\frac{1}{4}\sqrt{3}\,r^2 - \frac{1}{4}\sqrt{3}\,r^2\right) = \underline{\underline{0}},
\end{aligned}$$

d. h. der Querschnitt ist wölbfrei.

Kapitel 5

Der Arbeitsbegriff in der Elastostatik

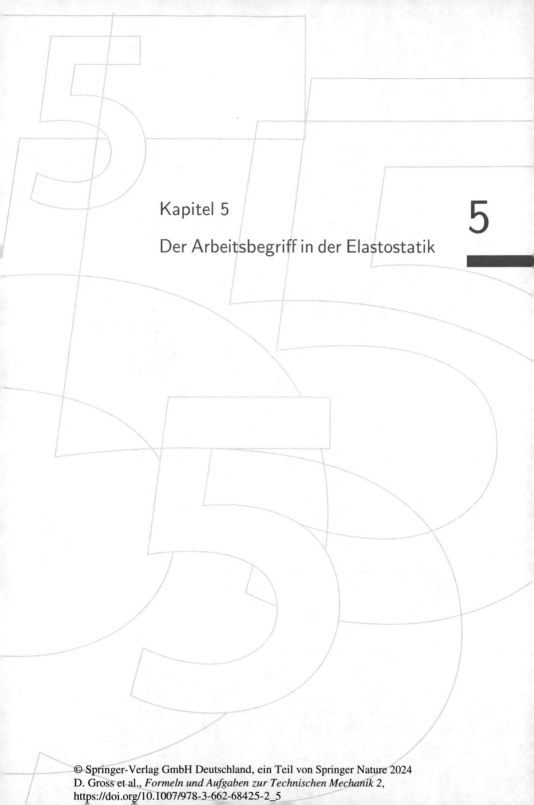

166

Arbeitssatz

Die von den äußeren Kräften (Momenten) bei der Belastung eines elastischen Körpers geleistete Arbeit W ist gleich der im Körper gespeicherten Formänderungsenergie Π :

$$W = \Pi .$$

Für dreidimensionale Probleme der Elastostatik gilt in Indexschreibweise für die spezifische Formänderungsenergie

$$\Pi^* = \frac{E}{2(1+\nu)} \left[\varepsilon_{ik}\, \varepsilon_{ik} + \frac{\nu}{1-2\nu}\, \varepsilon_{ii}^2 \right] = \frac{1}{2E} \left[(1+\nu)\, \sigma_{ik}\, \sigma_{ik} - \nu\, \sigma_{ii}^2 \right],$$

wobei $\varepsilon_{ik}\, \varepsilon_{ik} := \sum\limits_{i=1}^{3} \sum\limits_{k=1}^{3} \varepsilon_{ik}\, \varepsilon_{ik}$ und $\varepsilon_{ii} := \sum\limits_{i=1}^{3} \varepsilon_{ii}$.

Für Stäbe und Balken gilt:

Beanspruchung	Formänderungs-energie pro Längeneinheit	Formänderungs-energie
Zug / Druck	$\Pi^* = \frac{1}{2} \frac{N^2}{EA}$	$\Pi = \frac{1}{2} \int\limits_l \frac{N^2}{EA}\, \mathrm{d}x$
Biegung	$\Pi^* = \frac{1}{2} \frac{M^2}{EI}$	$\Pi = \frac{1}{2} \int\limits_l \frac{M^2}{EI}\, \mathrm{d}x$
Schub	$\Pi^* = \frac{1}{2} \frac{Q^2}{GA_S}$	$\Pi = \frac{1}{2} \int\limits_l \frac{Q^2}{GA_S}\, \mathrm{d}x$
Torsion	$\Pi^* = \frac{1}{2} \frac{M_T^2}{GI_T}$	$\Pi = \frac{1}{2} \int\limits_l \frac{M_T^2}{GI_T}\, \mathrm{d}x$

Gesamte Formänderungsenergie (Zug + Biegung + Schub + Torsion):

$$\Pi = \int\limits_l \frac{N^2}{2EA}\, \mathrm{d}x + \int\limits_l \frac{M^2}{2EI}\, \mathrm{d}x + \int\limits_l \frac{Q^2}{2GA_S}\, \mathrm{d}x + \int\limits_l \frac{M_T^2}{2GI_T}\, \mathrm{d}x .$$

Sonderfall Stab ($N = $ const, $EA = $ const): $\Pi = \dfrac{N^2 l}{2EA}$.

Sonderfall Fachwerk: $\Pi = \sum\limits_i \dfrac{S_i^2\, l_i}{2EA_i}$.

Anmerkung: Beim schlanken Balken kann der Schubanteil gegenüber dem Biegeanteil vernachlässigt werden.

Prinzip der virtuellen Kräfte

Die Verschiebung eines Punktes bei Längskraft, Biegung und Torsion errechnet sich aus

$$f_i = \int\limits_l \frac{N\overline{N}}{EA}\, \mathrm{d}x + \int\limits_l \frac{M\overline{M}}{EI}\, \mathrm{d}x + \int\limits_l \frac{Q\overline{Q}}{GA_S}\, \mathrm{d}x + \int\limits_l \frac{M_T\overline{M}_T}{GI_T}\, \mathrm{d}x \,.$$

Dabei sind

$$
\begin{aligned}
f_i &= \text{Verschiebung (Verdrehung) an der Stelle } i, \\
N, M, Q, M_T &= \text{Schnittgrößen infolge gegebener äußerer Belastung,} \\
\overline{N}, \overline{M}, \overline{Q}, \overline{M}_T &= \text{Schnittgrößen infolge } \textit{virtueller} \text{ Kraft (Moment) „1" an der Stelle } i \text{ in Richtung von } f_i.
\end{aligned}
$$

Da die Schubkraftanteile im allgemeinen klein gegenüber der restlichen Belastung sind, werden sie in den folgenden Aufgaben vernachlässigt.

Sonderfall Fachwerk:

$$f_i = \sum_k \frac{S_k\overline{S}_k}{EA_k}\, l_k \,,$$

Sonderfall Biegebalken:

$$f_i = \int\limits_l \frac{M\overline{M}}{EI}\, \mathrm{d}x \,.$$

Anwendung bei statisch bestimmten Problemen

Um die Verschiebung f_i an einer beliebigen Stelle i zu bestimmen, werden die Schnittgrößenverläufe infolge der äußeren Belastung (M) und infolge der *virtuellen* Belastung $(\overline{M})$ bestimmt.

Die Auswertung der Integrale $\int M\overline{M}\mathrm{d}x$ kann durch Verwendung der Integraltafel vereinfacht werden (siehe Seite 168).

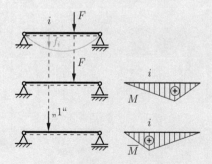

M_i \ M_k	$k\ \square\ k$ (s)	$\triangle\ k$ (s)	$k\ \triangle$ (s)
$i\ \square\ i$ (s)	sik	$\frac{1}{2}sik$	$\frac{1}{2}sik$
$\triangle\ i$ (s)	$\frac{1}{2}sik$	$\frac{1}{3}sik$	$\frac{1}{6}sik$
$i_1\ \square\ i_2$ (s)	$\frac{s}{2}(i_1+i_2)k$	$\frac{s}{6}(i_1+2i_2)k$	$\frac{s}{6}(2i_1+i_2)k$
quadratische Parabel: Scheitel-Spitze i (s)	$\frac{2}{3}sik$	$\frac{1}{3}sik$	$\frac{1}{3}sik$
quadratische Parabel: i rechts (s)	$\frac{2}{3}sik$	$\frac{5}{12}sik$	$\frac{1}{4}sik$
quadratische Parabel: i rechts (s)	$\frac{1}{3}sik$	$\frac{1}{4}sik$	$\frac{1}{12}sik$
kubische Parabel: i rechts (s)	$\frac{1}{4}sik$	$\frac{1}{5}sik$	$\frac{1}{20}sik$
kubische Parabel: i rechts (s)	$\frac{3}{8}sik$	$\frac{11}{40}sik$	$\frac{1}{10}sik$
kubische Parabel: i (s)	$\frac{1}{4}sik$	$\frac{2}{15}sik$	$\frac{7}{60}sik$

Quadratische Parabeln: $-\!\circ\!- \;\widehat{=}\;$ Parabelscheitel,

Kubische Parabeln: $-\!\circ\!- \;\widehat{=}\;$ Nullstelle der Dreiecksbelastung $q(x)$.

$k_1 \;\square\; k_2$ \ s	$\rightarrow\!\alpha s\!\leftarrow\!\beta s\!\leftarrow$ \ k \ s	quadratische Parabeln k \ s	k \ s
$\dfrac{si}{2}(k_1+k_2)$	$\dfrac{1}{2}sik$	$\dfrac{2}{3}sik$	$\dfrac{2}{3}sik$
$\dfrac{si}{6}(k_1+2k_2)$	$\dfrac{1}{6}sik(1+\alpha)$	$\dfrac{1}{3}sik$	$\dfrac{1}{4}sik$
$\dfrac{s}{6}(2i_1k_1+i_1k_2+2i_2k_2+i_2k_1)$	$\dfrac{sk}{6}[(1+\beta)i_1+(1+\alpha)i_2]$	$\dfrac{sk}{3}(i_1+i_2)$	$\dfrac{sk}{12}(5i_1+3i_2)$
$\dfrac{si}{3}(k_1+k_2)$	$\dfrac{1}{3}sik(1+\alpha\beta)$	$\dfrac{8}{15}sik$	$\dfrac{7}{15}sik$
$\dfrac{si}{12}(3k_1+5k_2)$	$\dfrac{sik}{12}(5-\beta-\beta^2)$	$\dfrac{7}{15}sik$	$\dfrac{11}{30}sik$
$\dfrac{si}{12}(k_1+3k_2)$	$\dfrac{sik}{12}(1+\alpha+\alpha^2)$	$\dfrac{1}{5}sik$	$\dfrac{2}{15}sik$
$\dfrac{si}{20}(k_1+4k_2)$	$\dfrac{sik}{20}(1+\alpha)(1+\alpha^2)$	$\dfrac{2}{15}sik$	$\dfrac{1}{12}sik$
$\dfrac{si}{40}(4k_1+11k_2)$	$\dfrac{sik}{10}(1+\alpha+\alpha^2-\dfrac{\alpha^3}{4})$	$\dfrac{11}{15}sik$	$\dfrac{29}{120}sik$
$\dfrac{si}{60}(7k_1+8k_2)$	$\dfrac{sik}{20}(1+\alpha)(\dfrac{7}{3}-\alpha^2)$	$\dfrac{1}{5}sik$	$\dfrac{1}{6}sik$

Trapeze: Einzelne i- bzw. k-Werte können auch negativ sein.

Anwendung bei statisch unbestimmten Problemen

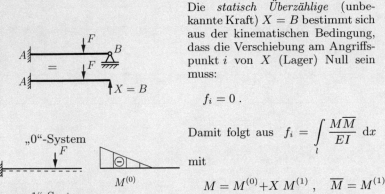

Die *statisch Überzählige* (unbekannte Kraft) $X = B$ bestimmt sich aus der kinematischen Bedingung, dass die Verschiebung am Angriffspunkt i von X (Lager) Null sein muss:

$$f_i = 0 \; .$$

Damit folgt aus $\quad f_i = \displaystyle\int_l \frac{M\overline{M}}{EI} \, \mathrm{d}x$

mit

$$M = M^{(0)} + X \, M^{(1)} \; , \quad \overline{M} = M^{(1)}$$

für die statisch Unbestimmte

$$X = B = - \frac{\int M^{(0)} M^{(1)} \mathrm{d}x}{\int M^{(1)} M^{(1)} \mathrm{d}x} \; .$$

Die Auswertung der Integrale erfolgt zweckmäßig mit Hilfe der Integraltafel auf Seite 168.

Anmerkung: Bei n-fach statisch unbestimmten Problemen treten n *statisch Unbestimmte* (unbekannte Kräfte oder Momente) X_i auf, die aus n kinematischen Bedingungen (zum Beispiel $f_i = 0$) bestimmt werden.

Verfahren von CASTIGLIANO

Die Ableitung der Formänderungsenergie Π nach der äußeren Kraft (dem Moment) F_i ist gleich der Verschiebung (Verdrehung) f_i des Angriffspunktes der Kraft (des Momentes) in Richtung der Kraft (des Momentes):

$$f_i = \frac{\partial \Pi}{\partial F_i} \; .$$

Vertauschungssatz von MAXWELL-BETTI

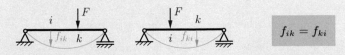

$$f_{ik} = f_{ki}$$

Aufgabe 5.1 Das dargestellte
Fachwerk besteht aus Stäben
gleicher Dehnsteifigkeit EA.

Wie groß muss die Kraft F
sein, damit die Vertikalverschiebung der Kraftangriffsstelle den Wert f_0 annimmt?

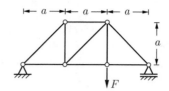

Lösung Die Lösung erfolgt mit Hilfe des Arbeitssatzes $W = \Pi$. Damit die Verschiebung den Wert f_0 erreicht, muss die Kraft die Arbeit
$W = \frac{1}{2} F f_0$ leisten. Die Formänderungsenergie Π errechnet sich aus

$$\Pi = \frac{1}{2} \sum \frac{S_i^2 l_i}{EA_i} = \frac{1}{2EA} \sum S_i^2 l_i \ .$$

Mit den Lagerkräften $A = F/3$ und $B = 2F/3$ ergeben sich die in der Tabelle zusammengestellten Werte.

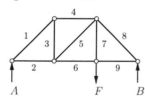

Damit folgt

$$F = \frac{9EAf_0}{4(5 + 3\sqrt{2})a} \ .$$

i	l_i	S_i	$\dfrac{S_i^2 l_i}{F^2 a}$
1	$\sqrt{2}a$	$-\sqrt{2}F/3$	$2\sqrt{2}/9$
2	a	$F/3$	$1/9$
3	a	$F/3$	$1/9$
4	a	$-F/3$	$1/9$
5	$\sqrt{2}a$	$-\sqrt{2}F/3$	$2\sqrt{2}/9$
6	a	$2F/3$	$4/9$
7	a	F	$9/9$
8	$\sqrt{2}a$	$-2\sqrt{2}F/3$	$8\sqrt{2}/9$
9	a	$2F/3$	$4/9$

$$\sum S_i^2 l_i = \frac{4}{9}(5 + 3\sqrt{2})F^2 a$$

Alternativ kann die Aufgabe auch mit dem Satz von CASTIGLIANO
gelöst werden. Aus der Formänderungsenergie

$$\Pi = \frac{1}{2} \sum \frac{S_i^2 l_i}{EA_i} = \frac{2}{9} \frac{(5 + 3\sqrt{2})}{EA} F^2 a$$

folgt mit der Bedingung

$$f_0 = \frac{\partial \Pi}{\partial F} = \frac{4}{9} \frac{(5 + 3\sqrt{2})}{EA} Fa$$

durch Auflösen nach F

$$F = \frac{9EAf_0}{4(5 + 3\sqrt{2})a} \ .$$

A5.2   Aufgabe 5.2 Der durch die Kraft F belastete *dehnstarre* Balken (Biegesteifigkeit EI) wird durch ein schräges Seil
(Dehnsteifigkeit EA) gehalten.

Wie groß ist die Vertikalverschiebung
f der Kraftangriffsstelle?

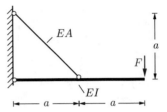

Lösung Die Aufgabe kann durch direkte Anwendung des Arbeitssatzes

$$W = \Pi$$

gelöst werden. Dabei ist die Arbeit der äußeren Kraft F

$$W = \frac{1}{2} F f \ .$$

Die Formänderungsenergie setzt sich aus der des Balkens und der des
Seils zusammen:

$$\Pi = \Pi_S + \Pi_B \ .$$

Mit

$$\curvearrowright A: \ 2aF - \frac{\sqrt{2}}{2} aS = 0 \quad \rightsquigarrow \quad S = \frac{4}{\sqrt{2}} F$$

$$\uparrow: \ A_V + S \frac{\sqrt{2}}{2} - F = 0 \rightsquigarrow A_V = -F$$

und

$$M(x) = -Fx \qquad (0 \leq x \leq a)$$

erhält man für das Seil

$$\Pi_S = \frac{S^2 l}{2EA} = 4\sqrt{2} \frac{F^2 a}{EA}$$

und für den Balken (bei Ausnutzung der Symmetrie von $M(x)$)

$$\Pi_B = \int \frac{M^2}{2EI} \, \mathrm{d}x = 2 \int\limits_0^a \frac{F^2 x^2}{2EI} \, \mathrm{d}x = \frac{1}{3} \frac{F^2 a^3}{EI} \ .$$

Durch Einsetzen folgt schließlich

$$\underline{\underline{f = \frac{2}{3} \frac{Fa^3}{EI} + 8\sqrt{2} \frac{Fa}{EA}}} \ .$$

Anmerkung: Im Bereich AB wirkt im Balken die Druckkraft $N = 2F$.
Der entsprechende Formänderungsenergieanteil ist Null, da der Balken als *dehnstarr* angenommen wurde.

Aufgabe 5.3 Bei dem durch die Kraft F belasteten Fachwerk haben alle Stäbe die gleiche Dehnsteifigkeit EA.

Wie groß sind die Vertikal- und die Horizontalverschiebung des Knotens *III*?

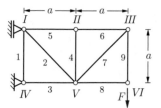

A5.3

Lösung Beim Verfahren der virtuellen Kräfte ergeben sich die Verschiebungen mit $EA_i = EA$ aus

$$f = \sum \frac{S_i \overline{S}_i}{EA_i} l_i = \frac{1}{EA} \sum S_i \overline{S}_i l_i \,.$$

Da das System statisch bestimmt ist, können die Stabkräfte S_i infolge der Last F allein aus dem Gleichgewicht bestimmt werden.
Durch Belastung von *III* mit der virtuellen Kraft „1" in vertikaler bzw. in horizontaler Richtung, erhält man die Stabkräfte $\overline{S}_i^{(V)}$ bzw. $\overline{S}_i^{(H)}$.

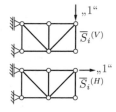

i	l_i	S_i	$\overline{S}_i^{(V)}$	$S_i \overline{S}_i^{(V)} l_i$	$\overline{S}_i^{(H)}$	$S_i \overline{S}_i^{(H)} l_i$
1	a	$-F$	-1	Fa	0	0
2	$\sqrt{2}a$	$\sqrt{2}F$	$\sqrt{2}$	$2\sqrt{2}Fa$	0	0
3	a	$-2F$	-2	$4Fa$	0	0
4	a	0	0	0	0	0
5	a	F	1	Fa	1	Fa
6	a	F	1	Fa	1	Fa
7	$\sqrt{2}a$	$-\sqrt{2}F$	$-\sqrt{2}$	$2\sqrt{2}Fa$	0	0
8	a	0	0	0	0	0
9	a	F	0	0	0	0
				$\sum S_i \overline{S}_i^{(V)} l_i = (7 + 4\sqrt{2})Fa$		$\sum S_i \overline{S}_i^{(H)} l_i = 2Fa$

Damit ergeben sich die Vertikal- und die Horizontalverschiebung zu

$$f_V = (7 + 4\sqrt{2})\frac{Fa}{EA}\,, \qquad f_H = 2\frac{Fa}{EA}\,.$$

A5.4　Aufgabe 5.4　Der dargestellte Rahmen (Biegesteifigkeit EI) eines ebenen Tragwerks wird durch zwei Einzellasten F belastet.

Man berechne für die biegesteife Rahmenecke C
1. die Horizontalverschiebung,
2. die Vertikalverschiebung,
3. die Verdrehung.

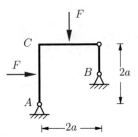

Lösung　Mit dem Prinzip der virtuellen Kräfte lassen sich die Verschiebungen (unter Vernachlässigung der Schub-, Zug- und Torsionsanteile) aus

$$f_i = \int\limits_l \frac{M\overline{M}}{EI}\,\mathrm{d}x$$

bestimmen. Für den Momentenverlauf M infolge der gegebenen Belastung F erhält man:

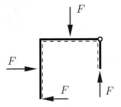

1. Horizontalverschiebung der Rahmenecke: Wir bringen an der Stelle C eine virtuelle Horizontalkraft „1" an und ermitteln den zugehörigen Momentenverlauf.

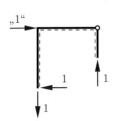 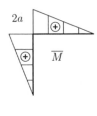

Durch Bereichseinteilung, Symmetrie der Belastung und Anwendung der Integraltafel ergibt sich für die Verschiebungen:

$$\underline{\underline{f_H}} = \frac{1}{EI} \int M\overline{M}\,\mathrm{d}x = \frac{2}{EI}\left(\int_0^a M\overline{M}\,\mathrm{d}x + \int_a^{2a} M\overline{M}\,\mathrm{d}x\right)$$

$$= \frac{2}{EI}\left(\frac{1}{3}(a)(a)(Fa) + \frac{a}{2}(a+2a)Fa\right)$$

$$= \underline{\underline{\frac{11}{3}\frac{Fa^3}{EI}}}\ .$$

2. Vertikalverschiebung der Rahmenecke: Das Aufbringen der virtuellen Vertikalkraft „1" führt zu keiner Momentenbelastung im Rahmen und somit auch zu keiner Verschiebung:

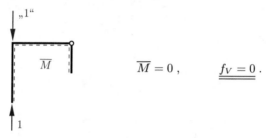

$$\overline{M} = 0\,, \qquad \underline{\underline{f_V = 0}}\ .$$

3. Verdrehung der Rahmenecke: Das virtuelle Moment „1" in C aufgebracht ergibt den folgenden Momentenverlauf $\overline{M}$:

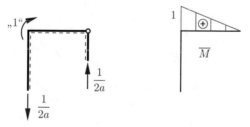

Für die Verdrehung ψ der Rahmenecke folgt durch Bereichseinteilung und Anwendung der Integraltafel:

$$\underline{\underline{\psi}} = \frac{1}{EI}\left(\int_0^a M\overline{M}\,\mathrm{d}x + \int_a^{2a} M\overline{M}\,\mathrm{d}x\right)$$

$$= \frac{1}{EI}\left(\frac{Fa^2}{2}\left(1+\frac{1}{2}\right) + \frac{1}{3}\,a\,Fa\,\frac{1}{2}\right)$$

$$= \underline{\underline{\frac{11}{12}\frac{Fa^2}{EI}}}\ .$$

A5.5

Aufgabe 5.5 Wie groß sind die Vertikalverschiebung f_B und die Winkelverdrehung ψ_B am Rahmenende B?

Die Balken seien als dehnstarr angenommen.

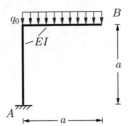

Lösung Nach der Methode der virtuellen Kräfte bestimmen sich Verschiebungen und Verdrehungen aus

$$f = \int \frac{M\overline{M}}{EI}\, \mathrm{d}x .$$

Für das Grund- und die Hilfssysteme erhält man:

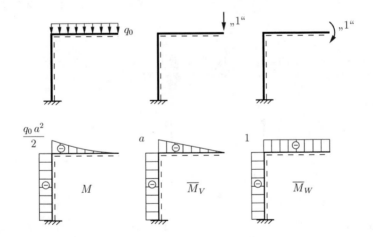

Damit folgen unter Verwendung der Integraltafel

$$\underline{\underline{f_B}} = \frac{1}{EI} \int M\overline{M}_V \mathrm{d}x = \frac{1}{EI}\left[\frac{a}{4} \cdot \frac{q_0 a^2}{2} \cdot a + a \cdot \frac{q_0 a^2}{2} \cdot a \right] = \underline{\underline{\frac{5}{8} \frac{q_0 a^4}{EI}}} ,$$

$$\underline{\underline{\psi_B}} = \frac{1}{EI} \int M\overline{M}_W \mathrm{d}x = \frac{1}{EI}\left[\frac{a}{3} \cdot \frac{q_0 a^2}{2} \cdot 1 + a \cdot \frac{q_0 a^2}{2} \cdot 1 \right] = \underline{\underline{\frac{2}{3} \frac{q_0 a^3}{EI}}} .$$

Aufgabe 5.6 Der dargestellte Rahmen besteht aus Trägern gleicher Biegesteifigkeit EI.

Wie groß sind die Vertikal- und die Horizontalverschiebung des Kraftangriffspunktes?

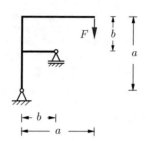

Lösung Nach dem Verfahren der virtuellen Kräfte lassen sich die Verschiebungen aus

$$f = \int \frac{M\overline{M}}{EI}\,dx$$

bestimmen. Für den Momentenverlauf M sowie die Verläufe $\overline{M}_V$, $\overline{M}_H$ infolge von Einheitskräften in vertikaler bzw. in horizontaler Richtung erhält man:

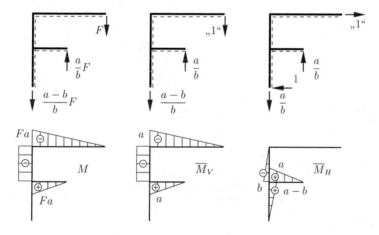

Unter Verwendung der Integraltafel (Seite 168) ergeben sich damit

$$\underline{\underline{f_V}} = \frac{1}{EI}\left\{\frac{1}{3}a(-Fa)(-a) + b(-Fa)(-a) + \frac{1}{3}b(Fa)a\right\} = \frac{Fa^3}{3EI}\left(1 + \frac{4b}{a}\right),$$

$$\underline{\underline{f_H}} = \frac{1}{EI}\left\{\frac{1}{2}b(-Fa)(-b) + \frac{1}{3}b(Fa)a\right\} = \frac{Fa^2b}{3EI}\left(1 + \frac{3b}{2a}\right).$$

A5.7   **Aufgabe 5.7** Das dargestellte System besteht aus einem eingespannten, *dehnstarren* Balken (Biegesteifigkeit EI) und zwei Stäben gleicher Dehnsteifigkeit EA.

Wie groß sind die Vertikal- und die Horizontalverschiebung des Kraftangriffspunktes?

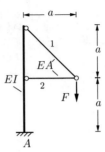

Lösung Der Balken wird auf Biegung und die Stäbe werden auf Zug bzw. auf Druck beansprucht. Nach dem Verfahren der virtuellen Kräfte bestimmen sich die Verschiebungen aus

$$ f = \int \frac{M\overline{M}}{EI}\, dx + \sum_i \frac{S_i \overline{S}_i}{EA_i}\, l_i \ . $$

Da das System statisch bestimmt ist, lassen sich M und S_i sofort ermitteln. Man erhält

$$ S_1 = \sqrt{2}\, F \ , $$

$$ S_2 = -F \ . $$

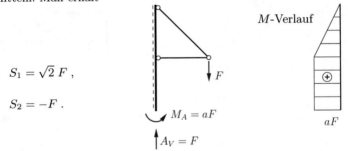

Zur Bestimmung der Vertikalverschiebung muss das System durch die Kraft „1" in vertikaler Richtung belastet werden. Ersetzt man F durch „1", so können obige Ergebnisse übernommen werden:

$$ \overline{S}_{1V} = \sqrt{2} \ , $$

$$ \overline{S}_{2V} = -1 \ . $$

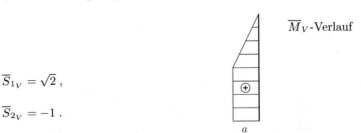

Damit erhält man unter Verwendung der Integraltafel

$$\underline{\underline{f_V}} = \frac{1}{EI}\left\{a(aF)a + \frac{1}{3}a(aF)a\right\}$$

$$+\frac{1}{EA}\left\{\sqrt{2}F\cdot\sqrt{2}\cdot\sqrt{2}a + (-F)(-1)a\right\}$$

$$= \frac{4}{3}\frac{Fa^3}{EI} + \frac{(1+2\sqrt{2})Fa}{EA}\ .$$

Für die Horizontalverschiebung wird das folgende Hilfssystem verwendet:

$$\overline{S}_{1_H} = 0\ ,$$

$$\overline{S}_{2_H} = 1\ .$$

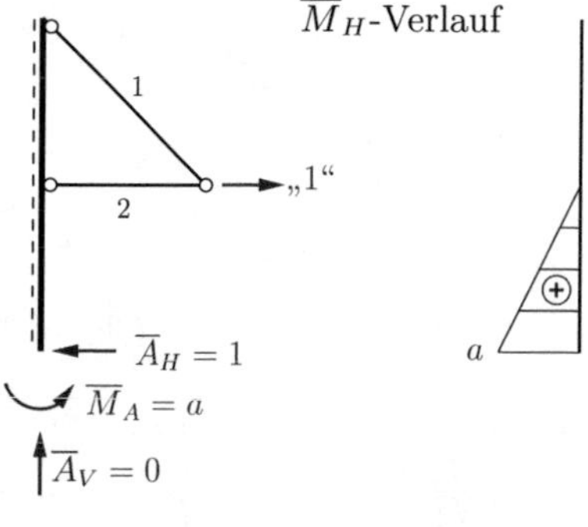

$\overline{M}_H$-Verlauf

$\overline{A}_H = 1$

$\overline{M}_A = a$

$\overline{A}_V = 0$

Für f_H ergibt sich daraus

$$\underline{\underline{f_H}} = \frac{1}{EI}\left\{\frac{1}{2}a(aF)a + 0\right\} + \frac{1}{EA}\left\{0 + (-F)\cdot 1\cdot a\right\}$$

$$= \frac{Fa^3}{2EI} - \frac{Fa}{EA}\ .$$

Anmerkung: Für $\dfrac{EI}{a^2EA} = \dfrac{1}{2}$ wird $f_H = 0$. Für einen biegestarren Balken $(EI \to \infty)$ verschiebt sich der Kraftangriffspunkt nach links $(f_H < 0)$.

A5.8   Aufgabe 5.8   Wie groß ist die
Vertikalverschiebung f in der Mitte
des Balkens?

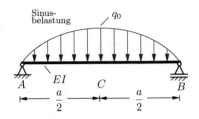

Lösung Nach der Methode der virtuellen Kräfte bestimmt sich die Vertikalverschiebungen aus

$$f = \int \frac{M\overline{M}}{EI}\,\mathrm{d}x \ .$$

Der Momentenverlauf M infolge der gegebenen Belastung wird durch Integration berechnet:

$$q(x) = q_0 \sin\left(\frac{\pi}{a}x\right), \quad Q = q_0\,\frac{a}{\pi}\,\cos\left(\frac{\pi}{a}x\right), \quad M = q_0\,\frac{a^2}{\pi^2}\sin\left(\frac{\pi}{a}x\right) .$$

Für die virtuelle Belastung „1" folgt:

$$\overline{M} = \begin{cases} \overline{A}\,x = \dfrac{1}{2}x, & x \le a/2 \\[2mm] \overline{B}\,(a-x) = \dfrac{a-x}{2}, & x \ge a/2 \end{cases}$$

Damit erhält man für die gesuchte Vertikalverschiebung

$$f = \int \frac{M\overline{M}}{EI}\,\mathrm{d}x = \frac{1}{EI}\left\{ \int_0^{a/2} \frac{x}{2}\,M\,\mathrm{d}x + \int_{a/2}^a \left(\frac{a-x}{2}\right)M\,\mathrm{d}x \right\} .$$

Integration unter Verwendung von

$$\int x \sin cx\,\mathrm{d}x = \frac{\sin cx}{c^2} - \frac{x\cos cx}{c}$$

liefert das Ergebnis

$$\underline{\underline{f}} = \frac{q_0\,a^2}{2\,EI\,\pi^2}\left\{ \left[\frac{\sin\left(\frac{\pi}{a}x\right)}{\frac{\pi^2}{a^2}} - \frac{x\cos\left(\frac{\pi}{a}x\right)}{\frac{\pi}{a}} \right]_0^{a/2} \right.$$

$$\left. + \left[\frac{-a^2}{\pi}\cos\left(\frac{\pi}{a}x\right) - \frac{\sin\left(\frac{\pi}{a}x\right)}{\frac{\pi^2}{a^2}} + \frac{x\cos\left(\frac{\pi}{a}x\right)}{\frac{\pi}{a}} \right]_{a/2}^a \right\} = \underline{\underline{\frac{a^4}{\pi^4}\,\frac{q_0}{EI}}} .$$

Aufgabe 5.9 Ein eingespannter Vier-
telkreisbogen ist durch die Kraft F
belastet.

Wie groß sind die Vertikal- und
die Horizontalverschiebung des
Kraftangriffspunktes, wenn nur
die Formänderung infolge Biegung
berücksichtigt wird?

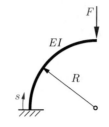

Lösung Wir verwenden das Verfahren der virtuellen Kräfte. Danach
errechnet sich eine Verschiebung aus

$$f = \int \frac{M\overline{M}}{EI}\,\mathrm{d}s\,.$$

Der Momentenverlauf M ergibt sich
zu

$$M = -FR\cos\varphi\,.$$

Zur Bestimmung der Vertikalverschiebung
wird eine Kraft „1" in vertikaler Richtung an-
gebracht. Man erhält

$$\overline{M}_V = -R\cos\varphi$$

und mit $\mathrm{d}s = R\,\mathrm{d}\varphi$ die Verschiebung

$$\underline{\underline{f_V}} = \frac{R}{EI}\int_0^{\pi/2} M\overline{M}_V\,\mathrm{d}\varphi = \frac{FR^3}{EI}\int_0^{\pi/2}\cos^2\varphi\,\mathrm{d}\varphi = \underline{\underline{\frac{\pi FR^3}{4EI}}}\,.$$

Aus einer Einheitslast in horizontaler Richtung folgen

$$\overline{M}_H = -R(1-\sin\varphi)$$

und

$$\underline{\underline{f_H}} = \frac{R}{EI}\int_0^{\pi/2} M\overline{M}_H\,\mathrm{d}\varphi = \frac{R^3 F}{EI}\int_0^{\pi/2}(\cos\varphi - \sin\varphi\cos\varphi)\,\mathrm{d}\varphi = \underline{\underline{\frac{FR^3}{4EI}}}\,.$$

Anmerkung: Bei der Integration wurden folgende Beziehungen verwen-
det: $\cos^2\varphi = \frac{1}{2}(1+\cos 2\varphi)$ und $\sin\varphi\cos\varphi = \frac{1}{2}\sin 2\varphi\,.$

A5.10   **Aufgabe 5.10**   Das dargestellte Fachwerk besteht aus
Stäben gleicher Dehnsteifigkeit EA.

Wie groß sind die Stabkräfte
und wie groß ist die Ver-
tikalverschiebung des Kraftangriffspunktes?

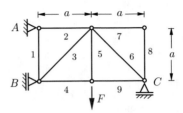

Lösung   Das Fachwerk ist einfach statisch unbestimmt gelagert. Wir
betrachten die Lagerkraft C als statisch Überzählige und bestimmen
sie aus der Bedingung

$$f_C = \sum \frac{S_i \, \overline{S}_i \, l_i}{EA_i} = \frac{1}{EA} \sum S_i \, \overline{S}_i \, l_i = 0 \, .$$

Es werden hier lediglich die Stabkräfte für das „0"-System berechnet.
Die Werte für das „1"- und „2"-System können durch analoges Vorgehen bestimmt werden.

„0"-System: **„1"-System:**

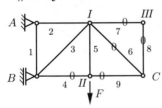   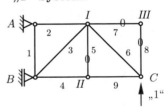

z. B. am Knoten I („0"-System):

↑: $S_3 = -\sqrt{2}S_5 = -\sqrt{2}F$

→: $S_2 = F$

z. B. am Knoten B („0"-System):

↑: $S_1 = -\dfrac{\sqrt{2}}{2} S_3 = F$

Mit $S_i = S_i^{(0)} + C \cdot S_i^{(1)}$ und $\overline{S}_i = S_i^{(1)}$ folgt

$$\underline{\underline{C}} = -\frac{\sum S_i^{(0)} S_i^{(1)} l_i}{\sum S_i^{(1)} S_i^{(1)} l_i} = \underline{\underline{\frac{3 + 2\sqrt{2}}{7 + 4\sqrt{2}}}} F \, .$$

i	l_i	$S_i^{(0)}$	$S_i^{(1)}$	$S_i^{(0)} S_i^{(1)} l_i$	$S_i^{(1)} S_i^{(1)} l_i$	$S_i^{(2)}$
1	a	F	-1	$-Fa$	a	1
2	a	F	-2	$-2Fa$	$4a$	1
3	$\sqrt{2}a$	$-\sqrt{2}F$	$\sqrt{2}$	$-2\sqrt{2}Fa$	$2\sqrt{2}a$	$-\sqrt{2}$
4	a	0	1	0	a	0
5	a	F	0	0	0	1
6	$\sqrt{2}a$	0	$-\sqrt{2}$	0	$2\sqrt{2}a$	0
7	a	0	0	0	0	0
8	a	0	0	0	0	0
9	a	0	1	0	a	0
			$\sum =$	$\left(-3 - 2\sqrt{2}\right) Fa$	$\left(7 + 4\sqrt{2}\right) a$	

Damit erhält man für die Stabkräfte

$$S_1 = \frac{4 + 2\sqrt{2}}{7 + 4\sqrt{2}}\, F, \quad S_2 = \frac{1}{7 + 4\sqrt{2}}\, F, \quad S_3 = -\frac{4 + 4\sqrt{2}}{7 + 4\sqrt{2}}\, F,$$

$$S_4 = S_9 = \frac{3 + 2\sqrt{2}}{7 + 4\sqrt{2}}\, F, \quad S_5 = F, \quad S_6 = -\frac{4 + 3\sqrt{2}}{7 + 4\sqrt{2}}\, F, \quad S_7 = S_8 = 0.$$

Um die Vertikalverschiebung von F zu ermitteln, fassen wir das System als ein durch F *und* C belastetes, statisch bestimmtes System auf, das der Lagerbedingung $f_C = 0$ genügt. Dann kennen wir bereits die S_i.

„2"-System:

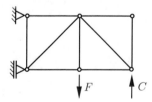
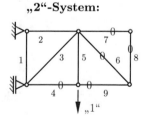

Mit den Stabkräften $\overline{S}_i = S_i^{(2)}$ des Hilfssystems „2" ergibt sich damit

$$\underline{\underline{f_F}} = \frac{1}{EA} \sum S_i \overline{S}_i l_i$$

$$= \frac{Fa}{EA\left(7 + 4\sqrt{2}\right)} \left[(4 + 2\sqrt{2}) + 1 - (4 + 4\sqrt{2})(-\sqrt{2})\sqrt{2} + (7 + 4\sqrt{2})\right]$$

$$= \underline{\underline{\frac{20 + 14\sqrt{2}}{7 + 4\sqrt{2}} \frac{Fa}{EA}}}.$$

A5.11

Aufgabe 5.11 Für den dargestellten
Rahmen sind der Momentenverlauf
und die Horizontalverschiebung f_H
des Lagers B zu bestimmen.

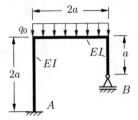

Lösung Das System ist einfach statisch unbestimmt. Zur Ermittlung
der Lagerreaktionen wird das Verfahren der virtuellen Kräfte verwendet, wobei das Einspannmoment M_A als statisch Überzählige aufgefasst
wird: $X = M_A$. Damit ergeben sich im „0"- und im „1"-System die folgenden Momentenverläufe und Lagerreaktionen:

„0"-System:

$$A_H^{(0)} = 0 \,,$$

$$A_V^{(0)} = q_0 a \,,$$

$$B^{(0)} = q_0 a \,.$$

„1"-System:

$$A_H^{(1)} = 0 \,,$$

$$A_V^{(1)} = -\frac{1}{2a} \,,$$

$$B^{(1)} = \frac{1}{2a} \,.$$

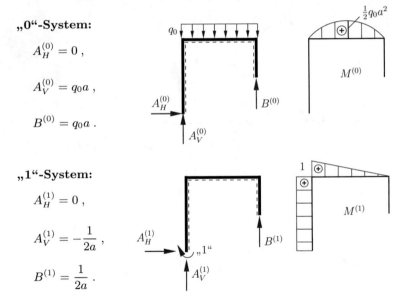

Aus der Bedingung, dass die Vertikalverschiebung am Lager B Null ist,

$$f_V = 0 = \int \frac{M\overline{M}}{EI} \, \mathrm{d}x \,,$$

folgt mit

$$M = M^{(0)} + X \, M^{(1)} \qquad \text{und} \qquad \overline{M} = M^{(1)}$$

$$\underline{\underline{X = M_A}} = -\frac{\int M^{(0)} M^{(1)} \mathrm{d}x}{\int M^{(1)} M^{(1)} \mathrm{d}x} = -\frac{\frac{1}{3} \cdot 2a \left(\frac{1}{2} q_0 a^2\right) \cdot 1}{\frac{1}{3} \cdot 2a \cdot 1 \cdot 1 + 2a \cdot 1 \cdot 1} = \underline{\underline{-\frac{q_0 a^2}{8}}}.$$

Die Lagerreaktionen und der Momentenverlauf ergeben sich damit zu

$$\underline{\underline{A_H}} = A_H^{(0)} + X \cdot A_H^{(1)} = \underline{0} ,$$

$$\underline{\underline{A_V}} = A_V^{(0)} + X \cdot A_V^{(1)} = \frac{17}{16} q_0 a ,$$

$$\underline{\underline{B}} = B^{(0)} + X \cdot B^{(1)} = \frac{15}{16} q_0 a .$$

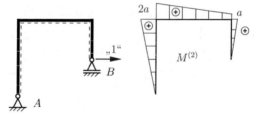

Zur Bestimmung der Horizontalverschiebung bei B wird der Rahmen als ein durch q_0 *und* $X = M_A$ belastetes, statisch bestimmtes System mit einem gelenkigen Lager bei A aufgefasst. Für dieses System erhält man unter virtueller Last („2"-System) den dargestellten Momentenverlauf.

„2"-System:

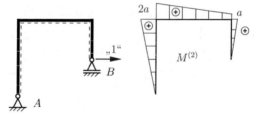

Mit

$$M = M^{(0)} + X \cdot M^{(1)} \qquad \text{und} \qquad \overline{M} = M^{(2)}$$

ergibt sich unter Verwendung der Integraltafel

$$\underline{\underline{f_H}} = \frac{1}{EI} \int M \overline{M} \mathrm{d}x = \frac{1}{EI} \left\{ \int M^{(0)} M^{(2)} \mathrm{d}x + X \int M^{(1)} M^{(2)} \mathrm{d}x \right\}$$

$$= \frac{1}{EI} \left\{ \frac{2a}{3} \frac{q_0 a^2}{2} (2a+a) - \frac{q_0 a^2}{8} \left[\frac{1}{6} \cdot 2a \cdot 1 \cdot (2 \cdot 2a + a) + \frac{1}{2} \cdot 2a \cdot 1 \cdot 2a \right] \right\}$$

$$= \underline{\underline{\frac{13}{24} \frac{q_0 a^4}{EI}}} .$$

A5.12   **Aufgabe 5.12** Wie groß sind die Lagerreaktionen und die Absenkungen in den Feldmitten?

Wie ändert sich die Absenkung bei G, wenn bei D eine zusätzliche Last $2F$ angreift?

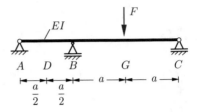

Lösung Wir verwenden das Verfahren der virtuellen Kräfte und fassen die Lagerkraft B als statisch Überzählige auf. Mit den Momentenverläufen für das „0"- und das „1"-System

„0"-System: $A^{(0)} = \frac{1}{3}F$ $B^{(0)} = \frac{2}{3}F$ $M^{(0)}$ $\frac{1}{3}aF$ $\frac{2}{3}aF$

„1"-System: $A^{(1)} = -\frac{2}{3}$ „1" $B^{(1)} = -\frac{1}{3}$ $M^{(1)}$ $\frac{2}{3}a$ $\frac{1}{3}a$

ergibt sich aus der Bedingung $f_B = 0$ die Lagerkraft B:

$$\underline{\underline{X = B}} = -\frac{\dfrac{1}{EI}\int M^{(0)}M^{(1)}dx}{\dfrac{1}{EI}\int M^{(1)}M^{(1)}dx} = -\frac{\dfrac{a}{3}\dfrac{aF}{3}\left(-\dfrac{2a}{3}\right) + \dfrac{a}{6}\left[2\dfrac{aF}{3}\left(-\dfrac{2a}{3}\right)\right.}{\dfrac{a}{3}\dfrac{2a}{3}\dfrac{2a}{3} + \dfrac{2a}{3}\dfrac{2a}{3}\dfrac{2a}{3}}$$

$$+\frac{\dfrac{aF}{3}\left(-\dfrac{a}{3}\right) + 2\dfrac{2aF}{3}\left(-\dfrac{a}{3}\right) + \dfrac{2aF}{3}\left(-\dfrac{2a}{3}\right)\left] + \dfrac{a}{3}\dfrac{2aF}{3}\left(-\dfrac{a}{3}\right)\right.}{\dfrac{a}{3}\dfrac{2a}{3}\dfrac{2a}{3} + \dfrac{2a}{3}\dfrac{2a}{3}\dfrac{2a}{3}} = \underline{\underline{\frac{7}{8}F}}\,.$$

Außerdem folgen

$$\underline{\underline{A}} = A^{(0)} + X \cdot A^{(1)} = \frac{1}{3}F - \frac{7}{8}F \cdot \frac{2}{3} = \underline{\underline{-\frac{F}{4}}}\,, \qquad \underline{\underline{C = \frac{3}{8}F}}\,.$$

Zur Bestimmung der Absenkungen fassen wir den Balken als ein durch F und B belastetes, statisch bestimmtes System (Balken auf zwei Stützen) auf. Mit den Hilfssystemen

„2"-System: „1" $\frac{1}{3}$ $\frac{2}{3}$ $\frac{1}{3}a$ $M^{(2)}$ $\frac{2}{3}a$

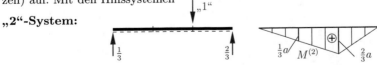

„3"-System:

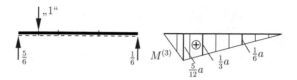

ergeben sich

$$\underline{\underline{f_G}} = \frac{1}{EI}\int [M^{(0)} + X \cdot M^{(1)}]M^{(2)}\mathrm{d}x$$

$$= \frac{1}{EI}\left\{\int M^{(0)}M^{(2)}\mathrm{d}x + X\int M^{(1)}M^{(2)}\mathrm{d}x\right\}$$

$$= \frac{1}{EI}\left\{\frac{2a}{3}\frac{2aF}{3}\frac{2a}{3} + \frac{7}{8}F\left[\frac{a}{3}\left(-\frac{2a}{3}\right)\frac{a}{3}\right.\right.$$

$$\left.+\ \frac{a}{6}\left(-\frac{4a}{3}\frac{a}{3} - \frac{2a}{3}\frac{2a}{3} - \frac{2a}{3}\frac{2a}{3} - \frac{a}{3}\frac{a}{3}\right)\right] + \frac{a}{3}\frac{2aF}{3}\frac{2a}{3}\right\}$$

$$= \underline{\underline{\frac{5}{48}\frac{Fa^3}{EI}}}\ ,$$

$$\underline{\underline{f_D}} = f_{DG} = \frac{1}{EI}\int [M^{(0)} + X \cdot M^{(1)}]M^{(3)}\mathrm{d}x$$

$$= \frac{1}{EI}\left\{\int M^{(0)}M^{(3)}\mathrm{d}x + X\int M^{(1)}M^{(3)}\mathrm{d}x\right\} = \underline{\underline{-\frac{1}{64}\frac{Fa^3}{EI}}}\ .$$

Die Durchbiegung bei G infolge der zusätzlichen Last $2F$ berechnen wir mit dem Vertauschungssatz von MAXWELL-BETTI. Danach ist die Verschiebung f_{DG} von D infolge einer Kraft F in G gleich der Verschiebung f_{GD} von G infolge der Kraft F in D. Infolge einer Kraft $2F$ bei D erhält man demnach bei G die Verschiebung $2f_{GD}$. Die Gesamtabsenkung bei G ist also

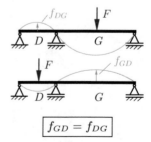

$$\boxed{f_{GD} = f_{DG}}$$

$$\underline{f} = f_G + 2f_{DG}$$

$$= \left(\frac{5}{48} - 2\frac{1}{64}\right)\frac{Fa^3}{EI} = \underline{\underline{\frac{7}{96}\frac{Fa^3}{EI}}}\ .$$

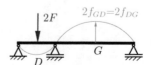

A5.13

Aufgabe 5.13 Der dargestellte Rahmen unter der Streckenlast q_0 besteht aus Balken gleicher Biegesteifigkeit EI.

Es sind die Lagerreaktionen zu bestimmen.

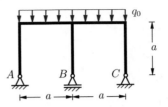

Lösung Der Rahmen ist zweifach statisch unbestimmt gelagert. Betrachtet man die Lagerkraft B und die Horizontalkraft C_H als statisch Überzählige, so erhält man das skizzierte System. Die unbekannten Kräfte $X_1 = B$ und $X_2 = C_H$ werden aus den Bedingungen $f_1 = 0$ und $f_2 = 0$ ermittelt.

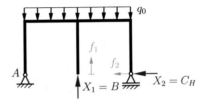

Verwendet man das Verfahren der virtuellen Kräfte, so ergeben sich die folgenden Grund- und Hilfssysteme:

„0"-System:

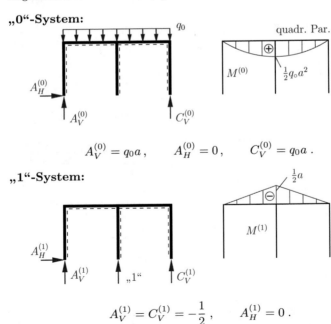

$$A_V^{(0)} = q_0 a, \qquad A_H^{(0)} = 0, \qquad C_V^{(0)} = q_0 a.$$

„1"-System:

$$A_V^{(1)} = C_V^{(1)} = -\frac{1}{2}, \qquad A_H^{(1)} = 0.$$

„2"-System:

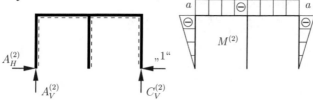

$$A_V^{(2)} = C_V^{(2)} = 0 \, , \qquad A_H^{(2)} = 1 \, .$$

Aus den Bedingungen

$$f_1 = \frac{1}{EI} \int [M^{(0)} + X_1 M^{(1)} + X_2 M^{(2)}] M^{(1)} \mathrm{d}x = 0 \, ,$$

$$f_2 = \frac{1}{EI} \int [M^{(0)} + X_1 M^{(1)} + X_2 M^{(2)}] M^{(2)} \mathrm{d}x = 0$$

folgen mit (siehe Integraltafel)

$$\int M^{(0)} M^{(1)} \mathrm{d}x = -2 \frac{5a}{12} \frac{q_0 a^2}{2} \frac{a}{2} = -\frac{5 q_0 a^4}{24} \, , \quad \int M^{(1)} M^{(1)} \mathrm{d}x = \frac{a^3}{6} \, ,$$

$$\int M^{(1)} M^{(2)} \mathrm{d}x = \frac{a^3}{2} \, , \quad \int M^{(0)} M^{(2)} \mathrm{d}x = -\frac{2}{3} q_0 a^4 \, ,$$

$$\int M^{(2)} M^{(2)} \mathrm{d}x = 2 \frac{a}{3}(-a)(-a) + 2a(-a)(-a) = \frac{8}{3} a^3$$

die beiden Gleichungen

$$-\frac{5 q_0 a^4}{24} + X_1 \frac{a^3}{6} + X_2 \frac{a^3}{2} = 0 \, , \qquad -\frac{2 q_0 a^4}{3} + X_1 \frac{a^3}{2} + X_2 \frac{8 a^3}{3} = 0 \, .$$

Daraus erhält man

$$\underline{\underline{X_1 = B = \frac{8}{7} q_0 a}} \, , \qquad \underline{\underline{X_2 = C_H = \frac{1}{28} q_0 a}}$$

und

$$\underline{\underline{A_V}} = A_V^{(0)} + X_1 A_V^{(1)} + X_2 A_V^{(2)} = q_0 a - \frac{8}{7} q_0 a \cdot \frac{1}{2} + 0 = \underline{\underline{\frac{3}{7} q_0 a}} \, ,$$

$$\underline{\underline{A_H}} = A_H^{(0)} + X_1 A_H^{(1)} + X_2 A_H^{(2)} = \underline{\underline{\frac{1}{28} q_0 a}} \, ,$$

$$\underline{\underline{C_V}} = q_0 a - \frac{8}{7} q_0 a \cdot \frac{1}{2} = \underline{\underline{\frac{3}{7} q_0 a}} \, .$$

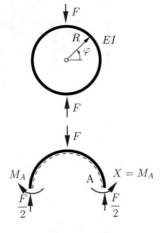

A5.14   **Aufgabe 5.14** Der elastische Kreisring wird durch die beiden entgegengesetzt wirkenden Kräfte F belastet.

Zu bestimmen sind der Verlauf des Biegemomentes und die Zusammendrü"ckung des Ringes, wenn der Ring als *dehnstarr* angenommen wird.

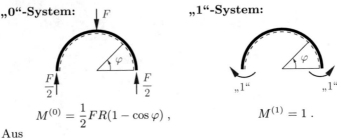

Lösung   Schneidet man den Ring in der Mitte (bei $\varphi = 0,\ \pi$), so stellt man fest, dass das System innerlich statisch unbestimmt ist (Schnittgrößen nicht allein aus Gleichgewichtsbedingungen bestimmbar). Das unbekannte Moment $X = M_A$ lässt sich aus der Bedingung ermitteln, dass die Winkelverdrehung bei A Null sein muss (Symmetrie!). Bei Verwendung des Verfahrens der virtuellen Kräfte ergibt sich:

„0"-System: „1"-System:

$$M^{(0)} = \frac{1}{2}FR(1 - \cos\varphi)\,, \qquad\qquad M^{(1)} = 1\,.$$

Aus

$$\psi_A = \frac{1}{EI}\int M\overline{M}\mathrm{d}s = 0$$

folgt mit

$$M = M^{(0)} + X \cdot M^{(1)}\,, \qquad \overline{M} = M^{(1)}\,, \qquad \mathrm{d}s = R\,\mathrm{d}\varphi$$

für M_A:

$$\underline{\underline{X = M_A}} = -\frac{\int M^{(0)}M^{(1)}\mathrm{d}s}{\int M^{(1)}M^{(1)}\mathrm{d}s} = -\frac{2\int\limits_0^{\pi/2}\frac{FR}{2}(1 - \cos\varphi)R\,\mathrm{d}\varphi}{2\int\limits_0^{\pi/2}R\,\mathrm{d}\varphi} = \underline{\underline{-FR\left(\frac{1}{2} - \frac{1}{\pi}\right)}}\,.$$

Damit erhält man für den Momentenverlauf für $0 \le \varphi \le \pi/2$

$$\underline{\underline{M}} = M^{(0)} + X \cdot M^{(1)} = \frac{1}{2}FR\left(\frac{2}{\pi} - \cos\varphi\right)\,.$$

Zur Bestimmung der Vertikalverschiebung am Kraftangriffspunkt fassen wir den halben Ring als einen durch F und M_A belasteten, *gelenkig gelagerten* (statisch bestimmten) Bogen auf, dessen Momentenverlauf M bekannt ist. Aus dem zugehörigen Hilfssystem ergibt sich

$$\overline{M} = \frac{1}{2}R(1 - \cos\varphi)\,.$$

Damit erhält man für die Verschiebung

$$f_F = 2\frac{1}{EI}\int\limits_0^{\pi/2} M\overline{M}R\,\mathrm{d}\varphi = \frac{FR^3}{2EI}\int\limits_0^{\pi/2}\left(\frac{2}{\pi} - \cos\varphi\right)(1 - \cos\varphi)\mathrm{d}\varphi$$

$$= \frac{FR^3}{2EI}\left[\frac{2}{\pi}\varphi - \left(\frac{2}{\pi} + 1\right)\sin\varphi + \frac{\varphi}{2} + \frac{1}{4}\sin 2\varphi\right]_0^{\pi/2} = \frac{FR^3}{8EI}\left(\pi - \frac{8}{\pi}\right).$$

Die Zusammendrückung des Ringes ergibt sich dann zu

$$\underline{\underline{\Delta v = 2f_F = \frac{FR^3}{EI}\frac{\pi^2 - 8}{4\pi}}}\,.$$

Verwendet man das Verfahren von CASTIGLIANO zur Lösung der Aufgabe, so folgt mit

$$M = \frac{1}{2}FR(1 - \cos\varphi) + M_A \qquad \text{und} \qquad \Pi = \int\frac{M^2}{2EI}\mathrm{d}s$$

aus

$$\psi_A = \frac{\partial\Pi}{\partial M_A} = 0$$

das Ergebnis

$$\int M\frac{\partial M}{\partial M_A}\mathrm{d}s = 0 \quad \leadsto \quad 2\int\limits_0^{\pi/2}\left[\frac{1}{2}FR(1 - \cos\varphi) + M_A\right]\cdot 1\cdot R\,\mathrm{d}\varphi = 0$$

$$\leadsto \quad \underline{\underline{M_A = -FR\left[\frac{1}{2} - \frac{1}{\pi}\right]}} \qquad \text{und} \qquad \underline{\underline{M = \frac{1}{2}FR\left(\frac{2}{\pi} - \cos\varphi\right)}}\,.$$

Die Verschiebung f_F ermittelt man aus

$$\underline{\underline{f_F}} = \frac{\partial\Pi}{\partial F} = \frac{1}{EI}\int M\frac{\partial M}{\partial F}\mathrm{d}s$$

$$= \frac{2}{EI}\int\limits_0^{\pi/2}\left[\frac{FR}{2}\left(\frac{2}{\pi} - \cos\varphi\right)\right]\left[\frac{R}{2}\left(\frac{2}{\pi} - \cos\varphi\right)\right]R\,\mathrm{d}\varphi = \underline{\underline{\frac{FR^3}{8EI}\left(\pi - \frac{8}{\pi}\right)}}\,.$$

A5.15   Aufgabe 5.15 Das eingespannte Rohr ① ist durch das Seil ② zusätzlich gelagert.

Es sind die Lagerreaktionen in A und B zu bestimmen, wenn das Rohr durch eine Kraft F belastet wird.

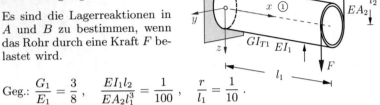

Geg.: $\dfrac{G_1}{E_1} = \dfrac{3}{8}$, $\dfrac{EI_1 l_2}{EA_2 l_1^3} = \dfrac{1}{100}$, $\dfrac{r}{l_1} = \dfrac{1}{10}$.

Lösung Das System ist einfach statisch unbestimmt. Betrachtet man die Lagerkraft $X = B$ als statisch Überzählige, so erhält man folgende „0"- und „1"-Systeme:

„0"-System:

$$A^{(0)} = F ,$$

$$M_A^{(0)} = -l_1 F ,$$

$$M_T^{(0)} = rF .$$

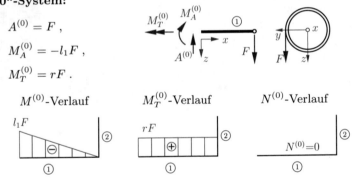

$M^{(0)}$-Verlauf $M_T^{(0)}$-Verlauf $N^{(0)}$-Verlauf

„1"-System:

$$A^{(1)} = -1 ,$$

$$M_A^{(1)} = l_1 ,$$

$$M_T^{(1)} = r .$$

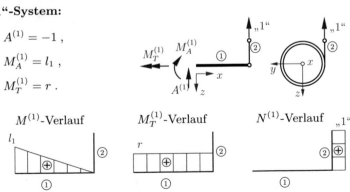

$M^{(1)}$-Verlauf $M_T^{(1)}$-Verlauf $N^{(1)}$-Verlauf

Aus der Bedingung, dass die Verschiebung bei B Null ist,

$$f_B = 0 = \int \frac{M\overline{M}}{EI} \, \mathrm{d}x + \int \frac{M_T\overline{M}_T}{GI_T} \, \mathrm{d}x + \int \frac{N\overline{N}}{EA} \, \mathrm{d}x \,,$$

erhält man mit

$$M = M^{(0)} + X \cdot M^{(1)} \,, \qquad M_T = M_T^{(0)} + X \cdot M_T^{(1)} \,,$$

$$N = N^{(0)} + X \cdot N^{(1)} \,, \quad \overline{M} = M^{(1)} \,, \quad \overline{M}_T = M_T^{(1)} \,, \quad \overline{N} = N^{(1)}$$

für die Unbekannte $X = B$

$$X = B = -\frac{\displaystyle\int \frac{M^{(0)}M^{(1)}}{EI_1} \, \mathrm{d}x + \int \frac{M_T^{(0)}M_T^{(1)}}{GI_{T1}} \, \mathrm{d}x + \int \frac{N^{(0)}N^{(1)}}{EA_2} \, \mathrm{d}x}{\displaystyle\int \frac{M^{(1)}M^{(1)}}{EI_1} \, \mathrm{d}x + \int \frac{M_T^{(1)}M_T^{(1)}}{GI_{T1}} \, \mathrm{d}x + \int \frac{N^{(1)}N^{(1)}}{EA_2} \, \mathrm{d}x}$$

$$= -\frac{\dfrac{1}{EI_1}\dfrac{1}{3}l_1(-l_1F)l_1 + \dfrac{1}{GI_{T1}}l_1(rF)r + 0}{\dfrac{1}{EI_1}\dfrac{1}{3}l_1\,l_1\,l_1 + \dfrac{1}{GI_{T1}}l_1 r\,r + \dfrac{1}{EA_2}l_2 \cdot 1 \cdot 1} \,.$$

Unter Verwendung von $I_{T1} = 2I_1$ (Kreisquerschnitt!) und der gegebenen Größen folgt

$$\underline{\underline{X = B = \frac{96}{107}\,F}} \,.$$

Für die Lagerreaktionen bei A ergibt sich damit

$$\underline{\underline{A}} = A^{(0)} + X \cdot A^{(1)} = F - \frac{96}{107}\,F = \underline{\frac{11}{107}\,F} \,,$$

$$\underline{\underline{M_A}} = M_A^{(0)} + X \cdot M_A^{(1)} = -l_1F + \frac{96}{107}\,l_1F = \underline{-\frac{11}{107}\,l_1F} \,,$$

$$\underline{\underline{M_{TA}}} = M_T^{(0)} + X \cdot M_T(1) = rF - \frac{96}{107}\,rF = \underline{\frac{11}{107}\,rF} \,.$$

A5.16

Aufgabe 5.16 Für das dargestellte statisch unbestimmte Tragwerk ist das Flächenträgheitsmoment I_y so zu bestimmen, dass die vertikale Absenkung im Punkt K genau $w_K = 1\,\text{cm}$ beträgt.

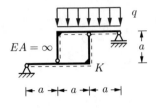

Geg.: $E = 21 \cdot 10^7\,\text{kN/m}^2$,

$a = 3\,\text{m}$,

$q = 5\,\text{kN/m}$.

Lösung   Um die Absenkung des Punktes K zu bestimmen, müssen zunächst die Schnittgrößen des einfach statisch unbestimmten Systems berechnet werden.

„0"-System:

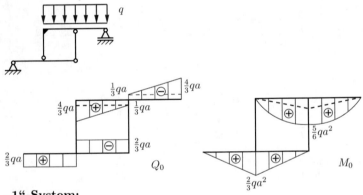

„1"-System:

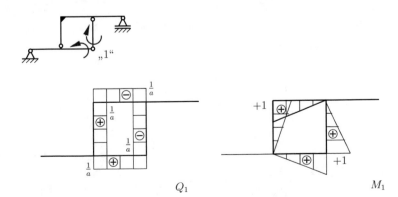

Die Verdrehungen im Punkt K im „0"- und „1"-System ergeben sich zu

$$EI_y\delta_{10} = \frac{1}{6}a \cdot 1 \cdot \frac{2}{3}qa^2 + \frac{1}{6}a \cdot 1 \cdot \frac{5}{6}qa^2 + \frac{1}{3}a \cdot 1 \cdot \frac{1}{8}qa^2 = \frac{7}{24}qa^3 \,,$$

$$EI_y\delta_{11} = 4 \cdot \left(\frac{1}{3} \cdot a \cdot 1^2\right) \qquad\qquad\qquad = \frac{4}{3}a \,.$$

Mit

$$\delta_{10} + X_1\delta_{11} = 0$$

folgt für die statisch Unbestimmte
(Biegemoment bei K)

$$X_1 = -\frac{7}{32}\,qa^2 \,,$$

und der Momentenverlauf des Systems ergibt sich wie abgebildet.

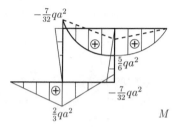

M

Zur Bestimmung der Verschiebung im Punkt K wird dort am statisch
bestimmten „0"-System eine „1"-Last aufgebracht und der Momentenverlauf bestimmt.

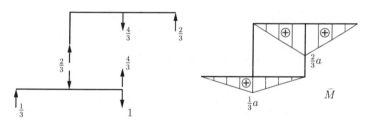

$\bar{M}$

$$EI_y\delta_{1K} = 2 \cdot \left(\frac{1}{3}a\frac{a}{3}\frac{2}{3}qa^2\right) - \frac{1}{6}a\frac{a}{3}\left(-\frac{7}{32}qa^2\right)$$

$$+\frac{1}{6}a\frac{2a}{3}\left(-\frac{7}{32}qa^2\right) + 2\left(\frac{1}{3}a\frac{2a}{3}\frac{5}{6}qa^2\right) + 2\left(\frac{1}{3}a\frac{2a}{3}\frac{1}{8}qa^2\right)$$

$$= qa^4\left(\frac{4}{27} - \frac{7}{576} - \frac{14}{576} + \frac{10}{27} + \frac{1}{18}\right)$$

$$= \frac{929}{1728}qa^4 \,.$$

Aus der Bedingung $\delta_{1K} = w_K$ erhält man damit das gesuchte Flächenträgheitsmoment

$$\underline{\underline{I_y}} = \frac{1}{Ew_K}\frac{929}{1728}qa^4 = \frac{1}{21 \cdot 10^3}\frac{929}{1728}\frac{5}{100}\,300^4 = \underline{10368 \text{ cm}^4} \,.$$

A5.17   Aufgabe 5.17 Der dargestellte Balken
ist statisch unbestimmt gelagert und
hat die Biegesteifigkeit EI.

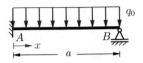

Wie groß ist die Vertikalverschiebung
in Balkenmitte?

Lösung Wir betrachten die Lagerkraft B als statisch Überzählige und
bestimmen sie nach dem Verfahren der virtuellen Kräfte aus der Bedingung

$$f_B = \int \frac{M\overline{M}}{EI}\, \mathrm{d}x = 0 \, .$$

Für das „0"- und das „1"-System ergeben sich:

„0"-System:

$$M^{(0)}(x) = -\tfrac{1}{2}q_0(a-x)^2$$

„1"-System:

$$M^{(1)}(x) = (a-x)$$

Damit folgt für die statisch Unbestimmte mit Hilfe der Integraltafel
(Seite 168):

$$X = B = -\frac{\int M^{(0)} M^{(1)}\mathrm{d}x}{\int M^{(1)} M^{(1)}\mathrm{d}x} = \frac{3}{8}\, q_0\, a \, .$$

Um die Vertikalverschiebung zu ermitteln, wird der Balken als statisch
bestimmt auf zwei Stützen aufgefasst. Für dieses System erhält man
unter virtueller Last („2"-System) den dargestellten Momentenverlauf.

„2"-System:

Mit $\overline{M} = M^{(2)}$ und $M = M^{(0)} + XM^{(1)}$ ergibt sich

$$\underline{\underline{f_V}} = \frac{1}{EI} \int (M^{(0)} + XM^{(1)})M^{(2)}\mathrm{d}x$$

$$= \frac{1}{EI} \int (M^{(0)} M^{(2)})\mathrm{d}x + \frac{X}{EI} \int (M^{(1)} M^{(2)})\mathrm{d}x$$

$$= \frac{1}{EI} \left(-\frac{7}{384} q_0\, a^4 + \frac{X}{16} a^3 \right) = \underline{\underline{\frac{qa^4}{192\, EI}}} \, .$$

Aufgabe 5.18 Das dargestellte System besteht aus einem dehnstarren
Rahmen (Biegesteifigkeit EI), der
durch einen Riegel (Dehnsteifigkeit
EA) geschlossen ist.

Wie groß ist die Kraft im Riegel?

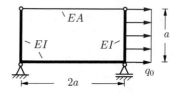

A5.18

Lösung Das System ist innerlich einfach statisch unbestimmt. Fasst
man die Kraft X im Riegel als statisch Überzählige auf, so erhält
man bei Anwendung des Verfahrens der virtuellen Kräfte die folgenden Grund- und Hilfssysteme:

„0"-System:

„1"-System:

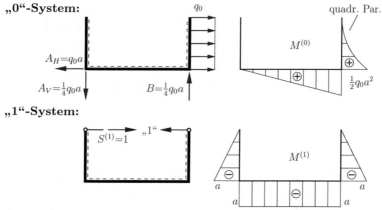

Aus der Bedingung, dass die Differenzverschiebung zwischen Balkenende und Stabende Null sein muss,

$$\Delta f = \frac{1}{EI} \int M \overline{M} \, dx + \frac{S \overline{S} 2a}{EA} = 0 \,,$$

folgt mit

$$M = M^{(0)} + X \cdot M^{(1)} \,, \quad \overline{M} = M^{(1)} \,, \quad S = X \,, \quad \overline{S} = S^{(1)} = 1$$

für die Stabkraft

$$\underline{\underline{X}} = \frac{-\dfrac{1}{EI} \int M^{(0)} M^{(1)} dx}{\dfrac{1}{EI} \int M^{(1)} M^{(1)} dx + \dfrac{2a}{EA}} = -\frac{\dfrac{1}{2} 2a\left(\dfrac{1}{2} q_0 a^2\right)(-a) + \dfrac{1}{4} a\left(\dfrac{1}{2} q_0 a^2\right)(-a)}{2\left[\dfrac{1}{3} a(-a)(-a)\right] + 2a(-a)(-a) + \dfrac{2aEI}{EA}}$$

$$= \frac{15}{64} \frac{1}{1 + \dfrac{3EI}{4EAa^2}} q_0 a \,.$$

A5.19   **Aufgabe 5.19**   Der halbkreisförmige Bogenträger (Biegesteifigkeit EI) wird durch einen Stab (Dehnsteifigkeit EA) unterstützt und durch die Kraft F belastet.

Wie groß sind die Stabkraft und die Absenkung des Bogens an der Stützstelle?

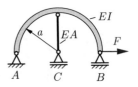

Lösung   Das System ist einfach statisch unbestimmt. Wir wenden das Verfahren der virtuellen Kräfte an und fassen die Stabkraft S als statisch Überzählige auf. Dann erhält man folgendes „0"- und „1"-System:

„0"-System:

$$M^{(0)}(\varphi)=Fa\sin\varphi\,,$$

$$S^{(0)}=0\,.$$

„1"-System:

$$M^{(1)}(\varphi)=\frac{1}{2}\,a(1-\cos\varphi)\,,$$

$$S^{(1)}=1\,.$$

Die Differenzverschiebung zwischen Bogen und Stab muss Null sein:

$$\Delta f = \frac{1}{EI}\int M\overline{M}\,\mathrm{d}x + \frac{S\overline{S}a}{EA}=0\,,\quad\text{mit}$$

$$M = M^{(0)}+X\cdot M^{(1)}\,,\quad \overline{M}=M^{(1)}\,,\quad S=X\,,\quad \overline{S}=S^{(1)}=1\,.$$

Dies führt auf die Stabkraft

$$\underline{\underline{S}}=\frac{-\dfrac{1}{EI}\displaystyle\int M^{(0)}M^{(1)}\mathrm{d}x}{\dfrac{1}{EI}\displaystyle\int M^{(1)}M^{(1)}\mathrm{d}x+\dfrac{a}{EA}}=-\frac{2\dfrac{Fa}{2}\displaystyle\int_{0}^{\pi/2}\sin\varphi(1-\cos\varphi)\mathrm{d}x}{2\dfrac{a^2}{4}\displaystyle\int_{0}^{\pi/2}(1-\cos\varphi)^2\mathrm{d}x+\dfrac{aEI}{EA}}$$

$$=-\frac{4\,F}{(3\pi-8)+8\dfrac{EI}{EAa^2}}\,.$$

Die Absenkung f des Bogens ist durch die Stabverkürzung gegeben:

$$\underline{\underline{f}}=-\frac{S\,a}{EA}=\frac{4\,Fa}{(3\pi-8)EA+8\dfrac{EI}{a^2}}\,.$$

Aufgabe 5.20 Ein dehnstarrer Rahmen (Biegesteifigkeit EI) ist wie
skizziert gelagert und wird durch
eine Kraft F belastet. Der Stab ①
besitzt die Dehnsteifigkeit EA,
während der Stab ② als *starr* ange-
sehen werden soll.

Man bestimme die Stabkraft S_2
im Stab ② und die Vertikalverschiebung v_B des Punktes B.

A5.20

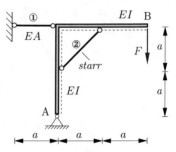

Lösung Das System ist statisch bestimmt gelagert, aber innerlich statisch unbestimmt. Zur Ermittlung der Stabkraft S_2 verwenden wir die
dargestellten „0"- und „1"-Systeme. Die Lagerreaktionen und die Stabkraft im Stab ① folgen aus den Gleichgewichtsbedingungen.

„0"-System:

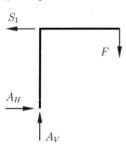

$A_V = F, \ A_H = F, \ S_1 = F$

„1"-System:

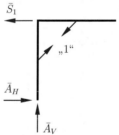

$\bar{A}_V = \bar{A}_H = \bar{S}_1 = 0 \, , \ \bar{S}_2 = 1$

Die Verläufe der Biegemomente M_0 und $\bar{M}_1$ in den beiden Systemen
sind unten skizziert:

„0"-System:

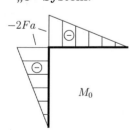

„1"-System:

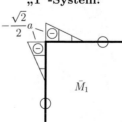

Beim Auswerten des Arbeitssatzes ist zu beachten, dass der Stab ②
starr ist. Damit ergeben sich

$$\alpha_{10} = \frac{1}{EI} \int M_0 \bar{M}_1 \mathrm{d}x = \frac{1}{EI} \cdot \frac{1}{6} a(-Fa-4Fa)\frac{\sqrt{2}}{2}a(-1)\cdot 2 = \frac{5\sqrt{2}}{6EI}Fa^3 \ ,$$

$$\alpha_{11} = \frac{1}{EI} \int \bar{M}_1^2 \mathrm{d}x = \frac{1}{EI} \cdot \frac{1}{3}a \cdot \frac{1}{2}a^2 \cdot 2 = \frac{a^3}{3EI} \ ,$$

und für die Kraft im Stab ② erhalten wir

$$\underline{\underline{S_2}} = X = -\frac{\alpha_{10}}{\alpha_{11}} = -\frac{5\sqrt{2}}{6EI}Fa^3 \cdot \frac{3EI}{a^3} = \underline{\underline{-\frac{5\sqrt{2}}{2}F}} \ .$$

Da am Punkt B die Vertikalverschiebung v_B und die Kraft F gleichgerichtet sind, können wir den Arbeitssatz anwenden:

$$\frac{1}{2}Fv_\mathrm{B} = \frac{1}{2}\int \frac{M^2}{EI}\mathrm{d}x + \frac{1}{2}\sum_i \frac{S_i^2 l_i}{EA} \ .$$

Hierzu muss zunächst der Momentenverlauf $M = M_0 + X\bar{M}_1$ am Ge-
samtsystem ermittelt werden:

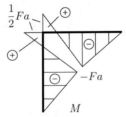

Die Auswertung der Integrale liefert mit dem Momentenverlauf M

$$\int \frac{M^2}{EI}\mathrm{d}x = \frac{1}{EI}\left(\frac{1}{3}aF^2a^2 + \frac{1}{3}\cdot\frac{2}{3}aF^2a^2 + \frac{1}{3}\cdot\frac{1}{3}a\frac{1}{4}F^2a^2\right)\cdot 2 = \frac{7}{6EI}F^2a^3$$

und der Stabkraft S_1 (beachte, Stab ② ist starr)

$$\sum_i \frac{S_i^2 l_i}{EA} = \frac{F^2 a}{EA}$$

die vertikale Absenkung

$$v_\mathrm{B} = \left(\frac{7a^2}{6EI} + \frac{1}{EA}\right)Fa \ .$$

Aufgabe 5.21 Ein trapezförmiger, dehnstarrer Rahmen (Biegesteifigkeit EI) mit zwei Stäben (Dehnsteifigkeit EA) wird wie skizziert durch eine Last F belastet.

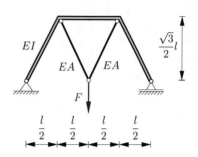

A5.21

Man ermittele die Vertikal- und Horizontalverschiebung des Lastangriffspunktes.

Lösung Da die Vertikalverschiebung v_F des Lastingriffspunktes und die Last F gleichgerichtet sind, können wir v_F aus dem Arbeitssatz ermitteln:

$$\frac{1}{2}Fv_F = \frac{1}{2}\int \frac{M^2}{EI}\,\mathrm{d}x + \frac{1}{2}\sum_i \frac{S_i^2 l_i}{EA_i}\ .$$

Das Tragwerk ist statisch bestimmt und somit ergeben sich die Lagerreaktionen, Schnittgrößen und Stabkräfte unmittelbar aus den Gleichgewichtsbedingungen.

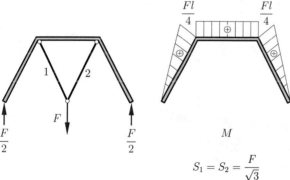

$$S_1 = S_2 = \frac{F}{\sqrt{3}}$$

Einsetzen des M-Verlaufes und der S_i liefert

$$Fv_F = \frac{1}{EI}\left[2\frac{1}{3}\left(\frac{Fl}{4}\right)^2 l + \left(\frac{Fl}{4}\right)^2 l\right] + \frac{1}{EA}\left[2\left(\frac{F}{\sqrt{3}}\right)^2 l\right]\ .$$

Damit ergibt sich für die Vertikalverschiebung

$$v_F = \frac{11}{12}\frac{Fl^3}{EI} + \frac{Fl}{3\,EA}\,.$$

Zur Ermittlung der Horizontalverschiebung des Lastangriffspunktes wird das Tragwerk mit einer virtuellen „1“-Kraft in horizontale Richtung belastet. Der M-Verlauf und die Stabkräfte lassen sich aus den Gleichgewichtsbedingungen ermitteln.

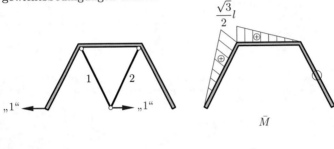

$$\bar{S}_1 = 1$$
$$\bar{S}_2 = -1$$

Mit dem „0“- und „1“-System ergibt sich die Horizontalverschiebung aus

$$u_F = \int \frac{M\bar{M}}{EI}\,\mathrm{d}x + \sum_i \frac{S_i\bar{S}_i l_i}{EA_i} = \frac{1}{EI}\left(\frac{1}{3}\frac{Fl}{4}\frac{\sqrt{3}}{2}l\cdot l + \frac{1}{2}\frac{Fl}{4}\frac{\sqrt{3}}{2}l\cdot l\right)$$

zu

$$u_F = \frac{5\sqrt{3}}{48}\frac{Fl^3}{EI}\,.$$

Anmerkung: Die Verformung der Stäbe und des rechten Rahmenabschnitts tragen nicht zur Horizontalverschiebung bei.

Aufgabe 5.22 Gegeben ist ein eingespannter Hohlkastenträger (Querschnittwerte: t, h und b) der Länge l mit der Biegesteifigkeit EI und der Schubsteifigkeit GA_S. Wie groß ist die Vertikalverschiebung f infolge der Gleichlast q_0 aus Biegung und Querkraft am Balkenende?

Zur Berechnung der Verschiebung infolge Querkraft ist der Schubkorrekturfaktor zu bestimmen.

Lösung Nach der Methode der virtuellen Kräfte folgt die Verschiebung aus

$$f = \int \frac{M\overline{M}}{EI}\,\mathrm{d}x + \int \frac{Q\overline{Q}}{GA_S}\,\mathrm{d}x \ .$$

Für das Grund- und das Hilfssystem erhält man:

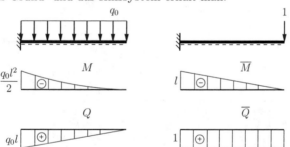

Der Korrekturfaktor κ für die Schubfläche ($A_S = \kappa\,A$) ergibt sich durch Gleichsetzen der über die Querschnittfläche integrierten spezifischen Formänderungsenergie der Schubspannungsverteilung mit der spezifischen Formänderungsenergie der Querkraft

$$\Pi^* = \frac{1}{2G}\int\limits_A \tau^2\,\mathrm{d}A = \frac{1}{2G}\int\limits_s \left[\frac{QS(s)}{It(s)}\right]^2 t(s)\,\mathrm{d}s = \frac{1}{2}\frac{Q^2}{GA\kappa} \ .$$

Mit $t = $ konst. führt das zur Bestimmungsgleichung für den Schubkorrekturfaktor:

$$\frac{1}{\kappa} = \frac{A}{t\,I^2}\int\limits_s S(s)^2\,\mathrm{d}s$$

Wegen der Symmetrie wird nur der halbe Hohlkasten betrachtet. Die statischen Momente S bestimmen sich gemäß Bild für die Flansche (S^{Fl}) und die Stege (S^{St})

$$S^{Fl} = \frac{h}{2} ts$$

und

$$S^{St} = \left[\frac{ht}{2} \left(s - \frac{s^2}{h} \right) + \frac{hb}{4} t \right]$$

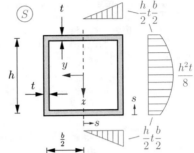

Mit der Querschnittsfläche $A = (h+b)t$ und dem Trägheitsmoment $I = \frac{th^2}{12}(h + 3b)$ für das halbe System folgt nach Integration

$$\kappa = \frac{5h^2(3b+h)^2}{3(b+h)(10b^3 + 15b^2 h + 10bh + 2h^3)}.$$

Für einige Verhältnisse von b/h sind die Werte des Schubkorrekturfaktors in der folgenden Tabelle dargestellt

Verhältnis b/h	0	0.2	0.4	0.6	0.8	1.0
κ	0.833	0.760	0.637	0.525	0.433	0.360

Man erkennt, dass sich für $b = 0$ der für das Rechteck bekannte Wert von $\kappa = \frac{5}{6}$ ergibt. Damit folgt unter Verwendung der Integrationstafel (siehe Seite 168) und dem Einsetzen von A, I und κ für die Verschiebung

$$\underline{\underline{f}} = \int \left[\frac{M\overline{M}}{EI} + \int \frac{Q\overline{Q}}{GA\kappa} \right] dx = \left[\frac{1}{EI} \frac{l}{4} \frac{q_0 l^2}{2} + \frac{1}{2GA\kappa} q_0 \, l \cdot 1 \right]$$

$$= \frac{3 \, q_0 \, l^4}{2\,E\,h^2(3b+h)\,t} + \frac{3 \, (10b^3 + 15b^2 h + 10bh + 2h^3) q_0 \, l^2}{10\,G\,h^2(3b+h)\,t}.$$

Aufgabe 5.23 Das dargestellte System aus zwei biegesteif miteinander verbundenen Holzprofilen ist mit der Kraft F belastet. Die Breite b der Balken ist konstant.

Gesucht ist die Höhe h_1 des Balkens 1, so dass die vertikale Absenkung δ am Lastangriffspunkt 5 mm beträgt.

Geg.: $F = 5$ kN, $l = 100$ cm,
$\quad\ E = 1500$ kN/cm^2,
$\quad\ GA_S, EA \to \infty$,
$\quad\ b = 6$ cm, $h_2 = 20$ cm.

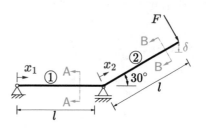

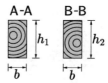

A-A   B-B

h_1 h_2

b b

Lösung Beim Prinzip der virtuellen Kräfte überlagern wir die Momentenverläufe aus dem realen System (0-System) mit dem Momentenverlauf des 1-Systems. Im 1-System wird eine virtuelle Kraft $\overline{1}$ in Richtung der gesuchten Verschiebung aufgebracht.
Für die Momentenverläufe im 0- und 1-System ermitteln wir:

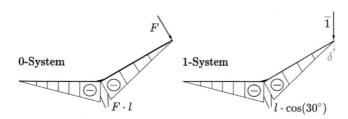

Die Verschiebung δ berechnet sich aus

$$\delta = \frac{1}{EI_1} \int_l M\bar{M}\,\mathrm{d}x_1 + \frac{1}{EI_2} \int_l M\bar{M}\,\mathrm{d}x_2\,.$$

Unter Verwendung der Integraltafel (Seite 168) ergibt sich damit

$$\delta = \frac{(-Fl)\cdot(-l\cos(30^\circ))\cdot l}{3EI_1} + \frac{(-Fl)\cdot(-l\cos(30^\circ))\cdot l}{3EI_2}\,.$$

Durch Umstellen der Gleichung nach I_1 folgt

$$I_1 = \cfrac{1}{\cfrac{3E\,\delta}{Fl^3\cos(30°)} - \cfrac{1}{I_2}} \; .$$

Für das Flächenträgheitsmoment des Balkens 2 erhält man mit den gegebnen Größen

$$I_2 = \frac{bh_2^3}{12} = \frac{6 \cdot 20^2}{12} = 4000 \, \text{cm}^4 \; .$$

Durch Einsetzen der weiteren Größen ergibt sich das Flächenträgheitsmoment des Balkens 1 zu

$$I_1 = \cfrac{1}{\cfrac{3 \cdot 1500 \cdot 0{,}5}{5 \cdot 100^3 \cdot \cos(30°)} - \cfrac{1}{4000}} = 3708{,}99 \, \text{cm}^4 \; .$$

Stellen wir die Gleichung für das Flächenträgheitsmoment $I_1 = \dfrac{bh_1^3}{12}$ nach der gesuchten Höhe um, so ergibt sich

$$h_1 = \sqrt[3]{\frac{3708{,}99 \cdot 12}{6}} \approx 20 \, \text{cm} \; .$$

Aufgabe 5.24   Der dargestellte Balken ist statisch unbestimmt gelagert. Am rechten Ende wirkt eine Drehfeder. Die Biegesteifigkeit EI, die Federkonstante c_D, die Länge l und die Last q_0 sind gegeben.

A5.24

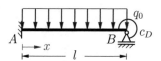

Wie groß sind die Lagerreaktionen am rechten Ende und die Vertikalverschiebung f_V in Balkenmitte?

Lösung   Der Balken ist zweifach statisch unbestimmt. Wir betrachten die Lagerkraft B und das Moment in der Drehfeder als statische Überzählige und bestimmen beide mittels des Verfahrens der virtuellen Kräfte aus den Kompatibilitätsbedingungen

$$f_B = \frac{1}{EI} \int \left[M^{(0)} + X_1 M^{(1)} + X_2 M^{(2)} \right] M^{(1)} \, dx = 0 \,,$$

$$\varphi_B = \frac{1}{EI} \int \left[M^{(0)} + X_1 M^{(1)} + X_2 M^{(2)} \right] M^{(2)} \, dx + \frac{X_2}{c_D} = 0 \,,$$

wobei die Federverdrehung in der zweiten Gleichung aus der allgemeinen Beziehung $M_F = c_D \, \varphi_F$ folgt. Für das „0"-, das „1"und das „2"-System ergeben sich:

„0"-System:

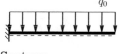

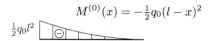

$$M^{(0)}(x) = -\tfrac{1}{2} q_0 (l - x)^2$$

„1"-System:

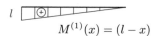

$$M^{(1)}(x) = (l - x)$$

„2"-System:

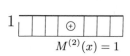

$$M^{(2)}(x) = 1$$

Damit folgen mit Hilfe der Integraltafel (Seite 168) zwei Gleichungen für die statisch Unbestimmten:

$$f_B = -\frac{q_0 \, l^4}{8} + X_1 \frac{l^3}{3} + X_2 \frac{l^2}{2} = 0 \,,$$

$$\varphi_B = \frac{1}{EI} \left[-\frac{q_0 \, l^3}{6} + X_1 \frac{l^2}{2} + X_2 l \right] + \frac{X_2}{c_D} = 0 \,,$$

die sich nach X_1 und X_2 auflösen lassen

$$\underline{\underline{X_1}} = B = \frac{q_0 l}{2} \frac{3EI + c_D l}{4EI + c_D l} \qquad \text{und} \qquad \underline{\underline{X_2}} = M_B = -\frac{q_0 l^2}{12} \frac{c_D l}{4EI + c_D l} .$$

Für den Grenzfall $c_D \to \infty$ ist der Balken beidseitig eingespannt und es folgen die bekannten Lagerkräfte $X_1 = B = ql\,/\,2$ und $X_2 = M_B = -q\,l^2\,/\,12$.

Die Vertikalverschiebung in Balkenmitte wird mittels des statisch bestimmten Balken auf zwei Stützen berechnet. Hierfür erhält man mit eine virtuellen Last an der Stelle der zu berechnenden Verschiebung („3"-System) den dargestellten Momentenverlauf.

„3"-System:

Mit $\overline{M} = M^{(3)}$ und $M = M^{(0)} + X_1 M^{(1)} + X_2 M^{(2)}$ folgt die Verschiebung

$$
\begin{aligned}
\underline{\underline{f_V}} &= \frac{1}{EI} \int (M^{(0)} + X_1 M^{(1)} + X_2 M^{(2)}) M^{(3)} \mathrm{d}x \\
&= \frac{1}{EI} \int M^{(0)} M^{(3)} \mathrm{d}x + \frac{X}{EI} \int M^{(1)} M^{(3)} \mathrm{d}x + \frac{X}{EI} \int M^{(2)} M^{(3)} \mathrm{d}x \\
&= \frac{1}{EI} \left(-\frac{7}{384} q_0\, l^4 + X_1 \frac{l^3}{16} + X_2 \frac{l^2}{8} \right) = \frac{q l^4 (8EI + c_D l)}{384\, EI (4EI + c_D l)} .
\end{aligned}
$$

Für $c_D = 0$ erhält man die Verschiebung für den Fall der gelenkigen Lagerung in B. Weiterhin folgt für $c_D \to \infty$ die Lösung des in B eingespannten Balkens.

Kapitel 6

Stabilität

Stabilitätsbedingung

Bei elastischen Systemen, die durch konservative Kräfte belastet sind, setzt sich das Gesamtpotential Π aus dem Potential $\Pi^{(a)}$ der äußeren Kräfte und dem Potential (Formänderungsenergie) $\Pi^{(i)}$ der inneren Kräfte zusammen:

$$\Pi = \Pi^{(a)} + \Pi^{(i)} \,.$$

Damit **Gleichgewicht** herrscht, muss gelten

$$\delta\Pi = 0 \,.$$

Überträgt man die **Stabilitätsbedingung** für Systeme starrer Körper (siehe Band 1, Kapitel 7) *formal* auf elastische Systeme, so erhält man für

$$\delta^2\Pi = \delta^2\Pi^{(a)} + \delta^2\Pi^{(i)} \begin{cases} > 0 & \text{stabiles Gleichgewicht,} \\ = 0 & \text{indifferentes Gleichgewicht,} \\ < 0 & \text{labiles Gleichgewicht.} \end{cases}$$

Die *kritische Belastung* eines elastischen Systems ist erreicht, wenn das Gleichgewicht *indifferent* wird. Neben der ursprünglichen Gleichgewichtslage existieren dann benachbarte Gleichgewichtslagen im ausgelenkten Zustand ("Knicken", "Beulen"). Kritische Lasten und zugehörige Gleichgewichtslagen können aus den Gleichgewichtsbedingungen für den ausgelenkten Zustand oder durch die Untersuchung von $\delta^2\Pi$ bestimmt werden.

Knickstab

Für den elastischen Stab unter Drucklast liefert das Gleichgewicht im ausgelenkten Zustand die **Differentialgleichung des EULERschen Knickstabes**

$$w^{IV} + \lambda^2 w'' = 0 \,, \qquad \lambda^2 = \frac{F}{EI}$$

mit der allgemeinen Lösung

$$w = A\cos\lambda x + B\sin\lambda x + C\lambda x + D \,.$$

Die Konstanten A, B, C und D bestimmen sich aus den *Randbedingungen* für die kinematischen und die statischen Größen. Beachtet werden muss hierbei, dass die statischen Randbedingungen am verformten System zu formulieren sind. So folgen zum Beispiel für eine federnde Lagerung an der Stelle $x = 0$ unter Annahme kleiner Winkel die Bedingungen

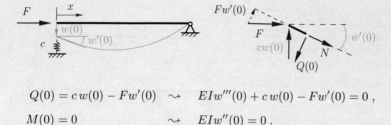

$$Q(0) = c\,w(0) - F w'(0) \quad \leadsto \quad E I w'''(0) + c\,w(0) - F w'(0) = 0\,,$$

$$M(0) = 0 \qquad\qquad\quad \leadsto \quad E I w''(0) = 0\,.$$

Vier typische Randbedingungen führen zu den **EULERschen Knick-fällen**:

$$F_{krit} = \frac{\pi^2 E I}{(2l)^2} \quad 1. \qquad \frac{\pi^2 E I}{l^2} \quad 2. \qquad \frac{\pi^2 E I}{(l/\sqrt{1.43})^2} \quad 3. \qquad \frac{\pi^2 E I}{(l/2)^2} \quad 4.$$

Näherungslösungen für die kritische Last können durch Einsetzen eines Näherungsansatzes $\tilde{w}(x)$ in das Energiefunktional für das Stab-knicken bestimmt werden (**RAYLEIGH Quotient**):

$$\Pi = \frac{1}{2} \int\limits_0^l \left(E I \tilde{w}''^2 \, \mathrm{d}x - \tilde{F}_{krit} \tilde{w}'^2 \right) \mathrm{d}x = 0 \quad \leadsto \quad \tilde{F}_{krit} = \frac{\int\limits_0^l E I \tilde{w}''^2 \, \mathrm{d}x}{\int\limits_0^l \tilde{w}'^2 \, \mathrm{d}x}\,.$$

Für die Bestimmung von $\tilde{F}_{krit}$ muss $\tilde{w}(x)$ die wesentlichen (kinematischen) Randbedingungen erfüllen. (Beachte, dass die Näherung $\tilde{F}_{krit}$ besser wird, wenn $\tilde{w}(x)$ auch die statischen Randbedingungen erfüllt.) Generell liegt die Näherungslösung auf der unsicheren Seite, da die Un-gleichung $\tilde{F}_{krit} \geq F_{krit}$ gilt.

Einzelfedern an der Stelle x_i können im Zähler für Wegfedern durch $c[\tilde{w}(x_i)]^2$ und für Drehfedern durch $c_T[\tilde{w}'(x_i)]^2$ erfasst werden:

$$\tilde{F}_{krit} = \frac{\int\limits_0^l E I \tilde{w}''^2 \, \mathrm{d}x + c_T [\tilde{w}'(l_D)]^2 + c[\tilde{w}(l_F)]^2}{\int\limits_0^l \tilde{w}'^2 \, \mathrm{d}x}\,.$$

A6.1

Aufgabe 6.1 Die beiden Systeme bestehen aus starren Stäben, die federnd gelagert sind.

Man bestimme die kritischen Lasten F_{krit}.

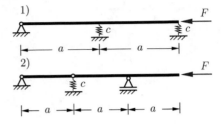

Lösung zu 1) Wir betrachten das System im ausgelenkten Zustand. Aus der Gleichgewichtsbedingung

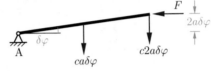

$$\overset{\curvearrowright}{A}: \quad a(ca\delta\varphi) + 2a(2ca\delta\varphi) - 2a\delta\varphi F = 0$$

erhält man

$$\delta\varphi(5ca - 2F) = 0\ .$$

Eine zur Gleichgewichtslage $\varphi = 0$ benachbarte Gleichgewichtslage ($\delta\varphi \neq 0$) ist demnach nur möglich, wenn gilt

$$\underline{\underline{F_{\text{krit}} = \frac{5}{2}\,ca\ .}}$$

zu 2) Die Gleichgewichtsbedingungen am ausgelenkten System

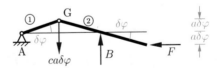

$$\overset{\curvearrowright}{A}: \quad a(ca\delta\varphi) - 2aB + a\delta\varphi F = 0\ ,$$

$$②\ \overset{\curvearrowright}{G}: \quad 2a\delta\varphi\,F - aB = 0$$

liefern nach Elimination von B

$$\delta\varphi(ca - 3F) = 0\ .$$

Hieraus folgt die kritische Last zu

$$\underline{\underline{F_{\text{krit}} = \frac{ca}{3}\ .}}$$

Aufgabe 6.2 Ein Rahmen besteht aus starren Stäben und vier Drehfedern der Steifigkeit c_T.

Bestimmen Sie die kritische Last q_{krit}.

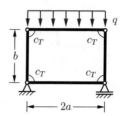

A6.2

Lösung Am ausgelenkten System lässt sich folgende geometrische Beziehung ablesen:

$$f = b\,(1 - \cos\varphi)\,.$$

Die potentielle Energie beträgt damit

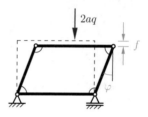

$$\Pi = \Pi^{(i)} + \Pi^{(a)}$$

$$= 4\,\frac{1}{2}c_T\,\varphi^2 - 2qaf$$

$$= 2c_T\,\varphi^2 - 2qab(1 - \cos\varphi)\,.$$

Das System ist im Gleichgewicht für

$$\delta\Pi = \frac{d\Pi}{d\varphi}\delta\varphi = (4c_T\varphi - 2qab\sin\varphi)\delta\varphi = 0\,.$$

Danach muss für eine Gleichgewichtslage im ausgelenkten Zustand mit $\delta\varphi \neq 0$ die Bedingung

$$4c_T\varphi - 2qab\sin\varphi = 0$$

erfüllt sein. Die triviale Gleichgewichtslage findet man bei $\varphi = 0$.

Durch die zweite Variation der potentiellen Energie lässt sich auf die Art des Gleichgewichts schließen

$$\delta^2\Pi = \frac{d^2\Pi}{d\varphi^2}(\delta\varphi)^2 = (4c_T - 2qab\cos\varphi)(\delta\varphi)^2 \quad \begin{cases} > 0 & \text{stabil,} \\ = 0 & \text{indifferent,} \\ < 0 & \text{labil.} \end{cases}$$

Für die triviale Gleichgewichtslage ($\varphi = 0$) ist das System indifferent für die kritische Last

$$\underline{\underline{q_{krit} = \frac{2c_T}{a\,b}}}\,.$$

A6.3   **Aufgabe 6.3** Das dargestellte System besteht
aus starren Stäben, die
elastisch gelagert sind.

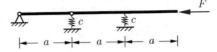

Bestimmen Sie die kritischen Lasten und skizzieren Sie die zugehörigen
Knickfiguren.

Lösung Das System hat
zwei Freiheitsgrade. Die
Gleichgewichtsbedingun-
gen am ausgelenkten
System

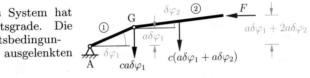

$$\overset{\curvearrowright}{A}:\quad ca^2\delta\varphi_1 + 2ca^2(\delta\varphi_1+\delta\varphi_2) - a(\delta\varphi_1+2\delta\varphi_2)F = 0\,,$$

② $\overset{\curvearrowright}{G}:\quad ca^2(\delta\varphi_1+\delta\varphi_2) - 2a\delta\varphi_2 F = 0$

liefern unter Verwendung der Abkürzung $\lambda = F/ca$ das homogene Gleichungssystem

$$(3-\lambda)\delta\varphi_1 + 2(1-\lambda)\delta\varphi_2 = 0\,,$$

$$1\cdot\delta\varphi_1 + (1-2\lambda)\delta\varphi_2 = 0\,.$$

Damit eine nichttriviale Lösung existiert, muss die Koeffizientendeter-
minante Null sein:

$$\begin{vmatrix}(3-\lambda) & 2(1-\lambda)\\ 1 & (1-2\lambda)\end{vmatrix} = 0 \quad\rightsquigarrow\quad \lambda^2 - \frac{5}{2}\lambda + \frac{1}{2} = 0 \quad\rightsquigarrow\quad \begin{aligned}\lambda_1 &= \frac{5+\sqrt{17}}{4}\,,\\[1mm] \lambda_2 &= \frac{5-\sqrt{17}}{4}\,.\end{aligned}$$

Daraus folgen durch Einsetzen

$$\underline{\underline{F_1 = \frac{5+\sqrt{17}}{4}\,ca}}\,,\qquad \delta\varphi_1 = \frac{3+\sqrt{17}}{2}\,\delta\varphi_2$$

und

$$\underline{\underline{F_2 = \frac{5-\sqrt{17}}{4}\,ca}}\,,\qquad \delta\varphi_1 = -\frac{\sqrt{17}-3}{2}\,\delta\varphi_2.$$

Da das System zwei Freiheitsgrade hat, kann es aus seiner ursprüng-
lich waagrechten Gleichgewichtslage in zwei verschiedene benachbarte
Lagen ausknicken. Wegen $F_2 < F_1$ ist F_2 die kritische Last: $F_{\text{krit}} = F_2$.

Aufgabe 6.4 Für den auf Druck beanspruchten elastischen Stab sind die Knickbedingung und die kritische Last zu bestimmen.

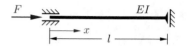

A6.4

Lösung Aus der allgemeinen Lösung der DGL des Knickstabes

$$w = A\cos\lambda x + B\sin\lambda x + C\lambda x + D \,, \qquad \lambda^2 = \frac{F}{EI} \,,$$

$$w' = -A\lambda\sin\lambda x + B\lambda\cos\lambda x + C\lambda \,,$$

$$w'' = -M/EI = -A\lambda^2\cos\lambda x - B\lambda^2\sin\lambda x \,,$$

$$w''' = -Q/EI = A\lambda^3\sin\lambda x - B\lambda^3\cos\lambda x$$

und den Randbedingungen erhält man

$$w(0) = 0 : \quad \rightsquigarrow \quad A + D = 0 \quad \rightsquigarrow \quad D = -A \,,$$

$$w'(0) = 0 : \quad \rightsquigarrow \quad B + C = 0 \quad \rightsquigarrow \quad C = -B \,,$$

$$w'(l) = 0 : \quad \rightsquigarrow \quad -A\sin\lambda l + B\cos\lambda l + C = 0 \,,$$

$$Q(l) = 0 : \quad \rightsquigarrow \quad A\sin\lambda l - B\cos\lambda l = 0 \,.$$

Einsetzen von $C = -B$ liefert für die beiden letzten Gleichungen

$$A\sin\lambda l - B(\cos\lambda l - 1) = 0 \,,$$

$$A\sin\lambda l - B\cos\lambda l = 0 \,.$$

Hieraus folgt $B = 0$, und die Knickbedingung lautet damit

$$\underline{\sin\lambda l = 0} \quad \rightsquigarrow \quad \underline{\lambda_n l = n\pi} \qquad (n = 1, 2, 3, \ldots) \,.$$

Der kleinste Eigenwert $\lambda_1 l = \pi$ liefert die kritische Last

$$\underline{\underline{F_{\text{krit}} = \pi^2 \frac{EI}{l^2}}} \,.$$

Durch Einsetzen der Konstanten und des Eigenwertes erhält man die zugehörige Knickform

$$w = A(\cos\frac{\pi x}{l} - 1) \,,$$

wobei A unbestimmt ist.

Anmerkung: Die kritischen Lasten für den gegebenen Fall und für den 2. EULERschen Knickfall sind gleich.

A6.5   **Aufgabe 6.5** Der auf Druck beanspruchte Stab ist beiderseits durch Drehfedern elastisch gelagert.

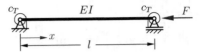

Geg.: $EI = l\,c_T$.

a) Es ist die kritische Last analytisch zu bestimmen.

b) Für die Ansätze $\tilde{w}_1(x) = a\,(l - x)x$ und $\tilde{w}_2(x) = a\,\sin(\pi x/l)$ ist die Näherungslösung mittels des RAYLEIGH Quotienten zu berechnen.

Lösung zu a) Die allgemeine Lösung der Differentialgleichung des Knickstabes

$$w = A\cos\lambda x + B\sin\lambda x + C\lambda x + D\,, \qquad \lambda^2 = \frac{F}{EI}$$

führt mit den Randbedingungen

$$w(0) = 0\,, \quad M(0) = -EIw''(0) = -c_T w'(0)\,,$$

$$w(l) = 0\,, \quad M(l) = -EIw''(l) = +c_T w'(l)$$

und der Abkürzung $\kappa = EI/lc_T$ auf das Gleichungssystem

$$A + D = 0\,,$$

$$\kappa A\lambda^2 l = -B\lambda - C\lambda\,,$$

$$A\cos\lambda l + B\sin\lambda l + C\lambda l + D = 0\,,$$

$$\kappa A\lambda^2 l\cos\lambda l + \kappa B\lambda^2 l\sin\lambda l = -A\lambda\sin\lambda l + B\lambda\cos\lambda l + C\lambda\,.$$

Eliminieren der Konstanten führt auf die Eigenwertgleichung

$$2 - 2(1 + \kappa\lambda^2 l^2)\cos\lambda l - \lambda l[1 - (\kappa\lambda l)^2 - 2\kappa]\sin\lambda l = 0\,.$$

Daraus errechnet sich (zum Beispiel durch grafische Lösung) der erste Eigenwert bzw. die kritische Last für $\kappa = 1$ zu

$$\lambda_1 l = 3,67 \qquad \leadsto \qquad \underline{\underline{F_{\text{krit}} = \lambda_1^2 EI = 13,49\,\frac{EI}{l^2}}}\,.$$

Anmerkung: Als Spezialfälle erhält man aus der Eigenwertgleichung die entsprechenden Gleichungen für den beiderseits eingespannten Balken ($\kappa = 0$ bzw. $c_T \to \infty$)

$$2 - 2\cos\lambda l - \lambda l\sin\lambda l = 0 \qquad \leadsto \qquad \lambda l = 2\pi$$

und für den beidseits gelenkig gelagerten Balken ($\kappa \to \infty$ bzw. $c_T \to 0$)

$$\sin\lambda l = 0 \qquad \leadsto \qquad \lambda l = \pi\,.$$

zu b) Für die Bestimmung der kritischen Last $\tilde{F}_{\mathrm{krit}}$ für die 1. Ansatzfunktion werden zunächst ihre Ableitungen benötigt:

$$\tilde{w}_1(x) = a\,(lx - x^2), \quad \tilde{w}_1'(x) = a\,(l - 2x), \quad \tilde{w}_1''(x) = -2a\,.$$

Dann kann in die Formel für den RAYLEIGH Quotienten direkt eingesetzt werden:

$$\tilde{F}_{\mathrm{krit}\,1} = \frac{\int\limits_0^l EI\cdot(-2a)^2\,\mathrm{d}x + c_T\,[a\,(l-0)]^2 + c_T\,[a\,(l-2l)]^2}{\int\limits_0^l [a\,(l-2x)]^2\,\mathrm{d}x}\,.$$

Integrieren und Zusammenfassen führt auf

$$\tilde{F}_{\mathrm{krit}\,1} = \frac{\Big[4a^2 EIx\Big]_0^l + c_T a^2 l^2 + c_T a 2l^2}{\Big[a^2 l^2 x - 2a^2 lx^2 + \frac{4}{3}a^2 x^3\Big]_0^l} = \frac{4a^2 lEI + c_T a^2 l^2 + c_T a^2 l^2}{a^2 l^3 - 2a^2 l^3 + \frac{4}{3}a^2 l^3}\,.$$

Einsetzen von $lc_T = EI$ liefert schließlich

$$\underline{\underline{\tilde{F}_{\mathrm{krit}\,1} = 18\,\frac{EI}{l^2}}}\,.$$

Analoges Vorgehen für die 2. Ansatzfunktion führt schrittweise auf

$$\tilde{w}_2'(x) = \frac{\pi}{l}a\cos\left(\frac{\pi}{l}x\right), \quad \tilde{w}_2''(x) = -\left(\frac{\pi}{l}\right)^2 a\sin\left(\frac{\pi}{l}x\right),$$

$$\tilde{F}_{\mathrm{krit}\,2} = \frac{\int\limits_0^l EI\big[-\left(\frac{\pi}{l}\right)^2 a\sin\left(\frac{\pi}{l}x\right)\big]^2\mathrm{d}x + c_T\left(\frac{\pi}{l}a\right)^2\big[\cos^2\left(\frac{\pi}{l}0\right) + \cos^2\left(\frac{\pi}{l}l\right)\big]}{\int\limits_0^l \big[\frac{\pi}{l}a\cos\left(\frac{\pi}{l}x\right)\big]^2\,\mathrm{d}x}$$

$$= \frac{EI\left(\frac{\pi}{l}\right)^2\int\limits_0^l \sin^2\left(\frac{\pi}{l}x\right)\,\mathrm{d}x + c_T\big[\cos^2(0) + \cos^2(\pi)\big]}{\int\limits_0^l \cos^2\left(\frac{\pi}{l}x\right)\,\mathrm{d}x}$$

$$= \frac{EI(\frac{\pi}{l})^2\Big[\frac{1}{2} - \frac{1}{4}\frac{l}{\pi}\sin(2\frac{\pi}{l}x)\Big]_0^l + 2c_T}{\Big[\frac{1}{2} + \frac{1}{4}\frac{l}{\pi}\sin(2\frac{\pi}{l}x)\Big]_0^l} = \frac{EI(\frac{\pi}{l})^2\left(\frac{1}{2}l - 0\right) + 2c_T}{\frac{1}{2}l - 0}\,,$$

$$\rightsquigarrow \quad \underline{\underline{\tilde{F}_{\mathrm{krit}\,2} = \frac{EI\left(\pi^2 + 4\right)}{l^2} = 13{,}87\,\frac{EI}{l^2}}}\,.$$

A6.6

Aufgabe 6.6 Der links eingespannte elastische Stab ist bei B federnd gelagert (Federkonstante c).

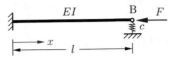

Es ist die Knickbedingung zu bestimmen.

Lösung Die allgemeine Lösung der Differentialgleichung des Knickstabes lautet

$$w = A\cos\lambda x + B\sin\lambda x + C\lambda x + D\,, \qquad \lambda^2 = \frac{F}{EI}\,,$$

$$w' = -A\lambda\sin\lambda x + B\lambda\cos\lambda x + C\lambda\,,$$

$$w'' = -M/EI = -A\lambda^2\cos\lambda x - B\lambda^2\sin\lambda x\,,$$

$$w''' = -Q/EI = A\lambda^3\sin\lambda x - B\lambda^3\cos\lambda x\,.$$

Aus den Randbedingungen

$$w(0) = 0\,,$$
$$w'(0) = 0\,,$$
$$M(l) = 0\,,$$
$$Q(l) = -c\,w(l) + F\,w'(l)$$

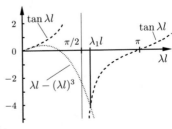

folgt das homogene Gleichungssystem

$$A + D = 0\,,$$
$$B + C = 0\,,$$
$$-A\cos\lambda l - B\sin\lambda l = 0\,,$$
$$A\cos\lambda l + B\sin\lambda l + C(\lambda l - EI\lambda^3/c) + D = 0\,.$$

Eliminieren der Konstanten führt auf die Eigenwertgleichung (Knickbedingung)

$$\underline{\underline{\tan\lambda l = \lambda l - (\lambda l)^3\frac{EI}{cl^3}}}\,.$$

Die Lösung dieser transzendenten Gleichung kann grafisch erfolgen. Im Spezialfall $EI/cl^3 = 1$ erhält man als ersten Eigenwert

$$\lambda_1 l \cong 1,81 \quad \leadsto \quad \underline{\underline{F_{\text{krit}} \cong 3,27\,\frac{EI}{l^2}}}\,.$$

Aufgabe 6.7   Der dargestellte
Druckstab besteht aus einem
biegestarren und aus einem
biegeelastischen Teil.

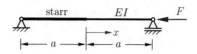

Wie lautet die Knickbedingung und wie groß ist die kritische Last?

Lösung Aus der allgemeinen Lösung der Knick-Differentialgleichung

$$w = A\cos\lambda x + B\sin\lambda x + C\lambda x + D\ , \qquad \lambda^2 = \frac{F}{EI}$$

und den Rand- und Übergangsbedingungen

$w(a) = 0\ ,$

$M(a) = -EIw''(a) = 0\ ,$

$w(0) = \varphi\,a = w'(0)\,a\ ,$

$Q(0) = Fw'(0)$

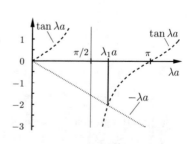

folgt

$A\cos\lambda a + B\sin\lambda a + C\lambda a + D = 0\ ,$

$A\cos\lambda a + B\sin\lambda a = 0\ ,$

$A + D = B\lambda a + C\lambda a\ ,$

$EI\,B\lambda^3 = F(B\lambda + C\lambda)\ .$

Daraus ergeben sich $C = 0$, $D = 0$, $A = B\lambda a$ und als Knickbedingung

$\underline{\tan\lambda a = -\lambda a}$.

Die grafische (oder numerische) Lösung liefert als ersten Eigenwert

$\lambda_1 a \cong 2,03$

und damit die kritische Last

$\underline{\underline{F_{\text{krit}} \cong 4,12\,\dfrac{EI}{a^2}}}$.

A6.8

Aufgabe 6.8 Gegeben sei der skizzierte Halb-
rahmen mit folgenden Querschnittswerten
für den Stiel ① und den Balken ②

Geg.: l_1 = 5,0 m ,
$\quad\;\; l_2$ = 1,0 m ,
$\quad\;\; E$ = $2,1 \cdot 10^4$ kN/cm² ,
$\quad\;\; \alpha_T$ = $1,2 \cdot 10^{-5}$ 1/K ,
$\quad\;\; A_1$ = 50,0 cm² ,
$\quad\;\; I_1$ = 500 cm⁴ ,
$\quad\;\; I_2$ = 10000 cm⁴ .

Um wieviel Grad Kelvin darf der Stiel ①
höchstens erwärmt werden, ohne auszukni-
cken?

Lösung   Wir wählen als Ersatzsystem für
den Stiel einen Knickstab gemäß EULER-Fall
2 mit $s_k = l_1$. Die Knicklast hierfür beträgt:

$$F_k = \pi^2 \frac{EI_1}{l_1^2} = \pi^2 \frac{2,1 \cdot 10^4 \cdot 500}{500^2}$$

$$= 414,52 \text{ kN} .$$

Die Verschiebungen des Stieles ①   und des
Balkens ② ergeben sich wie folgt:

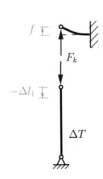

$$f = \frac{F_k\, l_2^3}{3EI_2} = \frac{414,52 \cdot 100^3}{3 \cdot 2,1 \cdot 10^4 \cdot 10^4}$$

$$= 0,658 \text{ cm} ,$$

$$\Delta l_1 = \varepsilon_1 l_1 = -\frac{F_k\, l_1}{EA_1} + \alpha_T \Delta T\, l_1$$

$$= -0,1974 + 6 \cdot 10^{-3} \Delta T .$$

Aus der Kompatibilitätsbedingung

$$f = \Delta l_1 \qquad \rightsquigarrow \qquad 0,658 = -0,1974 + 6 \cdot 10^{-3} \Delta T$$

erhält man die gesuchte Temperaturdifferenz

$$\underline{\underline{\Delta T = 142,5 \text{ K}}} .$$

Aufgabe 6.9 Das dargestellte System besteht aus Stäben mit unterschiedlicher Biegesteifigkeit.

Ordnen Sie die einzelnen Stäbe den EULERschen Knickfällen zu und ermitteln Sie für den Fall $EI_2 = 2EI_1$, welcher Stab bei Steigerung von F zuerst ausknickt.

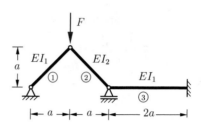

Lösung Die Knickfälle werden mit der Tabelle (siehe S. 211) bestimmt:

Stab ① und Stab ② entsprechen dem 2. EULERschen Knickfall, da beide Stäbe beidseitig gelenkig gelagert sind.

Stab ③ ist auf der rechten Seite eingespannt und auf der linken Seite durch ein verschiebliches Lager geführt. Dies entspricht dem 3. Eulerschen Knickfall.

Die Stabkräfte infolge der Last F ergeben sich zu

$$S_1 = -\frac{F}{\sqrt{2}} \,,$$

$$S_2 = -\frac{F}{\sqrt{2}} \,,$$

$$S_3 = -\frac{F}{2} \,.$$

Daraus folgt für die kritischen Lasten

$$\frac{F_{1\,\text{krit}}}{\sqrt{2}} = \frac{\pi^2\,EI_1}{2a^2} \quad \rightsquigarrow \quad F_{1\,\text{krit}} = \frac{1}{\sqrt{2}}\,\frac{\pi^2\,EI_1}{a^2}\,,$$

$$\frac{F_{2\,\text{krit}}}{\sqrt{2}} = \frac{\pi^2\,EI_2}{2a^2} \quad \rightsquigarrow \quad F_{2\,\text{krit}} = \sqrt{2}\,\frac{\pi^2\,EI_1}{a^2}\,,$$

$$\frac{F_{3\,\text{krit}}}{2} = 2,04\,\frac{\pi^2\,EI_1}{4a^2} \quad \rightsquigarrow \quad F_{3\,\text{krit}} = 1,02\,\frac{\pi^2\,EI_1}{a^2}\,.$$

Wegen $F_{1\,\text{krit}} < F_{3\,\text{krit}} < F_{2\,\text{krit}}$ knickt Stab ① zuerst aus. Die Last $F_{1\,\text{krit}}$ ist somit für das Versagen des Gesamtsystems maßgebend.

A6.10

Aufgabe 6.10   Die nebenstehende Konstruktion wird von zwei Stäben aus einem doppelsymmetrischen Profil (jeweils $I_y = 2I_{\bar{z}}$) gebildet.

Wie groß darf die Abmessung a maximal werden, damit kein Knicken auftritt?

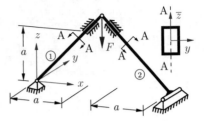

Lösung Aufgrund der Symmetrie von Tragwerk und Belastung ergeben sich die Druckkräfte in den Stäben zu

$$S_1 = S_2 = \frac{F}{\sqrt{2}} \, .$$

Zur Untersuchung der Stabilität sind die jeweils unterschiedlichen Lagerungsarten und Biegesteifigkeiten zu betrachten.

Stab ① ist am unteren Ende gelenkig gelagert. Das obere Ende ist in einer festen Hülse und ist über ein Momentengelenk mit Stab ② verbunden. Dies entspricht dem 3. EULERschen Knickfall. Damit folgt bei Knickung um die lokale y-Achse des Profils

$$S_1 = \frac{F}{\sqrt{2}} = 2{,}04 \, \frac{\pi^2 \, EI_y}{2a^2} \quad \leadsto \quad a_{1y} = 1{,}20 \, \pi \sqrt{\frac{EI_y}{F}}$$

und bei Knickung um die lokale $\bar{z}$-Achse mit $EI_{\bar{z}} = 0{,}5 \, EI_y$

$$S_1 = \frac{F}{\sqrt{2}} = 2{,}04 \, \frac{\pi^2 \, EI_{\bar{z}}}{2a^2} \quad \leadsto \quad a_{1\bar{z}} = 0{,}85 \, \pi \sqrt{\frac{EI_y}{F}} \, .$$

Stab ② ist am unteren Ende durch ein Scharniergelenk mit Bewegungsachse in y-Richtung gelenkig gelagert, bezüglich der x-z-Ebene ist der Anschluss biegesteif. Das obere Ende ist entsprechend Stab ① gelagert. Knickung um die lokale y-Achse entspricht dem 3. EULERschen Knickfall. Mit $S_2 = S_1$ erhält man

$$a_{2y} = a_{1y} \, .$$

Eine Knickung um die lokale $\bar{z}$-Achse stellt den 4. EULERschen Knickfall dar und führt mit $EI_{\bar{z}} = 0{,}5 \, EI_y$ auf

$$S_2 = \frac{F}{\sqrt{2}} = 2{,}04 \, \frac{\pi^2 \, EI_y}{2a^2} \quad \leadsto \quad a_{2\bar{z}} = 1{,}19 \, \pi \sqrt{\frac{EI_y}{F}} \, .$$

Da $a_{1\bar{z}}$ den kleinsten Wert darstellt, ergibt sich die kritische Länge zu

$$a_{\mathrm{krit}} = 0{,}85 \, \pi \sqrt{\frac{EI_y}{F}} \, .$$

Aufgabe 6.11   Das symmetrische System aus 3 Stäben mit gleichen Stei-
figkeiten EA und EI sowie gleichem
Temperaturdehnungskoeffizient α_T ist
anfangs spannungsfrei. Es wird nun
einer Temperaturbelastung ausgesetzt.

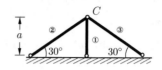

Bei welcher Temperaturerhöhung ΔT_{krit} knickt welcher Stab, wenn
a) nur Stab ① erwärmt wird,
b) nur Stab ② erwärmt wird,
c) alle 3 Stäbe gleich erwärmt werden.

Lösung   Ein Stab knickt beim Erreichen der kritischen Druckkraft
$F_{\mathrm{krit}} = \pi^2 EI/l_i^2$ (2. Eulerfall). Mit $\sin 30° = 1/2$, $l_1 = a$, $l_2 = l_3 = 2a$
ergeben sich die Stabkräfte für unterschiedliche Staberwärmungen ΔT_1,
ΔT_2, ΔT_3 aus den Gleichgewichtsbedingungen, dem Elastizitätsgesetz
und der Kompatibilitätsbedingung

$$(S_3 - S_2)\cos 30° = 0\,, \qquad S_2/2 + S_3/2 + S_1 = 0\,,$$

$$\frac{\Delta l_i}{l_i} = \frac{S_i}{EA} + \alpha_T \Delta T_i \quad i = 1, 2, 3\,,$$

$$\Delta l_1 = \Delta l_2/2 + \Delta l_3/2$$

zu

$$S_1 = \frac{\alpha_T EA}{3}(-\Delta T_1 + \Delta T_2 + \Delta T_3)\,, \qquad S_2 = S_3 = -S_1\,.$$

zu a) Für $\Delta T_1 > 0$, $\Delta T_2 = \Delta T_3 = 0$ folgen $S_1 < 0$, $S_2 = S_3 > 0$, d.h.
nur Stab ① ist ein Druckstab. Die Knickbedingung $|S_1| = F_{\mathrm{krit}}$ liefert

$$\frac{1}{3}\,\alpha_T EA\Delta T_1 = \pi^2 EI/l_1^2 \quad \leadsto \quad \Delta T_1 = \Delta T_{\mathrm{krit}} = \underline{\underline{\frac{3\pi^2 EI}{a^2 \alpha_T EA}}}$$

zu b) Für $\Delta T_2 > 0$, $\Delta T_1 = \Delta T_3 = 0$ folgen $S_2 = S_3 < 0$, $S_1 > 0$,
d.h. die Stäbe ② , ③ sind Druckstäbe. Die Knickbedingung $|S_2| = F_{\mathrm{krit}}$
liefert

$$\frac{1}{3}\,\alpha_T EA\Delta T_2 = \pi^2 EI/l_2^2 \quad \leadsto \quad \Delta T_2 = \Delta T_{\mathrm{krit}} = \underline{\underline{\frac{3\pi^2 EI}{4a^2 \alpha_T EA}}}$$

zu c) Für $\Delta T_1 = \Delta T_2 = \Delta T_3 = \Delta T_g$ sind die Stäbe ② , ③ Druckstäbe.
Dann führt die Knickbedingung auf die gleiche kritische Temperatur-
erhöhung, wie in Fall b).

A6.12   **Aufgabe 6.12** Der dargestellte
Rahmen ist im Bereich ① auf
Druck beansprucht.

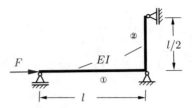

Man ermittele die kritische
Last.

Lösung Wir trennen den Rahmen und fassen Teil ① als einen Druckstab auf, der links frei drehbar und rechts drehelastisch gelagert ist.
Den Zusammenhang zwischen dem Endmoment M_0 und dem Drehwinkel w_0' besti,,em wir dabei am Rahmenteil ② . Der Tabelle in Kapitel
3, Nr. 4 entnehmen wir: $EIw_0' = M_0l/6$. Mit der allgemeinen Lösung
der Differentialgleichung des Knickstabes

$$w = A \cos \lambda x + B \sin \lambda x + C\lambda x + D , \qquad \lambda^2 = \frac{F}{EI} ,$$

$$w' = -A\lambda \sin \lambda x + B\lambda \cos \lambda x + C\lambda ,$$

$$w'' = -M/EI = -A\lambda^2 \cos \lambda x - B\lambda^2 \sin \lambda x$$

führen dann die Randbedingungen

$$w(0) = 0 ,$$

$$M(0) = 0 ,$$

$$w(l) = 0 ,$$

$$M(l) = 6EI\,w'(l)/l .$$

auf

$$A = D = 0 ,$$

$$B \sin \lambda l + C\lambda l = 0 ,$$

$$B(\lambda l)^2 \sin \lambda l = 6(B\,\lambda l \cos \lambda l + C\lambda l) .$$

Hieraus folgt die Eigenwertgleichung (Knickbedingung)

$$(\lambda l)^2/6 + 1 - \lambda l \cot \lambda l = 0 .$$

Sie liefert den kleinsten Eigenwert und damit die kritische Last:

$$\lambda_1 l = 3,98 \qquad \leadsto \qquad \underline{\underline{F_{\text{krit}} = \lambda_1^2 EI = 15,84\, \frac{EI}{l^2}}} .$$

Anmerkung: Das Rahmenteil ② hätte man auch durch eine Drehfeder
mit der Steifigkeit $c_T = 6\,EI/l$ ersetzen können.

Kapitel 7

Hydrostatik

© Springer-Verlag GmbH Deutschland, ein Teil von Springer Nature 2024
D. Gross et al., *Formeln und Aufgaben zur Technischen Mechanik 2*,
https://doi.org/10.1007/978-3-662-68425-2_7

7.1 Flüssigkeitsdruck

Voraussetzung: Die Dichte ρ (Einheit: kg/m^3) der Flüssigkeit ist konstant.

Druck: Der Druck p (Einheit: Pa $\equiv$ N/m^2) ist eine Flächenkraft, die in allen Schnitten durch einen Punkt gleich ist und normal zur Schnittfläche wirkt (hydrostatischer Spannungszustand).

Druck in einer Flüssigkeit unter Wirkung der Schwerkraft und eines Außendruckes p_0:

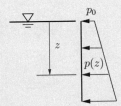

$$p(z) = p_0 + \varrho g z.$$

7.2 Auftrieb

Der **Auftrieb** eines Körpers (Volumen V) in einer Flüssigkeit ist gleich dem Gewicht der verdrängten Flüssigkeitsmenge.

Auftriebskraft:

$$F_A = \rho g V.$$

Die Wirkungslinie der Auftriebskraft geht durch den Schwerpunkt S_F der verdrängten Flüssigkeitsmenge.

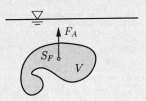

7.3 Resultierende Kräfte

Flüssigkeitsdruck auf ebene Flächen

Resultierende Kraft

$$F = p(y_S)\, A = \rho g\, h_S\, A.$$

Druckmittelpunkt D

$$y_D = \frac{I_x}{S_x},$$

$$x_D = -\frac{I_{xy}}{S_x}.$$

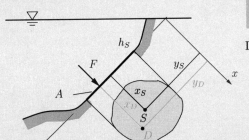

Flüssigkeitsdruck auf gekrümmte Flächen

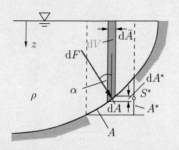

$$dF_V = p\,dA\cos\alpha = \rho\,g\,dV$$

$$dF_H = p\,dA\sin\alpha = p\,dA^*$$

Die Integration liefert

$$F_V = \rho\,g\,V\,,$$

$$F_H = p_{S^*}\,A^*\,.$$

Die resultierende horizontale Komponente des Flüssigkeitsdruckes F_H ist gleich dem Produkt aus der auf die Vertikalebene projizierten Fläche A^* und dem Druck p_{S^*} im Schwerpunkt S^* der projizierten Fläche.

Stabilität des schwimmenden Körpers

7.4

Die Gleichgewichtslage ist stabil, wenn das Metazentrum M über dem Schwerpunkt S_K des Körpers liegt:

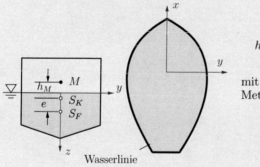

$$h_M = \begin{cases} > 0 & : \text{stabil} \\ < 0 & : \text{instabil} \end{cases}$$

mit der Lage des Metazentrums

$$h_M = \frac{I_x}{V} - e\,.$$

Hierin sind

I_x : Trägheitsmoment der durch die Wasserlinie definierten Fläche

V : Volumen der verdrängten Flüssigkeitsmenge

e : Abstand des Körperschwerpunktes S_K vom Schwerpunkt S_F der verdrängten Flüssigkeitsmenge

A7.1

Aufgabe 7.1   Ein Behälter wird beim Füllen durch ein Kugelventil geschlossen.

Wie groß muss die Dichte ρ_K der Kugel sein, damit gerade keine Luft mehr im Behälter ist, wenn sich das Ventil schließt?

Geg.: ρ_F, r_1, r_2.

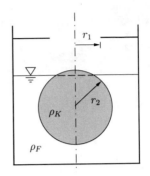

Lösung   Die Kugel muss so tief eintauchen, dass sie gerade die Öffnung verschließt, wenn der Behälter voll ist. Der Auftrieb ist dann $\rho_F\, g\, V_1$, wobei V_1 das Volumen der verdrängten Flüssigkeitsmasse (Kugelabschnitt) ist. Dieser muss gleich der Gewichtskraft der Kugel sein

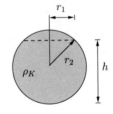

$$\rho_F\, g\, V_1 = \rho_K\, g\, V.$$

Mit den Volumina für die Vollkugel

$$V = \frac{4}{3}\, \pi\, r_2^3$$

und den Kugelabschnitt

$$V_1 = \pi\, h^2 \left(r_2 - \frac{h}{3}\right), \qquad h = r_2 + \sqrt{r_2^2 - r_1^2}$$

folgt für die Dichte der Kugel

$$\underline{\underline{\rho_K = \rho_F\, \frac{V_1}{V} = \rho_F\, \frac{\pi\, h^2 \left(r_2 - \dfrac{h}{3}\right)}{\dfrac{4}{3}\, \pi\, r_2^3} = \rho_F\, \frac{3}{4} \left(\frac{h}{r_2}\right)^2 \left(1 - \frac{h}{3\, r_2}\right).}}$$

Aufgabe 7.2 Die Konstruktion des im Bild gezeigten Verschlusses eines Wasserbeckens soll so erfolgen, dass sich die Verschlussklappe gerade öffnet, wenn die Wasserspiegelhöhe das Gelenk B erreicht hat.

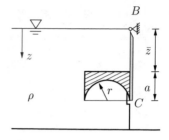

A7.2

Wie groß ist $\bar{z}$ zu wählen, wenn die Verschlussklappe als masselos angenommen wird?

Geg.: ρ, a, r.

Lösung Die Dicke der Verschlussklappe spielt für die folgende Berechnung keine Rolle, so dass hier alle Kräfte pro Längeneinheit angenommen werden.

Die resultierende Horizontalkraft erhalten wir aus der linearen Druckverteilung zu

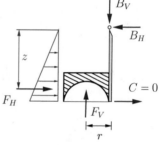

$$F_H = \frac{1}{2}\,\rho\,g\,(\bar{z} + a)^2$$

mit

$$z = \frac{2}{3}\,(\bar{z} + a)\,.$$

Die vertikale Kraft infolge des Auftriebs folgt aus der Wassermenge, die von dem gestrichelt gezeichneten Teil der Verschlussklappe verdrängt wird:

$$F_V = \rho\,g\,\left(2\,a\,r - \frac{\pi}{2}\,r^2\right)\,.$$

Die Verschlussklappe öffnet sich gerade, wenn die Auflagerkraft in C gleich Null ist:

$$\stackrel{\curvearrowleft}{B}\;:\;-r F_V + z F_H = 0$$

$$\rightsquigarrow\quad -\rho\,g\,\left(2\,a\,r - \frac{\pi}{2}\,r^2\right)r + \frac{1}{2}\,\rho\,g\,(\bar{z} + a)^2\,\frac{2}{3}\,(a + \bar{z}) = 0\,.$$

Die Auflösung dieser Gleichung nach $\bar{z}$ liefert die Wasserspiegelhöhe

$$\bar{z} = \sqrt[3]{3\,(2\,a\,r - \frac{\pi}{2}\,r^2)\,r} - a\,.$$

A7.3

Aufgabe 7.3 Der dargestellte Tun-
nelquerschnitt befindet sich in
wassergesättigtem „flüssigem" Sand
(Dichte ρ_{SA}), über dem trockener
Sand (Dichte ρ_S) der Höhe h liegt.

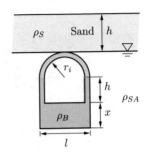

Welche Dicke x muss die Betonsohle
haben, damit die Sicherheit gegen
Auftreiben $\eta = 2$ ist? Dabei wird
angenommen, dass die unmittelbar
über dem Tunnel ruhende Sandlast
auf den Querschnitt wirkt.

Geg.: $\rho_B = 2,5 \cdot 10^3$ kg/m^3, $\rho_S = 2,0 \cdot 10^3$ kg/m^3,
    $\rho_{SA} = 1,0 \cdot 10^3$ kg/m^3, $l = 10$ m, $r_i = 4$ m, $h = 7$ m.

Lösung Die Gewichtskraft (pro Längeneinheit) des Tunnels plus Sand-
auflast beträgt

$$G = \rho_B \, g \left[x \, l + \left(\frac{l}{2} - r_i\right) 2 h + \frac{\pi}{2}\left(\frac{l^2}{4} - r_i^2\right) \right] + \rho_S \, g \, l \, h \,.$$

Mit der Auftriebskraft (pro Längeneinheit)

$$A = \rho_{SA} \, g \left[(h + x) \, l + \frac{\pi}{2} \frac{l^2}{4} \right]$$

kann dann die Dicke der Betonsohle bestimmt werden, damit die Sicherheit gegen Auftreiben

$$\eta = 2 = \frac{G}{A}$$

gegeben ist. Auflösung nach x liefert:

$$(2\rho_{SA} \, l - \rho_B l)x = \rho_S \, lh + \rho_B \left[\left(\frac{l}{2} - r_i\right)2h + \frac{\pi}{2}\left(\frac{l^2}{4} - r_i^2\right)\right]$$

$$-2\,\rho_{SA}\left(hl + \frac{\pi}{2}\frac{l^2}{4}\right).$$

Mit den gegebenen Zahlenwerten folgt

$$(20 - 25)\,x = 2 \cdot 70 + 2,5\left[14 + \frac{\pi}{2}(25 - 16)\right] - 2\left(70 + \frac{\pi}{2}25\right)$$

$$\rightsquigarrow \quad -5\,x = 210,34 - 218,54$$

$$\rightsquigarrow \quad \underline{\underline{x = 1,64\,\mathrm{m}}}\,.$$

Aufgabe 7.4   Der von einer Feder gestützte
zylindrische Stopfen P (Querschnitt A_P, Länge
a) schließt beim Wasserstand h_0 den Boden
eines Beckens bündig ab. Die Kraft im gespann-
ten Seil (Länge l), an dem ein zylindrischer
Schwimmer S vom Querschnitt $A_S > A_P$
hängt, ist dann gerade Null.

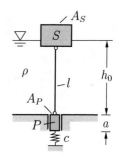

A7.4

a) Wie groß ist das Schwimmergewicht G_S?

b) Welcher maximale Wasserstand h_1 darf erreicht werden, damit keine Flüssigkeit austritt?

Lösung **zu a)** Das Gewicht G_S des Schwim-
mers ergibt sich aus dem Gleichgewicht und
der Geometrie im Ausgangszustand:

$$\left.\begin{array}{l} \rho g A_S\, t_0 = G_S \\[1mm] h_0 = l + t_0 \end{array}\right\} \quad \leadsto \quad \underline{\underline{G_S = (h_0 - l)\rho g A_S}}\,.$$

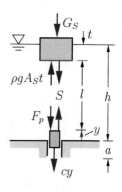

zu b) Bei einem Wasserstand h ist der Stopfen infolge der wirkenden Seilkraft S um die
Länge y herausgezogen. Dann lauten die Gleichgewichtsbedingungen für den Schwimmer, den
Stopfen und die geometrische Beziehung

$$\rho g A_S\, t = G_S + S\,, \qquad S - F_p = cy\,,$$

$$h = l + t + y\,.$$

Darin ist F_p die Differenz zwischen den Druck-
kräften im ausgelenkten und unausgelenkten
Zustand auf die Oberseite des Stopfens (die seit-
lichen Druckkräfte sind im Gleichgewicht):

$$F_p = \rho g(h-y)A_p - \rho g h_0 A_p = \rho g(h-y-h_0)A_p\,.$$

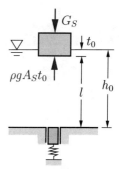

Eliminieren von G_S, S, F_p und t liefert

$$h - h_0 = y\left[1 + \frac{c}{\rho g(A_S - A_P)}\right]\,.$$

Die maximale Höhe $h = h_1$ ist erreicht, wenn $y = a$ wird:

$$\underline{\underline{h_1 = h_0 + a\left[1 + \frac{c}{\rho g(A_S - A_P)}\right]}}\,.$$

A7.5

Aufgabe 7.5 Eine Staumauer der Länge l besitzt eine parabelförmige Kontur, die am Boden des Wasserbeckens eine horizontale Tangente hat.

Man bestimme die resultierende Druckkraft, die Lage ihres Angriffspunktes und ihre Wirkungslinie für eine Wasserspiegelhöhe h.

Geg.: h, l, $a = h/4$, ρ.

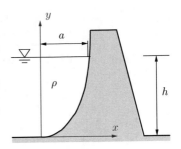

Lösung Die Vertikalkomponente der Kraft ist $F_V = \rho\, g\, V$ mit dem Volumen $V = l\, A$. Die Fläche folgt mit der Funktion $y(x) = 16\, x^2/h$ der Parabel zu

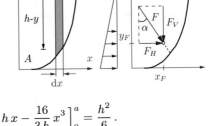

$$A = \int_0^a (h - y)\, \mathrm{d}x$$

$$= \int_0^a \left(h - \frac{16}{h}\, x^2\right) \mathrm{d}x = \left[h\, x - \frac{16}{3h}\, x^3\right]_0^a = \frac{h^2}{6}\,.$$

Für die vertikale Komponente des Flüssigkeitsdrucks gilt:

$$F_V = \frac{1}{6}\, \rho\, g\, h^2\, l\,.$$

Die Vertikalkraft geht durch den Schwerpunkt S der Fläche

$$\underline{\underline{x_F}} = \frac{1}{A} \int_0^a x\left(h - \frac{16}{h}\, x^2\right) \mathrm{d}x = \left[h\, \frac{x^2}{2} - \frac{16}{h}\, \frac{x^4}{4}\right]_0^a = \underline{\underline{\frac{3}{32}\, h}}\,.$$

Die horizontale Komponente des Flüssigkeitsdrucks berechnet sich aus dem Produkt der projizierten Fläche $A^* = h\, l$ und dem Druck $p_{S^*} = \frac{1}{2}\,\rho\, g\, h$ im Schwerpunkt der projizierten Fläche:

$$F_H = \frac{1}{2}\, \rho\, g\, h^2\, l \qquad \text{mit} \quad y_F = \frac{1}{3}\, h\,.$$

Mit dem Satz des PYTHAGORAS erhält man die resultierende Kraft; ihre Wirkungslinie geht durch den Punkt $(x_F\,, y_F)$ und schließt mit der y-Achse den Winkel α ein:

$$\underline{\underline{F}} = \sqrt{F_H^2 + F_V^2} = \underline{\underline{\frac{1}{6}\, \sqrt{10}\, \rho\, g\, h^2\, l}}\,, \quad \underline{\underline{\alpha}} = \arctan \frac{F_H}{F_V} = \arctan 3 = \underline{\underline{71{,}5^o}}\,.$$

Aufgabe 7.6   Ein prismatischer Behälter der Masse m_B, der Breite a und der Länge l schwimmt im Wasser. Sein Schwerpunkt S_B liegt in der Höhe h_{SB}.

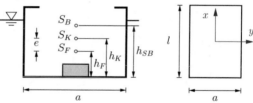

Wie groß muss eine punktförmige Zusatzmasse m_Z mindestens sein, damit die Schwimmlage des Behälters stabil ist?

Geg.: ρ_W, m_B, h_{SB}, l, a.

Lösung Die stabile Schwimmlage des Behälters ist durch die Lage des Metazentrums $h_M = I_x / V - e > 0$ definiert. Für $h_M = 0$ wird die Grenze des stabilen Zustandes erreicht.

Das Volumen V der verdrängten Flüssigkeitsmenge ergibt sich aus der Gleichgewichtsbedingung (Auftrieb = Gewicht von Behälter und Zusatzmasse):

$$\rho_W\, g\, V = (m_B + m_Z)\, g \quad \leadsto \quad V = \frac{1}{\rho_W}\,(m_B + m_Z)$$

Das Flächenträgheitsmoment ist

$$I_x = \frac{l\,a^3}{12}\,.$$

Für $e = h_K - h_F$ benötigen wir die Schwerpunktslagen h_K des schwimmenden Körpers und h_F der verdrängten Flüssigkeit. Sie errechnen sich aus

$$h_K\,(m_B + m_Z) = h_{SB}\,m_B \quad \leadsto \quad h_K = h_{SB}\,\frac{m_B}{m_B + m_Z}\,,$$

$$V = a\,l\,(2\,h_F) \quad \leadsto \quad h_F = \frac{m_B + m_Z}{2\,a\,l\,\rho_W}\,.$$

Die Grenze der stabilen Schwimmlage ist für $h_M = 0$ erreicht:

$$1 - 12\,h_{SB}\,\frac{m_B}{l\,a^3\,\rho_W} + \frac{12\,(m_B + m_Z)^2}{2\,l^2\,a^4\,\rho_W{}^2} = 0\,.$$

Auflösen nach der gesuchten Zusatzmasse m_Z liefert

$$m_Z = \frac{l\,a^2\,\rho_W}{\sqrt{6}}\,\sqrt{12\,h_{SB}\,\frac{m_B}{l\,a^3\,\rho_W} - 1} - m_B\,.$$

Aufgabe 7.7   Ein kegelförmiger Schwimmkörper besteht aus zwei Materialien der Dichten ρ_1 und ρ_2.

Wie groß muss der Durchmesser d des Kegels gewählt werden, damit er in einer Flüssigkeit der Dichte ρ_F stabil schwimmt?

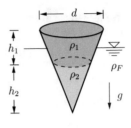

Geg.:

$$\rho_1 = \frac{2}{3}\,\rho_F\,, \quad \rho_2 = \frac{1}{3}\,\rho_F\,,$$

$$h_1 = 2\,h\,, \quad h_2 = 4\,h\,.$$

Lösung Der Körper hat eine stabile Schwimmlage, wenn folgende Bedingungen erfüllt sind:

$$(1): \quad G = A,$$

$$(2): \quad h_M = \frac{I_x}{V} - e > 0.$$

(1) Schwimmbedingung:

$$\frac{d}{h_1 + h_2} = \frac{d_1}{h_2} \quad \rightsquigarrow \quad d_1 = d\,\frac{h_2}{h_1 + h_2} = \frac{2}{3}\,d.$$

Die Gewichtskraft berechnet sich zu:

$$G = V_1\,\rho_1\,g + V_2\,\rho_2\,g$$

$$= \frac{1}{12}\pi\,h_1\,(d^2 + dd_1 + d_1^2)\,\rho_1\,g + \frac{1}{12}\,\pi\,h_2\,d_1^2\,\rho_2\,g$$

$$= \frac{23}{81}\,\pi\,h\,d^2\,\rho_F\,g = 0,892\,h\,d^2\,\rho_F g\,.$$

Mit der Eintauchtiefe t und dem Durchmesser $d_T = d\,t/(h_1 + h_2)$ des Kegels an der Oberfläche der Flüssigkeit folgt für die Auftriebskraft

$$A = \frac{1}{12}\,\pi\,t\,d_T^2\,\rho_F\,g$$

$$= \frac{1}{432}\,\pi\,\frac{d^2}{h^2}\,\rho_F\,g\,t^3\,.$$

Für $G = A$ ergibt sich daraus

$$t^3 = \frac{368}{3}\, h^3 \quad \rightsquigarrow \quad t = 4,969\, h\,.$$

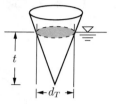

(2) Stabilitätsbedingung:

Das Volumen der verdrängten Flüssigkeitsmenge beträgt

$$V = \frac{1}{432}\, \pi\, \frac{d^2}{h^2}\, t^3 = \frac{23}{81}\, \pi\, h\, d^2 = 0,892\, h\, d^2\,,$$

und das Trägheitsmoment I_x wird

$$I_x = \frac{d_T^4\, \pi}{64} = \frac{(0,828\, d)^4\, \pi}{64} = 0,023\, d^4\,.$$

Der Abstand des Körperschwerpunktes vom Schwerpunkt der verdrängten
Flüssigkeitsmenge ergibt sich zu

$$e = x_S - \frac{3}{4}\, t$$

mit

$$x_S = \frac{\dfrac{3}{4}\,(h_1 + h_2)\,\rho_1\,\dfrac{1}{16}\,\pi\, d^2\,(h_1 + h_2) + \dfrac{3}{4}\, h_2\,(\rho_2 - \rho_1)\,\dfrac{1}{16}\,\pi\, d_1^2\, h_2}{\rho_1\,\dfrac{1}{16}\,\pi\, d^2\,(h_1 + h_2) + (\rho_2 - \rho_1)\,\dfrac{1}{16}\,\pi\, d_1^2\, h_2}$$

$$= \frac{18\, h - \dfrac{16}{9}\, h}{4 - \dfrac{16}{27}} = 4,761\, h$$

$$\rightsquigarrow \quad e = 4,761\, h - \frac{3}{4}\cdot 4,969\, h = 1,034\, h\,.$$

Für den Durchmesser des Kegels folgt somit

$$h_M = \frac{0,023\, d^4}{0,892\, h\, d^2} - 1,034 > 0 \quad \rightsquigarrow \quad \underline{\underline{d > 6,333\, h}}\,.$$

Aufgabe 7.8 Von einem Schelfeis bricht an der Eisfront ein quaderförmiger Eisberg der Abmessung $a \times h \times l$ ab. Für die Abmessungen gilt $a \gg h$. Die Dichte des Wassers beträgt ρ_W. Die Dichte des Eises ist $\rho_E = \frac{9}{10}\rho_W$.

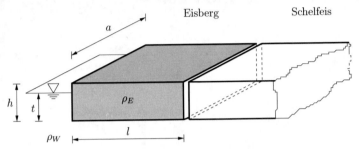

Für welche Länge l schwimmt der Eisberg stabil?

Lösung Wir ermitteln zunächst die Eintauchtiefe t des Eisberges. Das Gleichgewicht zwischen Gewicht des Eisberges und Auftrieb liefert mit dem Dichteverhältnis die Eintauchtiefe

$$\rho_E ghla = \rho_W gtla \qquad \rightsquigarrow \qquad t = \frac{9}{10}h .$$

Zur Bewertung der Schwimmstabilität untersuchen wir die Lage h_M des Metazentrums:

$$h_M = \frac{I_x}{V} - e ,$$

$$I_x = \frac{al^3}{12} ,$$

$$V = alt = \frac{9}{10}alh , \qquad$$

$$e = \frac{h}{2} - \frac{t}{2} = \frac{h}{20} .$$

Einsetzen liefert

$$h_M = \frac{5}{54}\frac{l^2}{h} - \frac{h}{20} .$$

Wir betrachten zunächst die Grenze der Schwimmstabilität ($h_M = 0$). Dies ergibt die Länge l_0:

$$l_0^2 = \frac{27}{50}h^2 \qquad \rightsquigarrow \qquad l_0 = \sqrt{\frac{27}{50}}h \approx 0,735h .$$

In einem stabilen Schwimmzustand ist $h_M > 0$. Also schwimmt der Eisberg stabil, wenn $\underline{l > l_0}$ ist. Für $l < l_0$ kippt der Eisberg.

Aufgabe 7.9 Eine kreisförmige
Klappe verschließt den Ausfluss
eines Beckens.

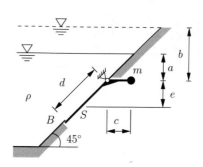

a) Wie groß muss die Masse
m sein, damit sich die Klappe
öffnet, wenn m im Abstand c
vom Drehpunkt angeordnet ist?

b) Wie weit muss die Masse
m verschoben werden, damit
sich die Klappe erst bei einem
Wasserstand der Höhe b öffnet?

Geg.: a, b, c, d, e, m, ρ.

Lösung **zu a)** Die Kraft auf die Klappe ist

$$F = \rho\,g\,A\,h_S = \rho\,g\,\frac{\pi\,d^2}{4}\,(a+e)\,.$$

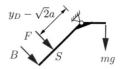

Der Angriffspunkt von F ergibt sich aus

$$y_D = y_S + \frac{I_\xi}{y_S\,A} = \sqrt{2}\,(a+e) + \frac{d^2}{16\sqrt{2}\,(a+e)}\,.$$

Die Klappe öffnet sich, wenn $B = 0$. Dann liefert das Momentengleichgewicht

$$F\,(y_D - \sqrt{2}\,a) - m\,g\,c = 0\,.$$

Hieraus findet man die erforderliche Masse zu

$$m = \rho\,\frac{\pi\,d^2}{4\,c}\,(a+e)\left[\sqrt{2}\,e + \frac{d^2}{16\,\sqrt{2}\,(a+e)}\right]\,.$$

zu b) Für die Höhe b ergibt sich die Kraft auf die Klappe zu

$$F = \rho\,g\,A\,h_s = \rho\,g\,\frac{\pi\,d^2}{4}\,(b+e)\,.$$

Mit dem Angriffspunkt

$$y_D = \sqrt{2}\,(b+e) + \frac{d^2}{16\,\sqrt{2}\,(b+e)}$$

von F folgt aus der Gleichgewichtsbedingung $F\,(y_D - \sqrt{2}\,b) - m\,g\,c = 0$
der Abstand c:

$$c = \rho\,\frac{\pi\,d^2}{4}\,(b+e)\left[\sqrt{2}\,e + \frac{d^2}{16\,\sqrt{2}\,(b+e)}\right]\frac{1}{m}\,.$$

A7.10

Aufgabe 7.10   Eine trapezförmige Klappe verschließt den Ausfluss des dargestellten Beckens.

Wie groß sind die resultierende Druckkraft auf die Klappe und die Lagerreaktion in B?

Geg.: $\rho_W = 10^3\ \dfrac{\text{kg}}{\text{m}^3}$, $g = 9{,}81\ \dfrac{\text{m}}{\text{s}^2}$.

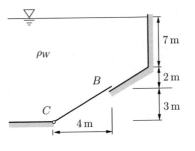

Lösung Mit der Fläche $A = 10\,\text{m}^2$, dem Schwerpunkt der Klappe

$$\bar{y}_s = \left(5\cdot 2{,}5 + 5\cdot\frac{2}{3}\cdot 5\right)\frac{1}{10} = \frac{35}{12}\,\text{m}$$

und dem Druck

$$p(\bar{y}_s) = \rho g\left[9 + \frac{3}{5}\cdot\frac{35}{12}\right] = \frac{43}{4}\,\rho g$$

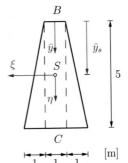

berechnet sich die resultierende Druckkraft zu

$$\underline{\underline{F}} = \rho g\, A\, p(\bar{y}_s) = 10^3\cdot 9{,}81\cdot 10\cdot\frac{43}{4} = 1{,}05\,\text{MN}\,.$$

Die Lage der Wirkunglinie folgt mit

$$I_\xi = \frac{5^3\cdot 1}{12} + 5\cdot 1\left(\frac{35}{12} - 2{,}5\right)^2 + 2\,\frac{5^3\cdot 1}{36} + 5\cdot 1\left(\frac{35}{12} - \frac{10}{3}\right)^2 = 19{,}1\,\text{m}^4\,,$$

$y_s = \bar{y}_s + 15\,\text{m}$ und $y_D = \bar{y}_D + 15\,\text{m}$ zu

$$y_D = \frac{I_x}{S_x} = \frac{y_s^2\,A + I_\xi}{y_s\,A} \quad\leadsto\quad \bar{y}_D = \bar{y}_s + \frac{I_\xi}{y_s\,A} = \frac{35}{12} + \frac{19{,}1}{\left(\frac{35}{12} + 15\right)10}$$

$$= 3{,}02\,\text{m}\,.$$

Die Lagerreaktion ergibt sich aus dem Momentengleichgewicht bezüglich des Drehpunktes C der Klappe:

$$\overset{\curvearrowleft}{C}:\quad B\cdot 5 - F\,(5 - 3{,}02\,) = 0$$

$$\leadsto\quad \underline{\underline{B}} = 1{,}05\,\frac{5 - 3{,}02}{5} = 0{,}415\,\text{MN}\,.$$

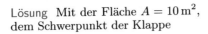

Aufgabe 7.11 Ein Betondamm (Dichte ρ_B) schließt ein Staubecken ab, das mit Wasser gefüllt ist (Füllhöhe $h = 15$ m).

Wie groß ist

a) die Sicherheit gegen Gleiten in der Bodenfuge (Haftbeiwert μ_0),
b) die Sicherheit gegen Kippen und
c) die Spannungsverteilung in der Bodenfuge, wenn diese als linear angenommen wird?

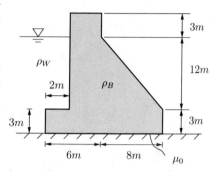

Geg.: $\rho_B = 2,5 \cdot 10^3$ kg/m^3, $\rho_W = 10^3$ kg/m^3, $\mu_0 = 0,5$, $g = 10$ m/s^2

Lösung **zu a)** Zur Berechnung der Standsicherheit werden die horizontalen Kräfte aus dem Wasserdruck den Haftkräften in der Bodenfuge an einem Dammsegment von 1 m Dicke gegenübergestellt. Die Horizontalkraft aus Wasserdruck folgt zu

$$F_H = \frac{1}{2} \rho_W \, g \, h \, A = \frac{1}{2} 10^3 \cdot 10 \cdot 15 \cdot 15 \cdot 1 = 1125 \text{ kN/m} \, .$$

Die resultierende Gewichtskraft aus Beton und Wasser liefert

$$F_V = 2,5 \cdot 10^3 \, (3 \cdot 2 + 4 \cdot 18 + 3 \cdot 8 + \frac{1}{2} \cdot 12 \cdot 8) + 10^3 \, (2 \cdot 12) = 3990 \, \text{kN/m} \, .$$

Mit dem COULOMBschen Gesetz folgt die Sicherheit η_G gegen das Einsetzen von Gleiten zu

$$\underline{\underline{\eta_G}} = \frac{\mu_0 \, F_V}{F_H} = \frac{0,5 \cdot 3990}{1125} = \underline{\underline{1,77}} \, .$$

zu b) Der Staudamm kann um den Punkt B kippen. Die Sicherheit gegen Kippen ergibt sich durch den Vergleich der Momente der angreifenden Kräfte. Das Moment aus dem Wasserdruck ist

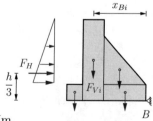

$$M_{BW} = F_H \frac{h}{3} = 1125 \cdot \frac{15}{3} = 5625 \, \text{kNm} \, .$$

Das Moment der Gewichtskräfte beträgt

$$M_{BG} = \sum_i F_{Vi}\, x_{Bi}$$

$$= 2,5 \cdot 10^3 \left(3 \cdot 2 \cdot 13 + 4 \cdot 18 \cdot 10 + 3 \cdot 8 \cdot 4\right.$$

$$\left. + \frac{1}{2} \cdot 12 \cdot 8 \cdot \frac{2}{3} \cdot 8\right) + 10^3 \left(2 \cdot 12 \cdot 13\right) = 31870\,\text{kNm}\,.$$

Dies liefert die Sicherheit η_K gegen Kippen

$$\underline{\underline{\eta_K}} = \frac{M_{BG}}{M_{BW}} = \frac{31780}{5625} = \underline{\underline{5,67}}\,.$$

zu c) Zur Berechnung der Spannungsverteilung in der Bodenfuge des Damms ermitteln wir die Exzentrizität ihrer Resultierenden $R_V = \sum_i F_{Vi}$. Für die Vertikalkomponente der auf die Bodenfuge wirkenden Kraft gilt gemäß Abbildung

$$R_V\,(a - e) = M_{BG} - M_{BW}$$

$$\rightsquigarrow \quad e = a - \frac{M_{BG} - M_{BW}}{R_V} = 7 - \frac{31870 - 5625}{3990} = 0,422\,\text{m}\,.$$

Mit dem gewählten Koordinatensystem gilt für die Normalspannungen in der Bodenfuge (wie beim Balkenquerschnitt)

$$\sigma = \frac{N}{A} + \frac{M_y}{I_y}\,x\,.$$

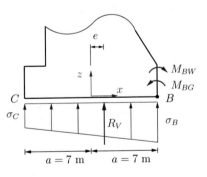

Hierin sind die folgenden Werte einzusetzen: $A = 14\,\text{m}^2$, $I_y = 1 \cdot 14^3 / 12 = 288,67\,\text{m}^4$, $N = -R_V = -3990$ kN, $M_y = N \cdot e = -1685$ kNm. Als Ergebnis erhalten wir für die Spannungsverteilung

$$\underline{\underline{\sigma}} = \frac{-3990}{14} + \frac{-1685}{228,67}\,x = \underline{\underline{-285 - 7,37\,x\ \text{kN/m}^2}}\,.$$

Für die ausgewählten Punkte C und B folgt dann

$$\sigma_C = -0,23\,\text{MPa} \quad \text{und} \quad \sigma_B = -0,34\,\text{MPa}\,.$$

Aufgabe 7.12   Eine rechteckige
Wehrtafel der Breite b verschließt
den Abfluss eines Beckens. Sie ist
im Punkt D drehbar gelagert.

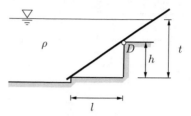

a) Bei welchem Wasserstand t
beginnt sich die Tafel um D zu
drehen?

b) Wie groß ist dann das Biegemoment in D?

Geg.: b, l, h, ρ.

zu a) Die Wehrtafel beginnt sich zu drehen, wenn die Resultierende R
des Wasserdrucks oberhalb von D liegt. Im Grenzfall geht die Resultierende des Wasserdrucks durch Punkt D. Hieraus ergibt sich sofort die
Wassertiefe

$$t = 3\,h\,.$$

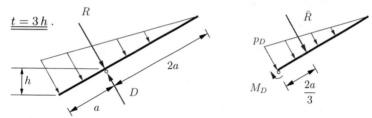

zu b) Zur Ermittlung des Biegemomentenverlaufes bestimmen wir
zunächst das Schnittmoment im Punkt D. Mit der Resultierenden $\bar{R}$
des oberen Wehrabschnittes und dem Druck im Punkt D,

$$\bar{R} = \frac{1}{2}\,p_D\,2\,a\,b\,, \quad p_D = \rho\,g\,2\,h\,,$$

folgt

$$M_D = -\bar{R}\,\frac{2}{3}\,a = -\frac{2}{3}\,p_D\,b\,a^2 = -\frac{4}{3}\,\rho\,g\,(l^2 + h^2)h\,b\,.$$

Der Biegemomentenverlauf ist bei linear veränderlicher Streckenlast jeweils durch kubische Polynome gegeben. Der Maximalwert tritt im La-
gerpunkt D auf.

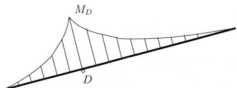

Aufgabe 7.13 Gase besitzen eine vom Druck p abhängige Dichte ρ. Der Zusammenhang wird durch die allgemeine Gasgleichung $p = \rho R T$ (Gaskonstante R, Temperatur T) beschrieben. So gilt z.B. für Luft auf der Erdoberfläche bei $T = 0°$: $p_0 = 101325\,\text{Pa}$ und $\rho_0 = 1{,}293\,\text{kg/m}^3$.

Für den Fall der konstanten Temperatur ist die Abhängigkeit des Luftdrucks von der Höhe herzuleiten (barometrische Höhenformel).

Lösung Wenden wir die Gasgleichung zunächst auf der Erdoberfläche an, so liefert dies

$$p_0 = \rho_0 R T \qquad \text{bzw.} \qquad R T = \frac{p_0}{\rho_0}\,.$$

Aus dem Gleichgewicht an einer infinitesimalen Luftsäule vom Querschnitt A und der Höhe $\mathrm{d}z$

$$\uparrow:\quad pA - \rho g A\,\mathrm{d}z - (p + \mathrm{d}p)\,A = 0$$

folgt

$$\frac{\mathrm{d}p}{\mathrm{d}z} = -\rho g\,.$$

Einsetzen der allgemeinen Gasgleichung liefert

$$\frac{\mathrm{d}p}{\mathrm{d}z} = -\frac{pg}{RT}\,.$$

Durch Trennen der Veränderlichen und Integration erhält man:

$$\frac{\mathrm{d}p}{p} = -\frac{g}{RT}\mathrm{d}z \quad \leadsto \quad \int_{p_0}^{p} \frac{\mathrm{d}\bar{p}}{\bar{p}} = -\int_{0}^{z} \frac{g}{RT}\mathrm{d}\bar{z} \quad \leadsto \quad \ln\frac{p}{p_0} = -\frac{g}{RT}z\,.$$

Damit ergibt sich für den Luftdruck in Abhängigkeit von der Höhe

$$\underline{p = p_0\,\mathrm{e}^{-\dfrac{gz}{RT}}}\,.$$

Der Luftdruck nimmt damit exponentiell mit der Höhe ab. Mit der Beziehung $RT = p_0/\rho_0$ und der Erdbeschleunigung $g = 9{,}80665\,\text{m/s}^2$ folgt

$$p = 101325\,\text{Pa}\,\mathrm{e}^{-\dfrac{z}{7991\,\text{m}}}\,.$$

Anmerkung: In $5{,}5\,\text{km}$ Höhe ist der Luftdruck auf etwa die Hälfte abgefallen.

Printed in the United States
by Baker & Taylor Publisher Services